今すぐ使える

かんたん ノートパソコン入門

改訂2版

技術評論社

本書の使い方

- 画面の手順解説だけを読めば、操作できるようになる！
- もっと詳しく知りたい人は、両端の「側注」を読んで納得！
- これだけは覚えておきたい機能を厳選して紹介！

Section 36

「メール」アプリを起動しよう

覚えておきたいキーワード
- メール
- アカ…
- …tアカウント

メールのやり取りをするには、メールのやり取りをするアプリを利用する方法があります。Windows 10には、メールをやり取りする「メール」アプリが付属しています。スタートメニューから「メール」アプリを起動して、メールをやり取りする準備をしましょう。

特長1

機能ごとにまとまっているので、「やりたいこと」がすぐに見つかる！

「メール」アプリを起動する

メモ 「メール」アプリを起動する

「メール」アプリを初めて起動したときは、<メールへようこそ！>の画面が表示されて使用するアカウントを指定します。アカウントを追加するときは、追加するアカウントの種類をクリックしてアカウントを指定します。プロバイダーのメールアドレスを使用する場合は、<その他のアカウント>を選択して指定します（P.216参照）。前に「メール」アプリを使用したことがある場合は、「メール」アプリの画面がすぐに表示されます。

4章 メールをやり取りし…

1 <スタート>ボタンをクリックします。

2 「メール」アプリのタイルをクリックします。

3 次の画面が表示された場合は、「メール」アプリでメールをやり取りするアカウント（ここでは、Microsoftアカウント）をクリックします。

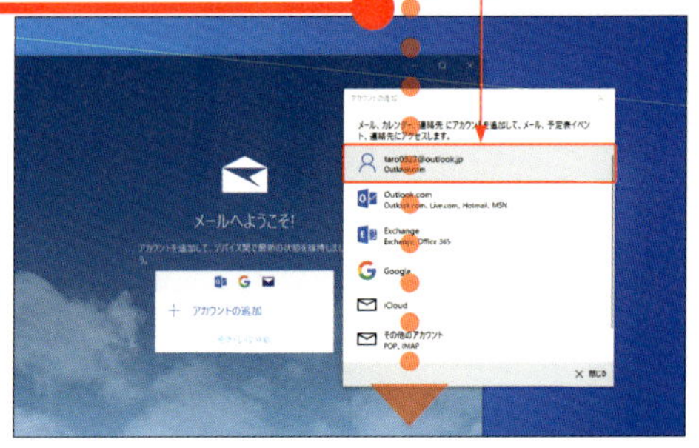

● 基本操作

赤い矢印の部分だけを読んで、パソコンを操作すれば、難しいことはわからなくても、あっという間に操作できる！

ヒント Microsoftアカウントでメールをやり取りする

Microsoftアカウントでパソコンを使用している場合、「メール」アプリを起動すると、「メール」アプリにMicrosoftアカウントでメールをやり取りするためのアカウントが自動的に表示されます。ここでは、Microsoftアカウントでメールをやり取りする方法を紹介します。

96

特長 2

やわらかい上質な紙を
使っているので、
開いたら閉じにくい！

補足説明

操作の補足的な内容を「側注」にまとめているので、
よくわからないときに活用すると、疑問が解決！

補足説明

便利な機能

応用操作解説

用語の解説

Section 36 「メール」アプリを起動しよう

2 「メール」アプリを大きく表示する

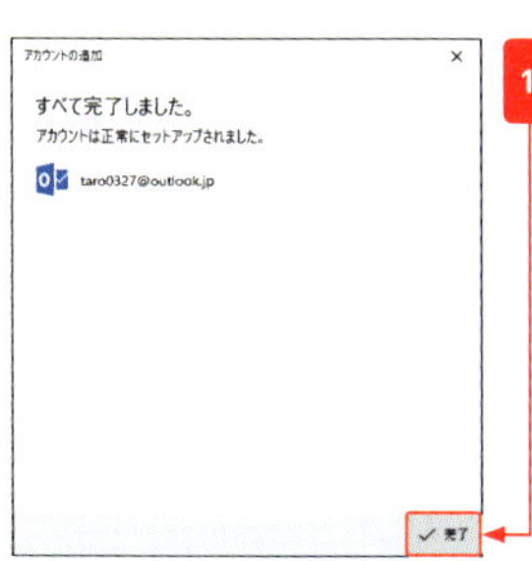

1 次の画面が表示されたら、<完了>をクリックします。

2 「メール」アプリが起動します。

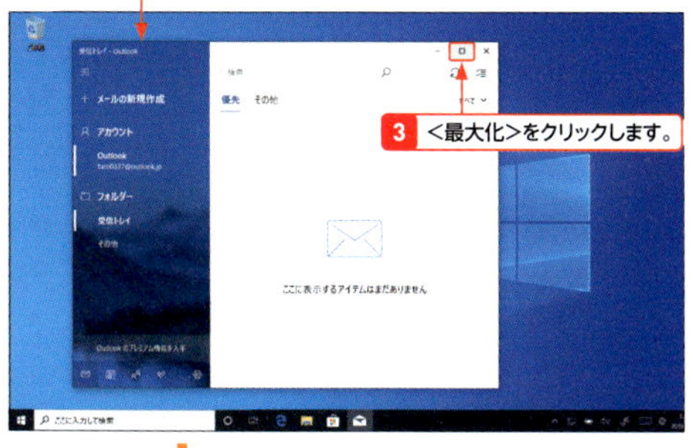

3 <最大化>をクリックします。

4 「メール」アプリのウィンドウが大きく表示されます。

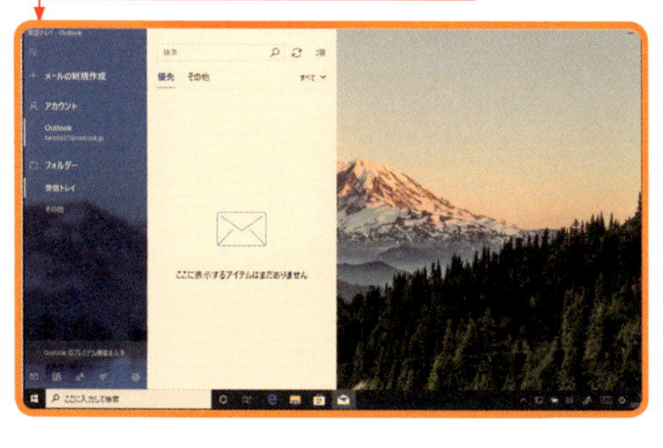

キーワード アカウント

アカウントとは、インターネット上のサービスやメールをやり取りするサービスなどを受ける権利のことです。アカウントによって使用するユーザーが区別されます。メールをやり取りするには、メールのアカウントの情報を「メール」アプリに登録します。

ヒント 画面が変わる場合もある

Windows 10は、機能を追加したり改良したりする更新プログラムを自動的にダウンロードして、インストールするしくみになっています。Windows 10に付属するさまざまなアプリも、新しいバージョンに自動的に更新されることがあります。そのため、表示される画面は、本書の画面と変わる場合もあります。

97

特長 3

大きな操作画面で
該当箇所を
囲んでいるので
よくわかる！

目次

Contents

Contents

Contents

Contents

第8章 ノートパソコンの「困った」を解決しよう

付録 初期設定やアカウントの設定をしよう

Contents

ご注意：ご購入・ご利用の前に必ずお読みください

- 本書に記載された内容は、情報提供のみを目的としています。したがって、本書を用いた運用は、必ずお客様自身の責任と判断によって行ってください。これらの情報の運用の結果について、技術評論社および著者はいかなる責任も負いません。

- ソフトウェアに関する記述は、特に断りのないかぎり、2019年05月現在での最新情報をもとにしています。これらの情報は更新される場合があり、本書の説明とは機能内容や画面図などが異なってしまうことがあり得ます。あらかじめご了承ください。

- 本書の内容については以下のOSおよびアプリ上で動作確認を行っています。ご利用のOSおよびアプリによっては手順や画面が異なることがあります。あらかじめご了承ください。

  - Windows 10 Home（バージョン1903）
  - Excel 2019
  - Word 2019

- インターネットの情報については、URLや画面などが変更されている可能性があります。ご注意ください。

以上の注意事項をご承諾いただいた上で、本書をご利用願います。これらの注意事項をお読みいただかずに、お問い合わせいただいても、技術評論社および著者は対処しかねます。あらかじめご承知おきください。

Chapter 01

第1章

ノートパソコンをはじめよう

Section 01 ノートパソコンでできることを知ろう

覚えておきたいキーワード
- ☑ ノートパソコン
- ☑ Windows 10
- ☑ OS（基本ソフト）

本書では、Windows 10という基本ソフト（OS）が入っているノートパソコンの操作を紹介します。Windows 10には、あらかじめさまざまなアプリが入っていますので、インターネットやメールなどをすぐに楽しめます。まずは、ノートパソコンでできることを知りましょう。

1 ノートパソコンとは

キーワード ノートパソコン

ノートパソコンとは、画面やキーボード、本体が一体化しているパソコンです。一般的なノートパソコンは、蓋を開けるとキーボードが現れ、蓋の裏に液晶ディスプレイが付いています。ノートパソコンは、デスクトップ型のパソコンと同様のことができます。

キーワード Windows 10とは

Windows 10とは、パソコンの基本ソフト（OS）の1つです。基本ソフトとは、パソコンでさまざまな操作をするときの土台となるソフトです。目的別に作成されたアプリと呼ばれるソフトを快適に動かしたり、キーボードやプリンターなどパソコンの周辺機器を使用できる環境を整えたりします。
Windows 10は、Windowsの一番新しいバージョンです。年に数回、大幅なバージョンアップを行う更新プログラムが配布されます（2019年5月時点）。

Windows 10には、さまざまなアプリが入っています。

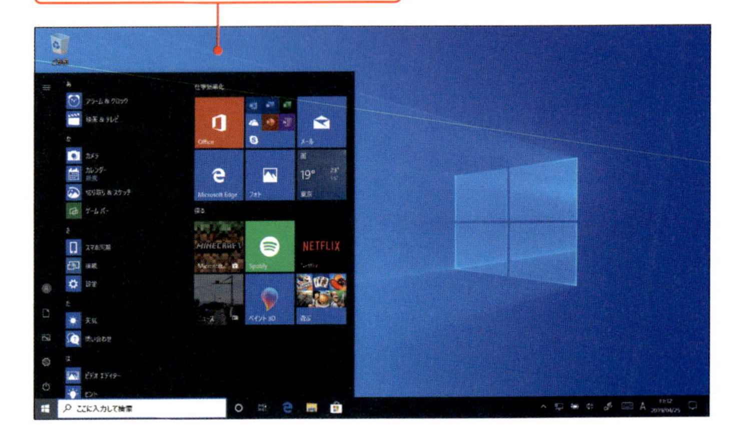

2 インターネットやメールをすぐに楽しめる

「Microsoft Edge」アプリで、インターネットのホームページを閲覧できます。

「メール」アプリで、メールをやり取りしたりできます。

「フォト」アプリで、写真を管理できます。写真を編集したりすることもできます。

メモ　Windows 10付属のさまざまなアプリを使用できる

Windows 10には、インターネットを見るアプリや、メールのやり取りをするアプリ、写真を整理・閲覧するアプリ、音楽を取り込んで楽しむアプリなどがすでに入っています。本書では、2章から6章でWindows付属のさまざまなアプリを紹介します。

ステップアップ　アプリをあとから追加できる

Windows 10には、アプリを追加できる「Microsoft Store」アプリが入っています。たとえば、ゲームなどのアプリを追加して楽しむことができます。アプリには、無料のものと有料のものがあります。

ヒント　市販のアプリも利用できる

Windows 10に対応している市販のアプリを追加して利用できます。なお、多くのノートパソコンには、一般的に広く利用されている「Office」アプリなどの市販のアプリがあらかじめ入っています。自分のノートパソコンにどのようなアプリが入っているか確認してみましょう。「Office」アプリについては、6章7章で紹介します。

Section 02

ノートパソコンの各部名称を知ろう

覚えておきたいキーワード
- タッチパッド
- マウス
- キーボード

ノートパソコンを使用する前に、ノートパソコンの各部名称と役割を確認しておきましょう。画面を表示する液晶ディスプレイが見える状態にして、電源の位置や、ノートパソコンにさまざまな周辺機器を接続するための接続口の位置などを確認します。

1 ノートパソコンの各部名称

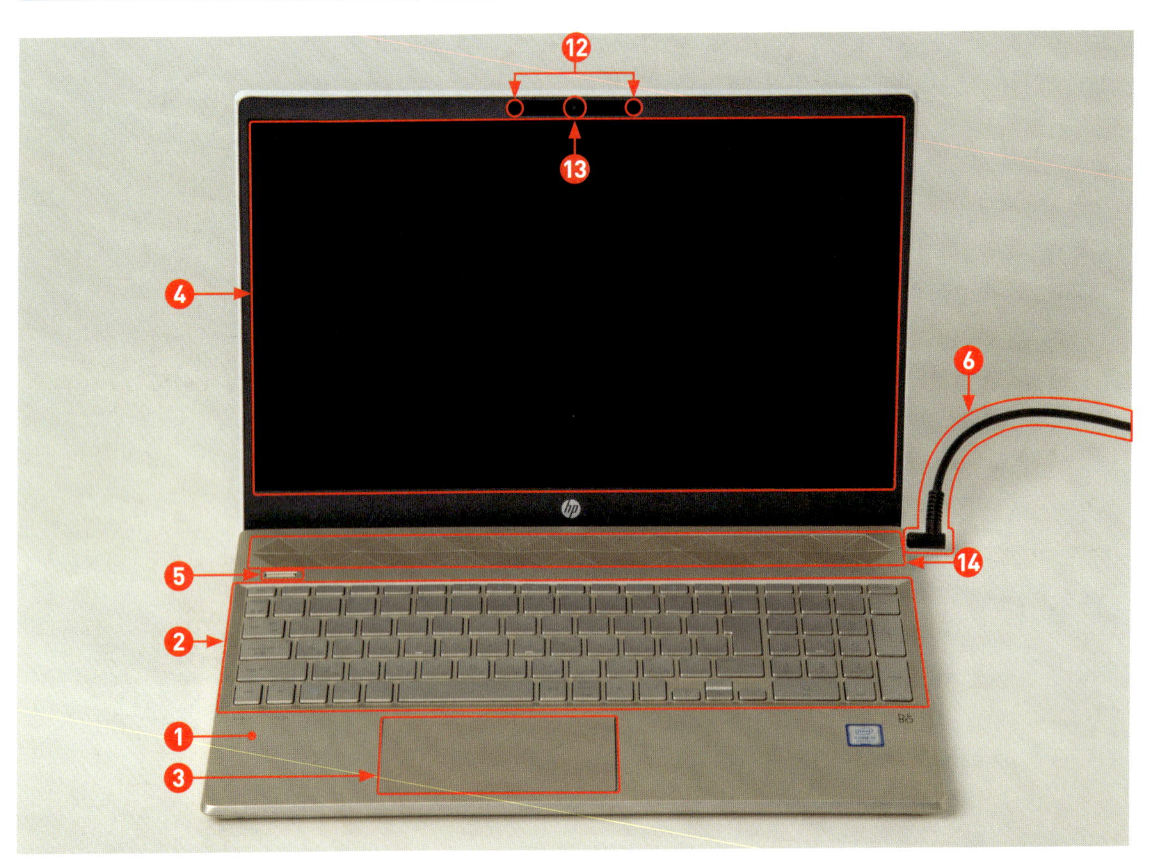

2 ノートパソコンの各部の役割

❶本体
パソコンの本体です。パソコンでさまざまな処理を行う装置や、データを保存するハードディスクなどが入っています。

❷キーボード
文字を入力したりするキーが並んでいます。

❸タッチパッド
ノートパソコンに指示をするときに使います。マウスの代わりに利用できます。

❹液晶ディスプレイ
ノートパソコンの画面です。タッチパネル対応のディスプレイの場合は、画面をタッチしてパソコンを操作できます。

❺電源ボタン
電源ボタンを押して電源をオンにします。

❻ケーブル
電源ケーブルです。

❼HDMIコネクタ
ノートパソコンの画面をテレビなどに移すときに、HDMIケーブルを挿すところです。テレビ以外に、液晶モニターやプロジェクターに映すこともできます。

❽LANコネクタ
インターネットに接続するケーブルを差すところです。

❾USBコネクタ
ノートパソコンとUSBに対応した周辺機器を接続するときに、USBケーブルを差すところです。USBとは、パソコンと周辺機器を接続するための規格の1つです。Type-A（大きいもの）とType-C（小さいもの）の2種類あります。

❿ヘッドフォンマイク端子
ヘッドフォンやヘッドフォンマイクのケーブルを差すところです。

⓫SDカードスロット
写真や文書を保存できるSDカードを挿すところです。

⓬内蔵マイク
ノートパソコンでテレビ電話をしたりするときに使うマイクです。

⓭Webカメラ
ノートパソコンでテレビ電話をしたりするときに使うカメラです。

⓮スピーカー
音を出すところです。

ノートパソコン

ノートパソコンは、デスクトップパソコンとは異なり、省スペースで持ち運びにも便利なパソコンです。ほとんどのノートパソコンには、バッテリーが付属しているため、外出先などで電源がない場所でも使用できます。

ノートパソコンによって各部の場所は異なる

ノートパソコンの前面や左右、うしろにあるさまざまな接続口の位置や数、またその有無は、ノートパソコンの機種によって異なります。お使いのノートパソコンの説明書と併せて確認してください。

光学ドライブ

ノートパソコンによっては、BD／DVD／CDなどの光学ディスクをセットして利用する光学ドライブが内蔵されているものもあります。光学ドライブが内蔵されていない場合は、外付けの光学ドライブをUSBコネクタに接続して利用する方法があります。

タッチパネル

タッチパネルとは、画面をタッチしてパソコンを操作できるディスプレイのことです。タッチ操作が可能かどうかは、ノートパソコンの機種によって異なります。なお、本書では、タッチパッド、マウスを使った操作のみ解説します。

Section 03

ノートパソコンの電源を入れよう

覚えておきたいキーワード
- 電源ボタン
- ロック画面
- デスクトップ

ノートパソコンの電源が入っていない状態から、ノートパソコンの電源を入れて使える状態にすることを、ノートパソコンを起動するといいます。電源ボタンを押して、ノートパソコンを起動しましょう。

1 電源ボタンを押す

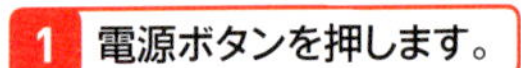

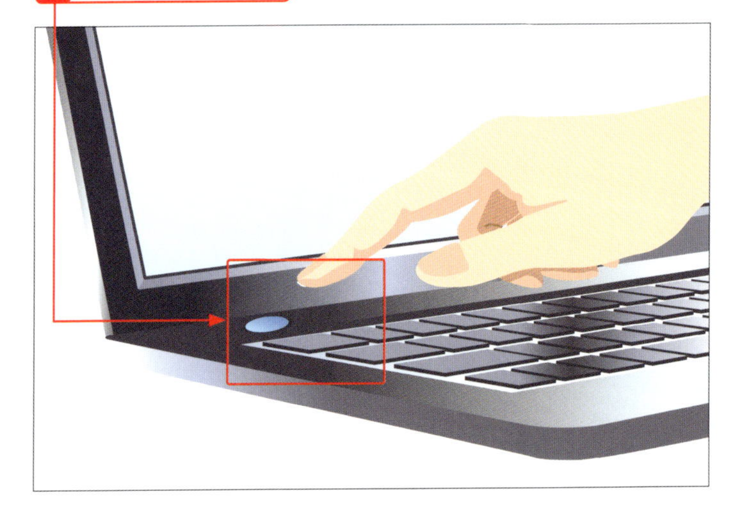

2 ロック画面が表示されたら、いずれかのキーを押します。

メモ 電源を入れる

ノートパソコンの電源ボタンを押してノートパソコンを起動します。ノートパソコンが充電されているときは、電源ケーブルを接続しなくても、ノートパソコンを起動して使用できます。電源が入らない場合で、電源ケーブルが接続されていない場合はノートパソコンのバッテリーが切れている可能性があります。電源ケーブルを接続して電源を入れてみましょう。

ロック画面

ロック画面とは、パソコンを一定時間使用しなかったり、パソコンを起動したりするときに表示される画面です。パソコンを誰かに勝手に使用されないようにするには、パソコンにパスワードを設定して、ロック画面を解除するときにパスワードが求められるようにします。パスワードの設定については、P.214を参照してください。なお、ロック画面として表示される画面の絵柄は変更できますので、ここで紹介している画面とは異なる場合があります。

2 ノートパソコンを起動する

1 この画面が表示されたら、ここをクリックします。

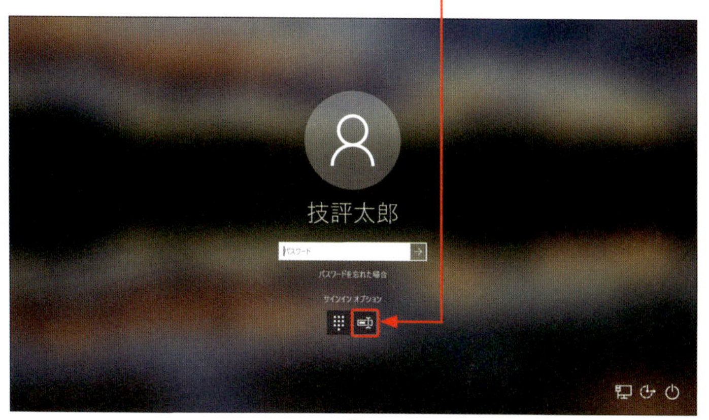

2 ここをクリックしてパスワードを入力し、

3 ここをクリックします。

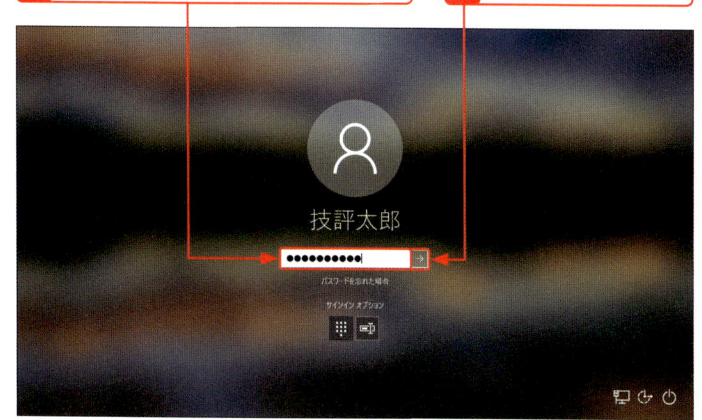

4 パソコンが起動してデスクトップの画面が表示されます。

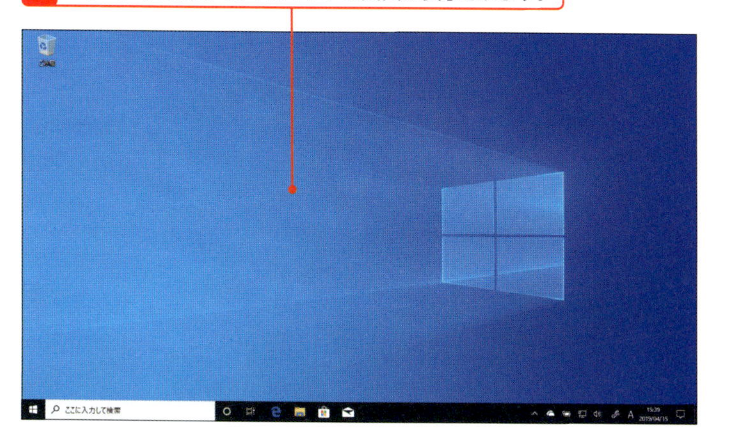

メモ パスワードを入力する

パソコンにパスワードを設定しているときは、パソコンを起動するときにパスワードを入力します。なお、Windows 10を使用するには、ローカルアカウントかMicrosoftアカウントを使用します。どちらを使用するのかによって表示される画面の内容は若干異なります。アカウントについては、付録を参照してください。なお、ここではMicrosoftアカウントを使用して解説します。

ヒント デスクトップの背景画像

デスクトップに表示される絵柄や写真は変更できます。そのため、ここで紹介している画面の絵柄と異なる場合があります。また、お使いのパソコンのメーカーに応じてさまざまなアプリが表示される場合もあります。

ヒント ロック画面の画像が変わる

ロック画面の画像を特に指定しない場合は、背景画像は、<Windowsスポットライト>が適用されます。<Windowsスポットライト>は、ロック画面に、Windows 10が自動的にお勧めの背景画像を表示するものです。そのため、さまざまな背景画像が表示されます。

Section 04 Windows 10の画面構成を知ろう

覚えておきたいキーワード
- デスクトップ
- <スタート>ボタン
- タスクバー

Windows 10を起動したときに表示されるデスクトップ画面の各部名称や役割を知っておきましょう。ここで紹介する<スタート>ボタンや、タスクバーなどの用語は、本書の中でも頻繁にでてきますので、覚えておきましょう。

1 デスクトップの各部名称と役割

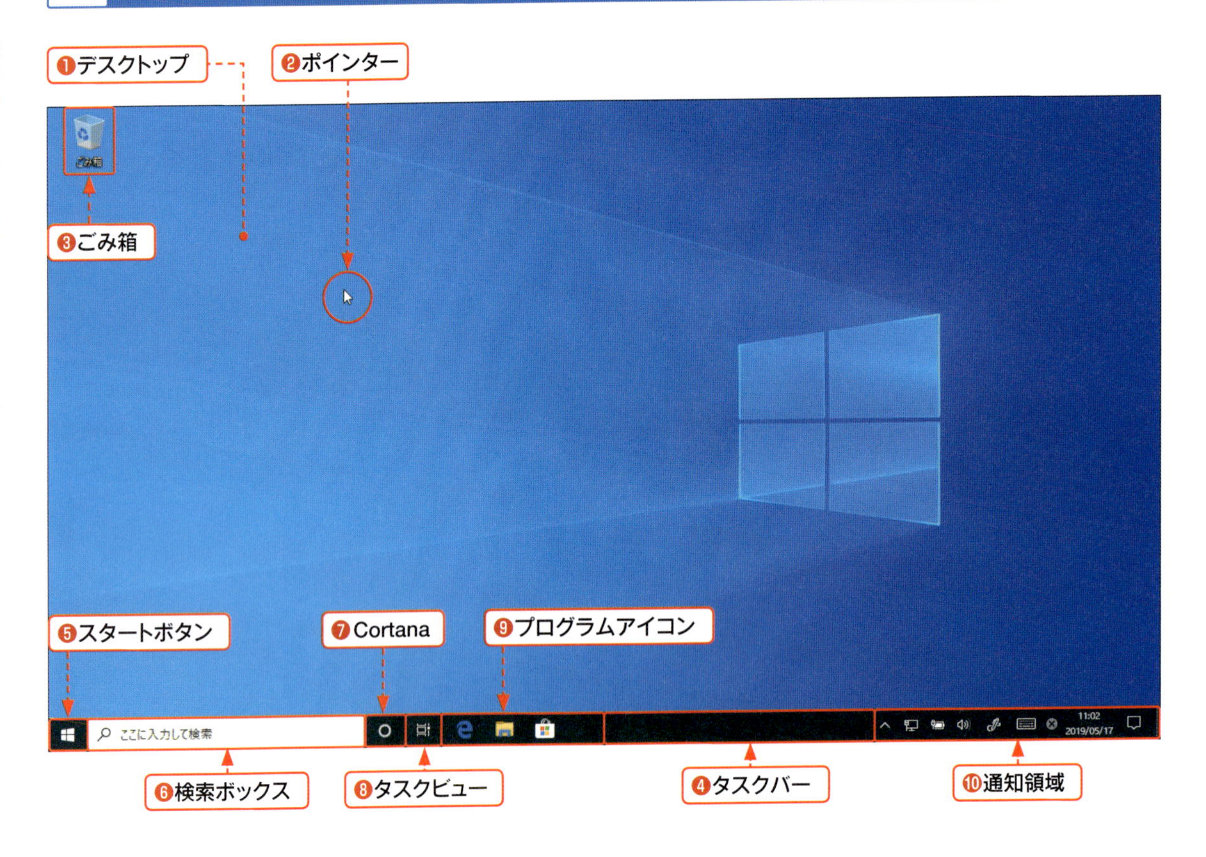

ポインターの形

ポインターの形は、ほとんどの場合はですが、ポインターがある場所によって変わることがあります。たとえば、次のような形に変わります。

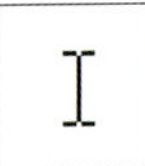

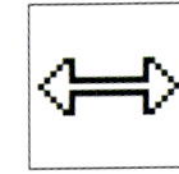

2 各部の名称と役割

❶デスクトップ
パソコンを起動した直後に表示される画面です。さまざまな作業を行う机の上と思ってください。

❷ポインター
マウスでパソコンに指示を出すときに操作対象の位置を示すマークです。形は、ポインターの移動先によって変わることがあります。

❸ごみ箱
削除したファイルが入るところです。

❹タスクバー
開いているアプリのアイコンなどが表示されるところです。

❺スタートボタン
パソコンで何か操作をはじめるときに使います。さまざまなアプリを起動したりします。

❻検索ボックス
保存先がわからなくなったファイルを検索したりするときなどに使います。

❼Cortana
Cortana(コルタナ)を呼び出すときに使います(P.193のステップアップ参照)。

❽タスクビュー
過去に見たホームページや使用したファイルを開いたりするときに使います。

❾プログラムアイコン
よく使うアプリをかんたんに起動するためのアイコンです。

❿通知領域
日付や時刻が表示されるほか、スピーカーの音量やネットワーク接続の状況、バッテリーの残量などが表示される領域です。

アイコンの配置

デスクトップには、パソコンで作成したファイルやアプリを起動するためのアイコンなどを置くことができます。そのため、デスクトップに表示されるアイコンの配置は、パソコンによって異なります。

プログラムアイコンは追加できる

タスクバーには、アプリをかんたんに起動するためのプログラムアイコンを追加できます。Sec.79を参照してください。

通知領域に表示される内容

通知領域に表示される内容は、パソコンによって異なります。^をクリックすると、隠れている内容を表示できます。

アクションセンター

通知領域の＜アクションセンター＞のアイコンをクリックすると❶、パソコンから表示されるお知らせや、さまざまな設定を変更したり確認したりするボタンが表示されます。たとえば、＜すべての設定＞をクリックすると、＜設定＞画面が表示されます。＜展開＞をクリックすると❷、すべてのボタンが表示されます。

Section 05 タッチパッドとマウスの使い方を知ろう

覚えておきたいキーワード
- ☑ タッチパッド
- ☑ マウス
- ☑ タッチパネル

パソコンにさまざまな指示をするときに使用するタッチパッドやマウスの使い方を確認しておきましょう。ポインターを移動してクリックやダブルクリック、ドラッグ操作などを練習します。ごみ箱を選択したり、ごみ箱の中を見たり、ごみ箱を移動したりしてみましょう。

1 タッチパッドの各部名称と操作

タッチパッド

ポインターの移動

タッチパッドを指で触れて動かすと、ポインターが移動します。

クリック

タッチパッドの左下を1回押します。または、タッチパッドの上を軽くたたきます。

ヒント タッチパッドにボタンがない場合

ノートパソコンによっては、タッチパッドの下にボタンがない場合もあります。その場合は、クリックはタッチパッドの左下を、右クリックは右下を軽くたたきます。

ヒント 機種によって操作は異なる

ノートパソコンの中には、タッチパッドではなく、キーボードの中央付近に埋め込まれたボタンのようなものでポインターを移動するものもあります。タッチパッドやボタンの操作は、ノートパソコンの機種によって多少異なりますので、お使いのノートパソコンの説明書も合わせて確認してください。

ダブルクリック

タッチパッドの左下を2回押します。または、タッチパッドの上を軽く2回たたきます。

ドラッグ

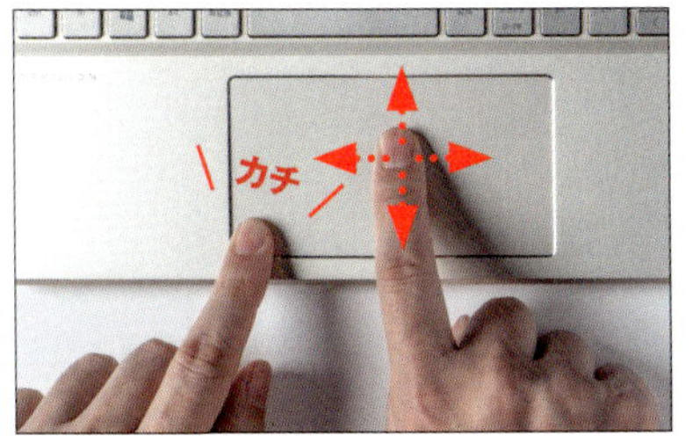

指でタッチパッドの左下を押したまま、別の指でタッチパッドに触れて動かします。または、タッチパッドの上を軽く2回叩き、そのままタッチパッドに指を触れたまま動かします。

右クリック

タッチパッドの右下を1回押します。

右ドラッグ

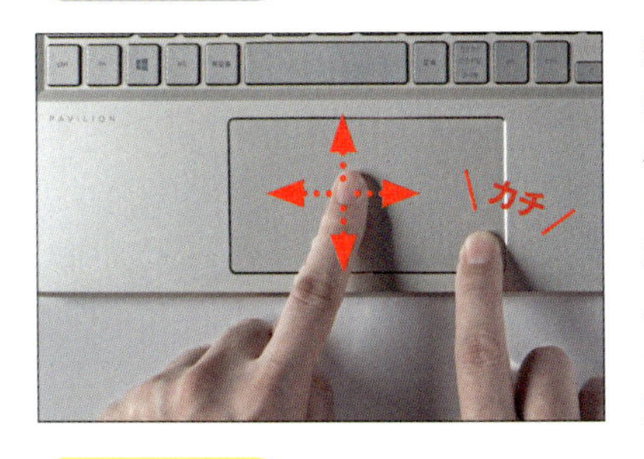

指でタッチパッドの右下を押したまま、別の指でタッチパッドに触れて動かします。または、指でタッチパッドの右下を押したまま、タッチパッドの上を軽く2回叩き、そのままタッチパッドに指を触れたまま動かします。

スライド

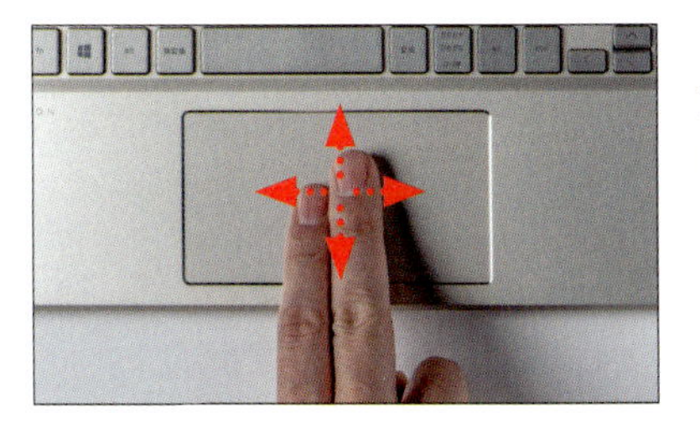

タッチパッドを2本の指で触れたまま、上下左右に動かします。

メモ ノートパソコンに指示を出す方法

ノートパソコンを操作するには、タッチパッドやマウスなどを使ってノートパソコンに指示を出します。クリックやダブルクリックなどの操作は、次のような場面で使用します。

操作	内容
ポインターの移動	マウスやタッチパッドでポインターを動かして、指示をする場所を指定します。
クリック	何かを選択したり、文字を入力するカーソルを表示したりするときに使います。
ダブルクリック	アプリのウィンドウを開いたり、ファイルを開いたりするときに使います。
ドラッグ	配置を変更したり、移動したりするときに使います。
右クリック	その場所で行う操作を選択するメニューを表示するときに使います。
右ドラッグ	配置を変更したり移動したりしたあとに、メニューで操作方法を選択するときに使います。
スライド(タッチパッド)/ホイールの回転(マウス)	画面をスクロールするときなどに使用します。スクロールとは、ウィンドウ内の画面を動かして、見えない場所を表示することです。

2 マウスの各部名称と操作

メモ マウスを使用する

P.22で紹介したように、ほとんどのノートパソコンは、マウスの代わりにタッチパッドなどを使って操作を行えますが、パソコン初心者の場合は、タッチパッドよりもマウスの方が便利です。マウスが付属していない場合は、Windows 10対応のUSBで接続できるマウスなどを購入して使用するとよいでしょう。有線のタイプや無線のワイヤレスのタイプなどがあります。

マウス

ポインターの移動

マウスを動かすと、画面のポインターが連動して動きます。

クリック

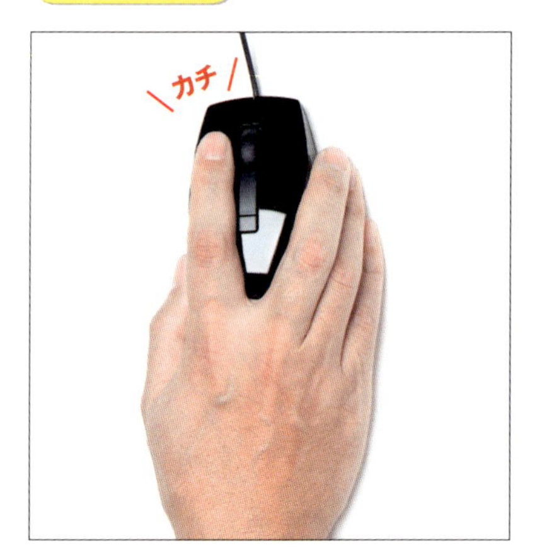

マウスの左ボタンを1回押します。

ヒント マウスの持ち方

マウスを持つときは、左ボタンの上に人差し指、右ボタンの上に中指を置きます。また、ホイールを操作するときは、人差し指で操作します。手首は机の上に付けたままにして、手首の位置はずらさずに、マウスを軽く握って操作しましょう。

ダブルクリック

マウスの左ボタンを2回押します。

ドラッグ

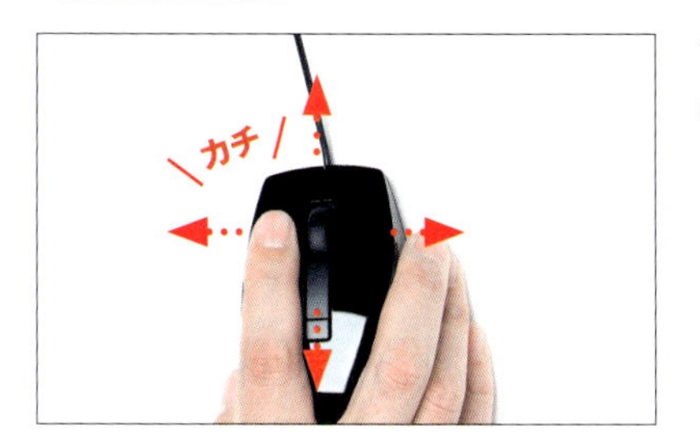

マウスの左ボタンを押しながらマウスを動かします。

右クリック

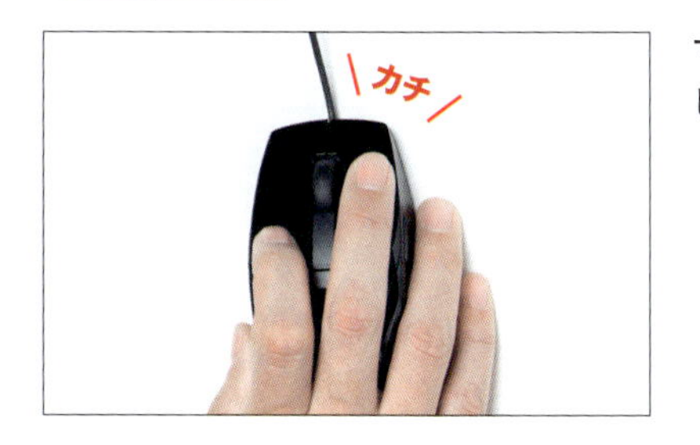

マウスの右ボタンを1回押します。

右ドラッグ

マウスの右ボタンを押しながらマウスを動かします。

回転

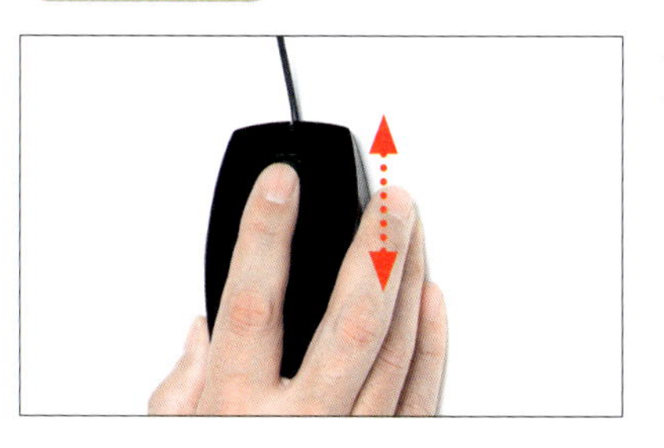

ホイールを上下に動かします。

ヒント 複数のボタンがある

マウスによっては、左ボタンと右ボタン以外にもボタンがある場合もあります。その場合、頻繁に使用する操作をボタンに割り当てて利用することもあります。

メモ タッチパネルで操作する

タッチパネルに対応しているノートパソコンでは、画面を触ってノートパソコンに指示を出すことができます。次のような操作ができます。

操作	内容
タップ	画面をタッチします。クリックにあたります。 アイコンを選択したりするときに使用します。
ダブルタップ	画面を2回連続してタッチします。ダブルクリックにあたります。 ウィンドウを開いたり、ファイルを開いたりするときに使います。
スライド	画面をタッチしたまま指を動かします。ドラッグにあたります。 画面をスクロールするときなどに使用します。
スワイプ	画面をタッチしたまま指先を払うように動かします。メニューを表示したりするときに使用します。
長押し	画面をタッチしたままにします。右クリックにあたります。 ショートカットメニューを表示したりするときに使用します。
ピンチ	2本の指を開いて画面にタッチしてつまむように指を近づけます。 画面を縮小して表示するときなどに使用します。
ストレッチ	2本の指を閉じて画面にタッチして指を広げます。 画面を拡大して表示するときなどに使用します。

3 ポインターを移動する

ポインターが見当たらない

ポインターが見当たらない場合は、タッチパッドの上で指を小刻みに動かしてみましょう。マウスの場合はマウスを左右に小刻みに動かします。そうすると、ポインターの位置がわかりやすくなります。

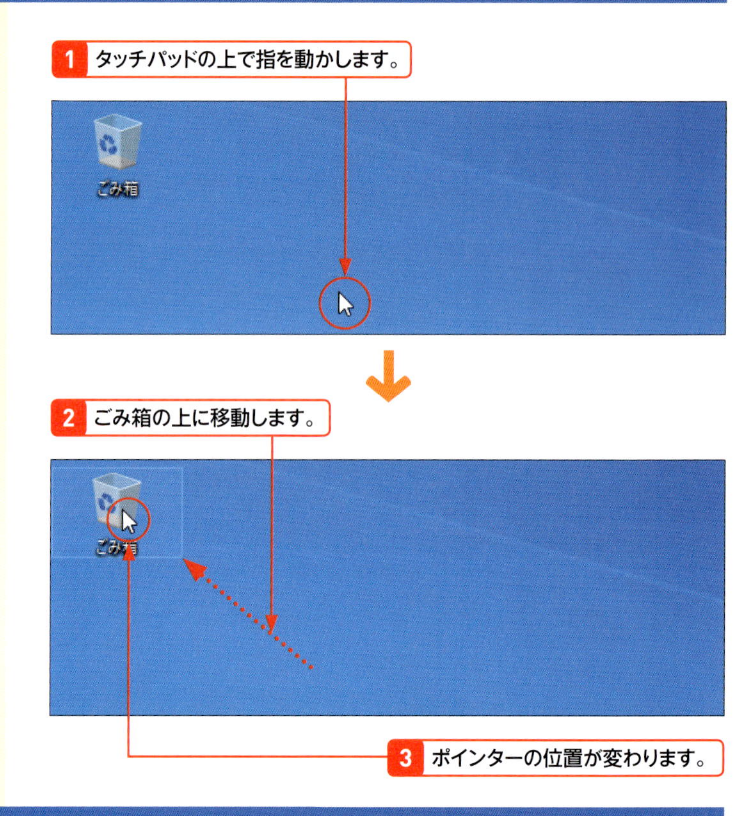
1 タッチパッドの上で指を動かします。
ごみ箱
2 ごみ箱の上に移動します。
ごみ箱
3 ポインターの位置が変わります。

4 クリックする

右クリックする

右クリックは、その場所から行う操作を選択するショートカットメニューを表示したりするときに使います。ごみ箱を右クリックすると、ショートカットメニューが表示されます。ショートカットメニューの外の何もないところをクリックすると、ショートカットメニューが消えます。

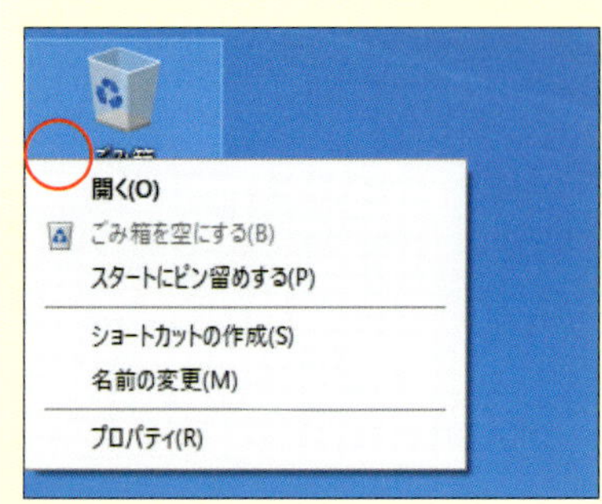
開く(O)
ごみ箱を空にする(B)
スタートにピン留めする(P)
ショートカットの作成(S)
名前の変更(M)
プロパティ(R)

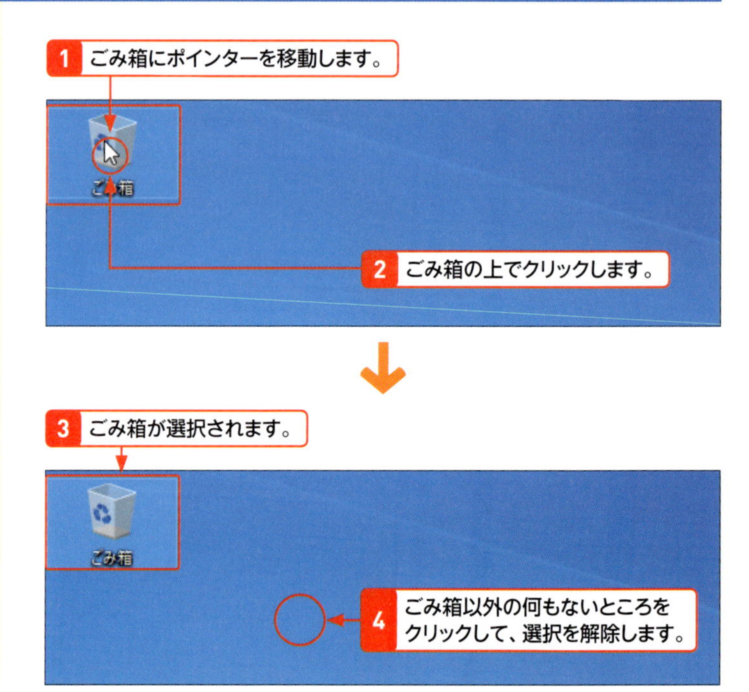
1 ごみ箱にポインターを移動します。
ごみ箱
2 ごみ箱の上でクリックします。
3 ごみ箱が選択されます。
ごみ箱
4 ごみ箱以外の何もないところをクリックして、選択を解除します。

5 ダブルクリックする

1 ごみ箱にポインターを移動します。

2 ごみ箱の上でダブルクリックします。

3 ごみ箱のウィンドウが開いてごみ箱の中身が表示されます。

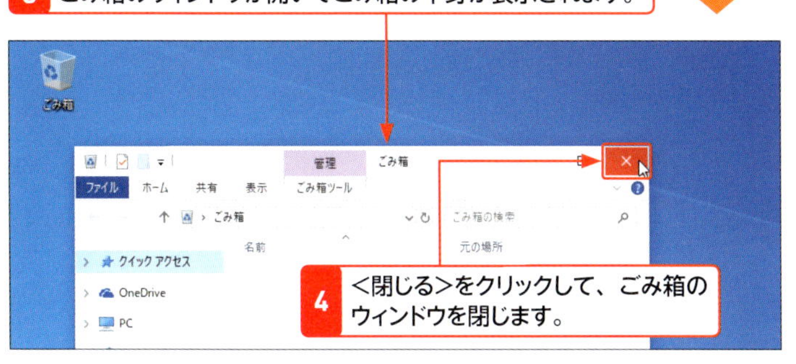

4 <閉じる>をクリックして、ごみ箱のウィンドウを閉じます。

メモ ごみ箱を開く

ごみ箱をダブルクリックしてごみ箱のウィンドウを開きます。ウィンドウを閉じるには、<閉じる>をクリックします。ウィンドウの操作については、Sec.10で紹介します。

6 ドラッグする

1 ごみ箱にポインターを移動します。

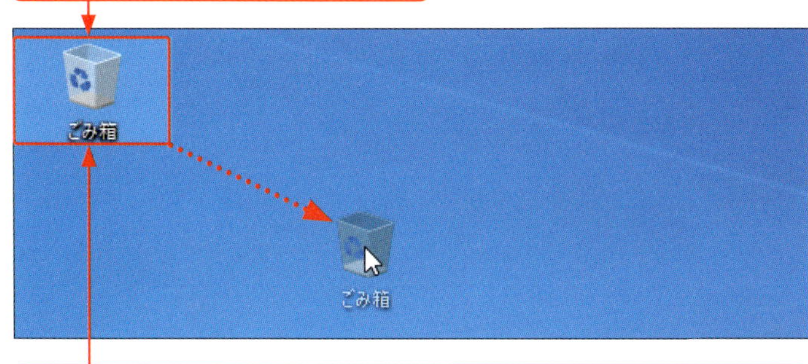

2 ごみ箱をクリックし、そのまま右下の空いているところにドラッグします。

3 ごみ箱が移動しました。

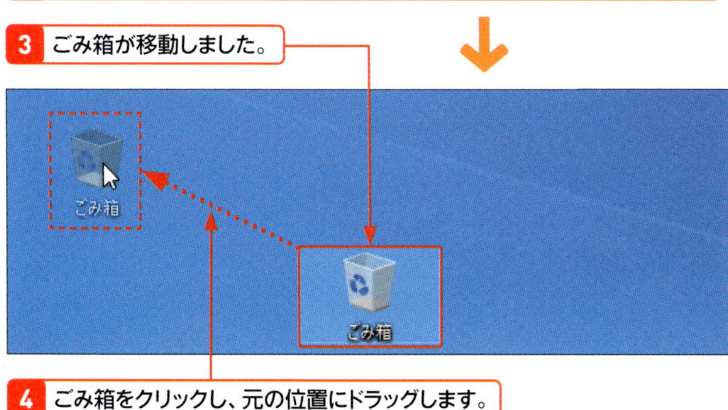

4 ごみ箱をクリックし、元の位置にドラッグします。

ヒント 右ドラッグする

右ドラッグは、何かの配置を変更したり移動したりするときに、移動先で操作の詳細を選択するときなどに使います。ごみ箱を右ドラッグすると、右ドラッグ先でショートカットメニューが表示されます。操作をキャンセルする場合は、<キャンセル>をクリックします。

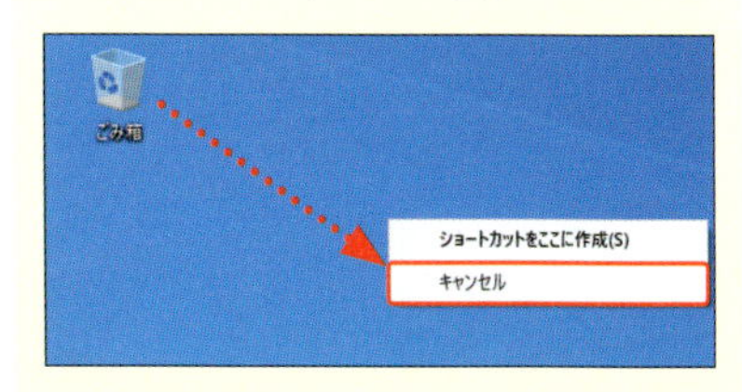

Section 06 スタートメニューを使おう

覚えておきたいキーワード
- ＜スタート＞ボタン
- スタートメニュー
- タイル

パソコンで何か操作をはじめるときには、＜スタート＞ボタンをクリックしてスタートメニューから操作を選ぶことが多くあります。ここでは、スタートメニューの表示方法を紹介します。スタートメニューは、頻繁に使用しますので、スタートメニューの画面構成も覚えましょう。

1 ＜スタート＞ボタンをクリックする

1 ＜スタート＞ボタンをクリックします。

2 スタートメニューが表示されます。

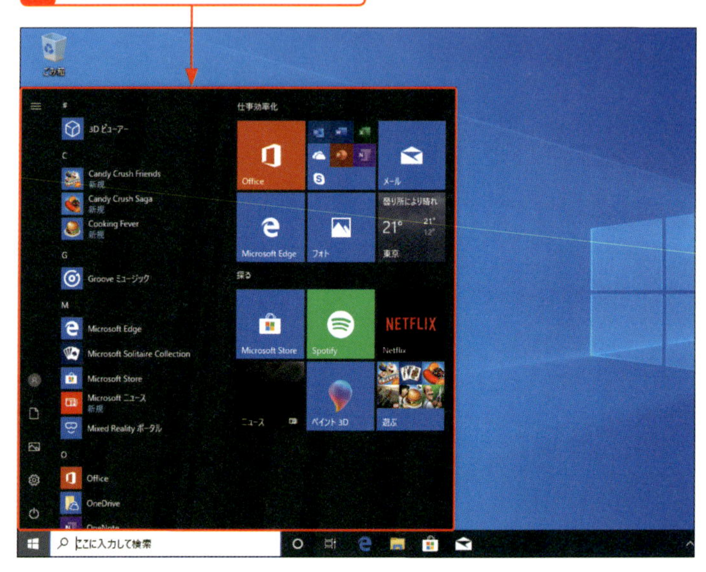

メモ　スタートメニューを表示する

スタートメニューを表示するには、＜スタート＞ボタンをクリックします。または、キーボードの⊞を押して表示することもできます（Sec.11参照）。また、スタートメニューで操作を選択すると、スタートメニューは自動的に閉じます。間違って表示したスタートメニューを閉じるには、スタートメニューの外の何もないところをクリックするか、キーボードの⊞を押します。

ヒント　スタートメニューの内容

スタートメニューには、パソコンに入っているアプリの一覧が表示されます。パソコンに入っているアプリはパソコンによって異なりますので、スタートメニューに表示される内容もパソコンによって異なります。

2 スタートメニューの各部名称

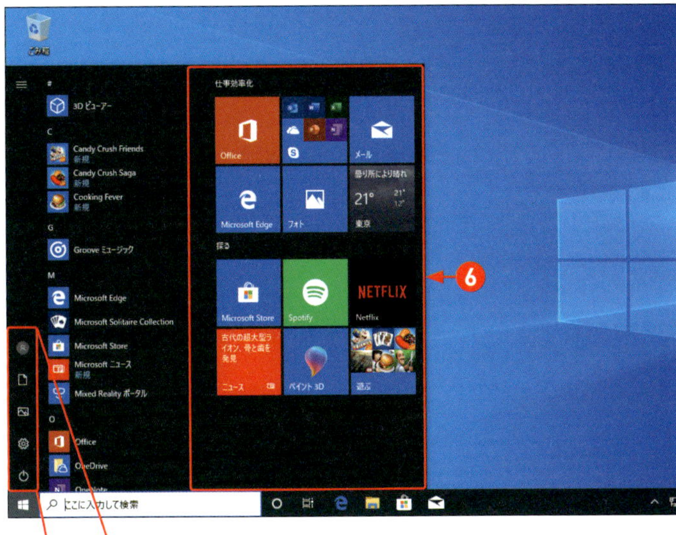
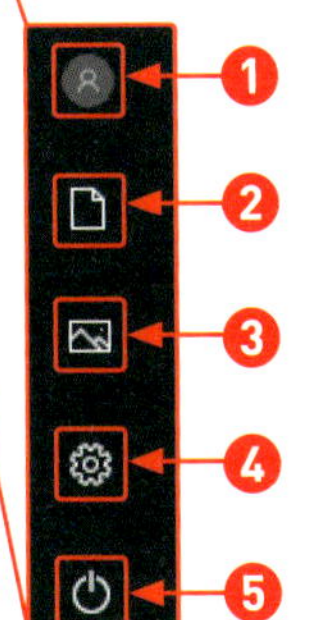

❶アカウント
パソコンを使用しているアカウント名が表示されます。ここをクリックすると、アカウントの設定を変更する画面を開いたり、ロック画面に切り替えたりできます。

❷ドキュメント
ファイルやフォルダーを管理する「エクスプローラー」アプリを起動し、<ドキュメント>フォルダーを開きます。

❸ピクチャ
ファイルやフォルダーを管理する「エクスプローラー」アプリを起動し、<ピクチャ>フォルダーを開きます。

❹設定
<設定>画面を開きます。

❺電源
パソコンの電源をオフにしたり、省電力モードに切り替えたりするときに使います。

❻タイル
いろいろなアプリを起動するためのタイルが並んでいるところです。頻繁に使用するアプリのタイルを追加することもできます（Sec.79参照）。

キーワード ライブタイル

スタートメニューのタイルの中には、写真や絵が切り替わるものなどがあります。このような機能を持つタイルをライブタイルといいます。たとえば、天気予報を見る「天気」アプリを起動するタイルには、天気の状態が表示されます。ライブタイルを表示するかどうかは、タイルを右クリックして❶、<その他>にポインターを移動すると表示されるメニューで指定できます。

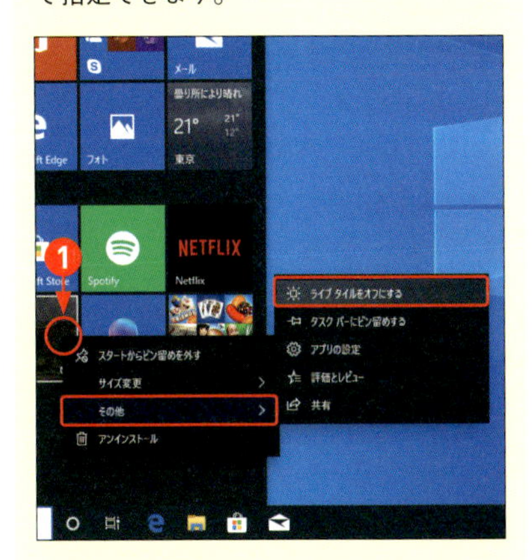

ステップアップ 項目を展開表示する

スタートメニューの左上の☰をクリックすると、左側のアイコンの項目が表示されます。再度、☰ スタート をクリックすると元の表示に戻ります。

Section 07

ノートパソコンを終了しよう

覚えておきたいキーワード
- スタートメニュー
- シャットダウン
- スリープ

ノートパソコンの操作を終えたら、正しい手順で電源をオフにします。なお、パソコンの電源をオフにする前には、保存していないデータがないかどうか確認し、必要に応じてデータを保存しておきましょう。また、使用中のアプリなどを閉じてから操作します。

1 シャットダウンする

1 ＜スタート＞ボタンをクリックします。

2 ＜電源＞をクリックします。

3 ＜シャットダウン＞をクリックします。

4 電源がオフになり画面が真っ暗になります。

キーワード シャットダウン

シャットダウンとは、パソコンを終了して電源を切ることです。シャットダウンする前には、必要なファイルを保存して使用中のアプリを閉じておきましょう。

ヒント スリープ状態にする

ノートパソコンの使用を中断するときは、省電力モードのスリープ状態にしておきましょう。バッテリーの残量が無駄に減ってしまうのを抑えられます。それには、手順3で＜スリープ＞をクリックする方法や、電源ボタンを押す方法があります。また、ノートパソコンにしばらくの間触れないでいると、自動的にスリープ状態に切り替わるように指定できます。Sec.76を参照してください。

ヒント スリープ状態を解除する

スリープ状態では、画面が真っ暗になります。スリープ状態を解除して再びノートパソコンを使用するには、マウスのボタンを押したり、電源ボタンを押したりする方法があります。

2 ノートパソコンを再起動する

1 <スタート>ボタンをクリックします。

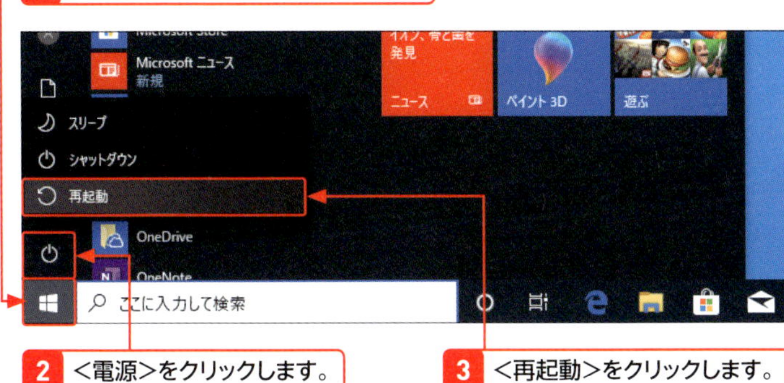

2 <電源>をクリックします。

3 <再起動>をクリックします。

4 パソコンが再起動します。

5 次の画面が表示されたらいずれかのキーを押します。

6 次の画面が表示されたらパスワードを入力します。

7 ここをクリックすると、パソコンが起動します。

メモ 再起動する

パソコンに更新プログラムをインストールした場合や、新しいアプリをインストールした場合に、パソコンの再起動を促される場合があります。その場合は、スタートメニューからパソコンを再起動できます。

ヒント パスワードを設定する

パソコンを誰かに勝手に操作されることを防ぐには、パソコンを起動するときや、ロック画面を解除するときなどにパスワードの入力が求められるように設定しておくとよいでしょう。パスワードを設定する方法は、P.214を参照してください。

Section 08

インターネットに接続しよう

覚えておきたいキーワード
- インターネット
- プロバイダー
- Wi-Fi

ノートパソコンをインターネットに接続できるようにしましょう。自宅でインターネットに接続するための一般的な方法は、インターネット接続業者(プロバイダー)と契約して接続できるようにする方法です。ここでは、プロバイダーとの契約が済んでいることを想定して紹介します。

1 自宅でインターネットに接続する

有線で接続する

ネットワークに接続するLANケーブルをノートパソコンにつないでインターネットに接続する方法です。ルーターとLANコネクタ(P.17参照)をLANケーブルで接続します。

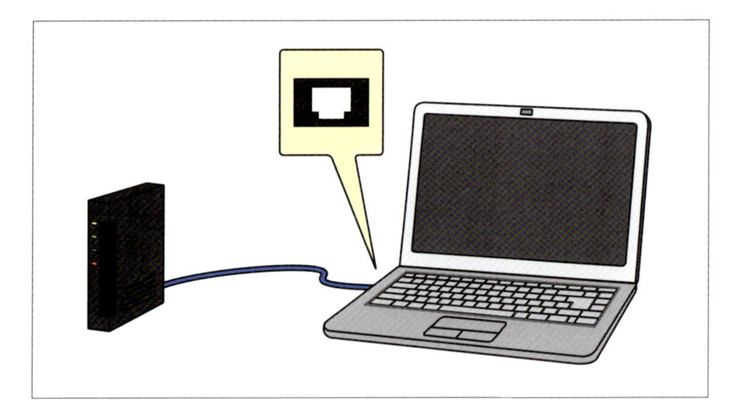

無線で接続する

Wi-Fiという無線のネットワークを使用してインターネットに接続する方法です。次のページで紹介します。

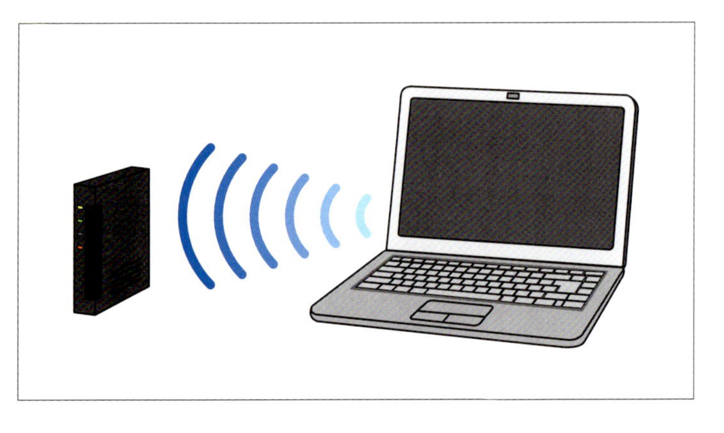

キーワード プロバイダー

プロバイダーとは、インターネットに接続する環境を整えるインターネット接続業者のことです。通信会社や電話会社、電力会社やパソコンメーカーなどが、プロバイダーのサービスを提供しています。

キーワード Wi-Fi

無線でインターネットに接続するには、一般的にWi-Fiというネットワークを使用します。Wi-Fiとは、無線通信規格の1つです。自宅でWi-Fiネットワークを使用できる環境を整えるには、一般的にWi-Fiルーターという機器を使用します。

メモ 自宅でWi-Fiに接続する

ここでは、自宅に設置したWi-Fiルーターを使用してWi-Fiに接続する方法を紹介しています。その場合、ノートパソコン側でも設定を行います。Wi-Fiルーターの説明書を見て、接続するネットワークの名前やパスワードを事前に確認しておきましょう。

2 Wi-Fiに接続する準備をする

1 タスクバーの通知領域のネットワークのアイコンをクリックします。

2 近くのWi-Fiネットワークが表示されます。

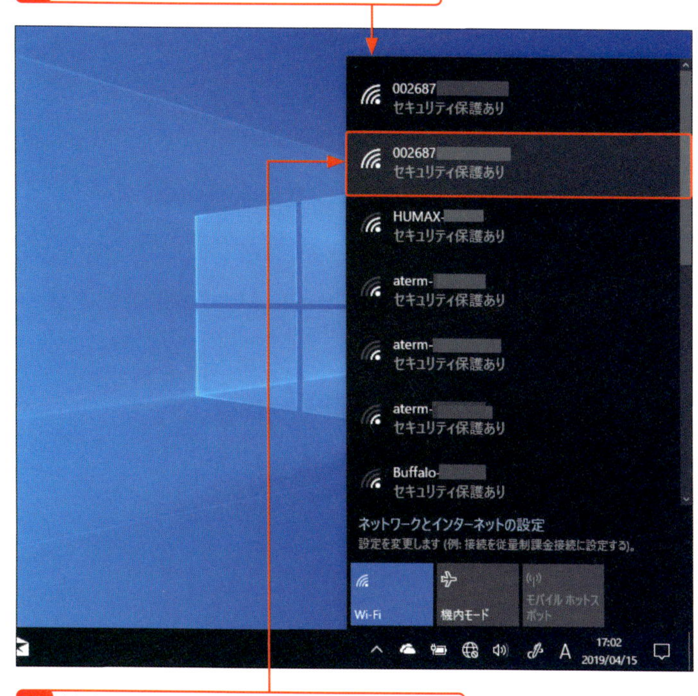

3 接続するネットワークの名前をクリックします。

4 <接続>をクリックします。

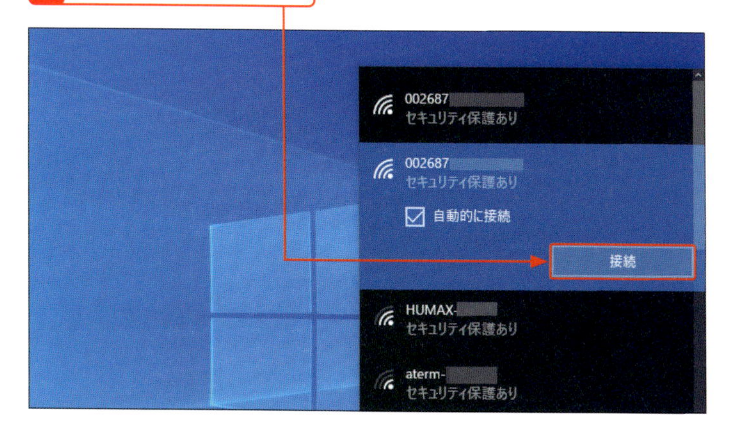

ヒント Wi-Fiがオフになっている場合

Wi-Fiの機能がオフになっている場合は、ネットワークのアイコンをクリックして❶、<Wi-Fi>をクリックします❷。

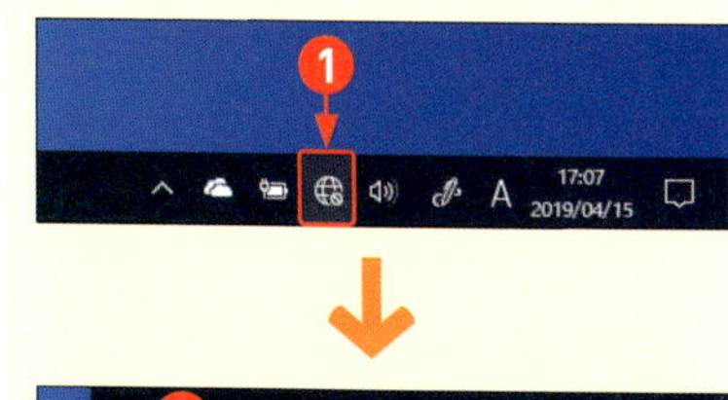

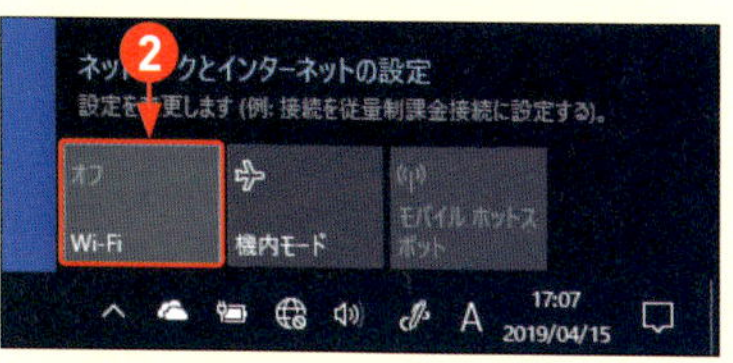

ヒント ネットワークのアイコンがない場合

ネットワークのアイコンが表示されていない場合は、通知領域の<隠れているインジケーターを表示します>をクリックし、ネットワークのアイコンをクリックします。

ヒント 似たような項目が表示される

Wi-Fiには、速度や電波の届きやすさなどによって複数の規格があります。多くのWi-Fiルーターは、複数の規格に対応しているため、Wi-Fiに接続しようとすると、似たような項目がいくつか表示される場合があります。どれに接続すればよいかは、接続する機器や場所などによって異なりますので、Wi-Fiルーターの説明書を参照してください。

3 Wi-Fiに接続する

ヒント Wi-Fiに接続できない場合

多くのノートパソコンは、Wi-Fiに接続するための機能に対応していますのでかんたんにWi-Fiに接続できます。Wi-Fiに接続する機能のないノートパソコンでWi-Fiのネットワークを利用したい場合は、Wi-Fiに接続するための無線LANアダプタなどの機器を使用する必要があります。

ヒント Wi-Fiの接続を切断する

Wi-Fiの接続を切断するには、タスクバーのWi-Fiのアイコンをクリックし、接続しているネットワークの項目をクリックし、<切断>をクリックします。

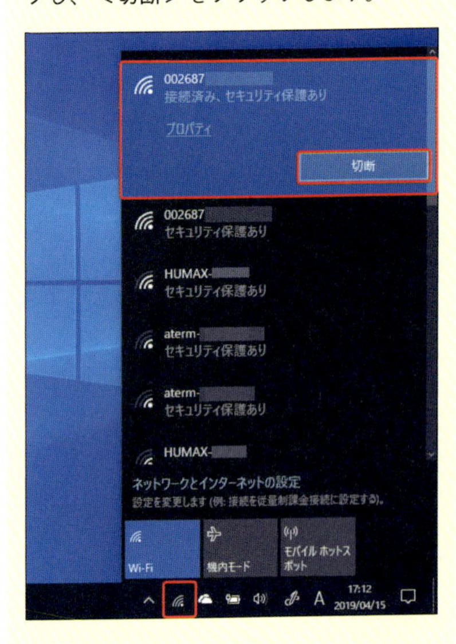

ヒント Wi-Fiをオフにする

Wi-Fiに接続する機能をオフにするには、タスクバーのネットワークのアイコンをクリックし、ネットワーク設定の<Wi-Fi>をクリックします。

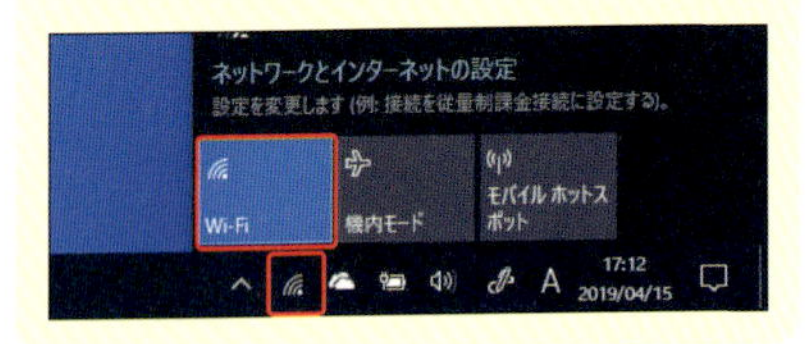

1 パスワードの入力画面が表示された場合は、パスワードを入力します。

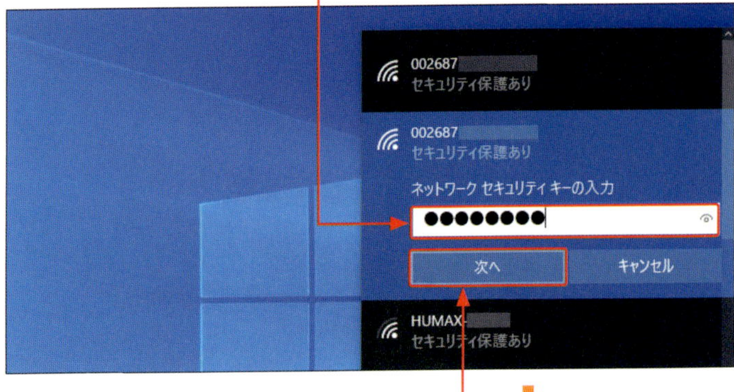

2 <次へ>をクリックします。

3 次の画面が表示された場合は、パソコンをほかのパソコンから検出できるようにするか選択します。

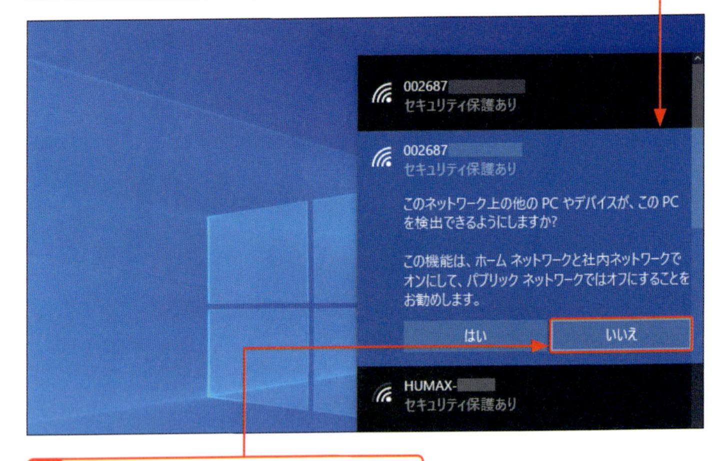

4 ここでは、<いいえ>をクリックします。

5 Wi-Fiに接続できました。

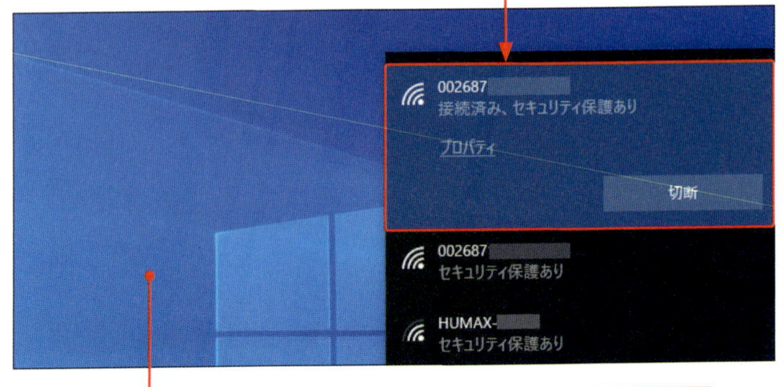

6 デスクトップの何もないところをクリックして設定画面を閉じます。

Chapter 02

第2章

文字入力とファイルの操作を知ろう

Section 09

アプリを起動しよう

覚えておきたいキーワード
- <スタート>ボタン
- スタートメニュー
- メモ帳

Windows 10には、あらかじめ複数のアプリが入っています。ここでは、Windows 10に入っている「メモ帳」というアプリを起動してみましょう。メモ帳は、その名のとおりメモを書いたりメモの内容を保存したりできるアプリです。スタートメニューからアプリを起動します。

1 スタートメニューを表示する

キーワード アプリ

アプリとは、目的別に作成されたソフトのことです。Windowsには、複数のアプリが入っています。また、必要に応じて市販のアプリを購入してインストールすることもできます。その場合は、Windows 10に対応したアプリを購入します。

ステップアップ アプリを素早く起動するには

頻繁に使用するアプリを素早く起動するには、タスクバーにそのアプリを起動するアイコンを表示しておく方法があります。Sec.79を参照してください。

1 <スタート>ボタンをクリックします。

ここに入力して検索

2 スタートメニューが表示されます。

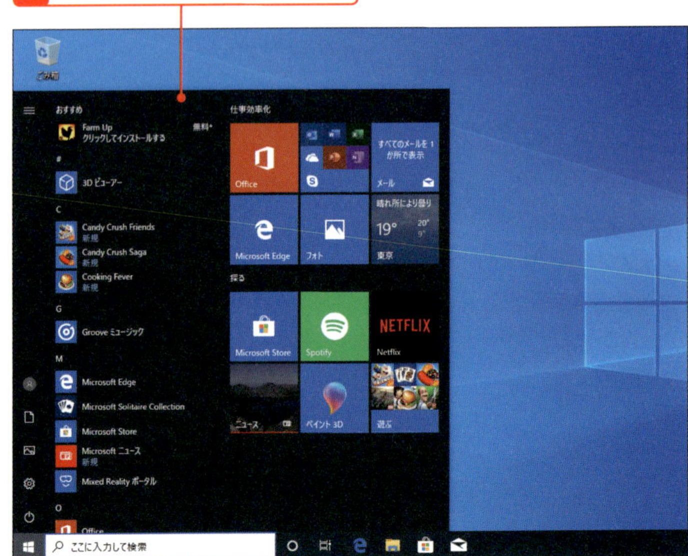

2 メモ帳を起動する

1 スタートメニューのここをドラッグし、

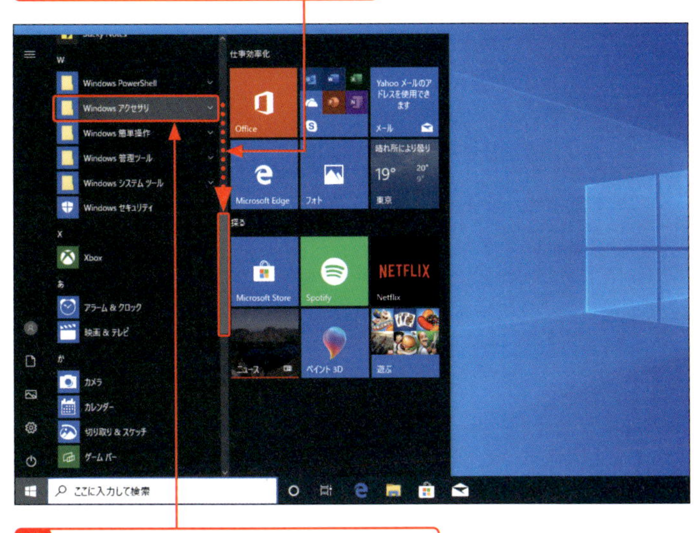

2 <Windowsアクセサリ>をクリックします。

3 「メモ帳」をクリックします。

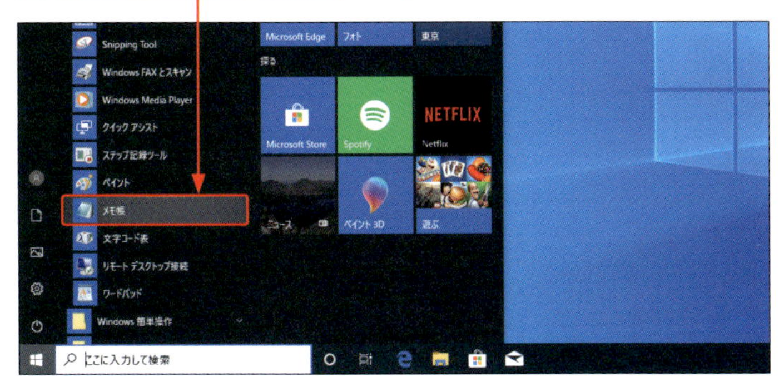

4 メモ帳が起動しました。

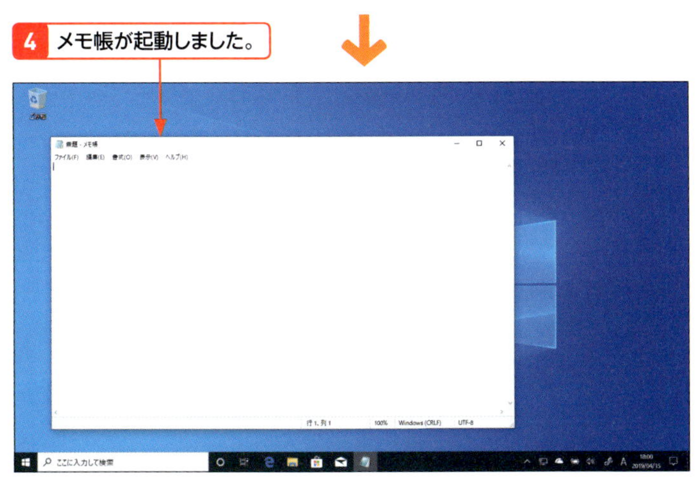

メモ Windowsアクセサリ

アプリの一覧には、アプリの項目以外に、「Windowsアクセサリ」のように複数のアプリがフォルダーにまとめられている項目もあります。その場合は、フォルダーの項目をクリックして起動するアプリをクリックします。なお、「Windowsアクセサリ」には、Windowsに付属するさまざまなアプリが入っています。

ヒント インデックスを表示する

アプリが見つからない場合は、スタートメニューの「A」や「あ」のような見出しの文字をクリックします。そうすると、見出しの先頭文字の一覧が表示されます。たとえば、「W」をクリックすると、「W」に含まれる項目が表示されます。

タッチ スタートメニューをスクロールする

タッチパネルでスタートメニューの項目をスクロールするには、スタートメニューの項目を上下にスライドします（P.25参照）。

Section 10 ウィンドウを操作しよう

覚えておきたいキーワード
- 最大化
- 最小化
- 移動

アプリは、ウィンドウの中に表示されます。ウィンドウの大きさを変えたり表示位置を変更したりする操作は、どのウィンドウでも共通の操作ですので、基本的なウィンドウの扱い方を覚えておきましょう。ここでは、P.37で紹介した「メモ帳」アプリのウィンドウを例に紹介します。

1 ウィンドウを最大化する

メモ ウィンドウを最大化する

ウィンドウを最大化するには、ウィンドウの右上にある3つのボタンの真ん中の＜最大化＞をクリックします。真ん中のボタンは、ウィンドウを最大化する前は□、最大化しているときは⧉の形になります。

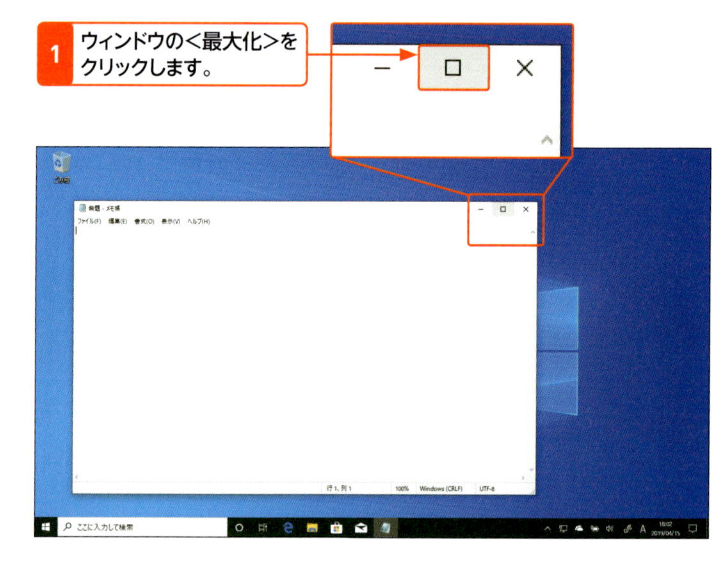

2 ウィンドウが画面いっぱいに大きく表示されます。

ヒント タイトルバーでウィンドウを最大化する

ウィンドウ上部には、アプリの名前やファイル名が表示されるタイトルバーが表示されています。タイトルバーをダブルクリックすると、ウィンドウを最大化して表示できます。

2 ウィンドウを元の大きさに戻す

1 ウィンドウが最大化表示になっています。

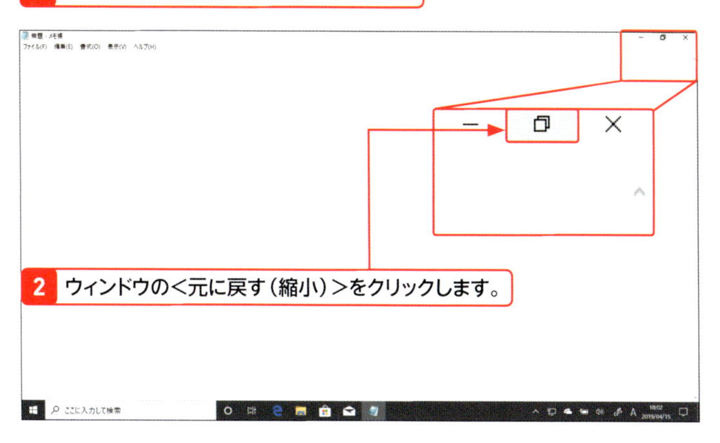

2 ウィンドウの<元に戻す（縮小）>をクリックします。

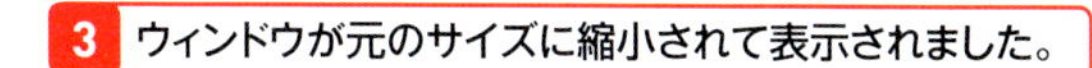

3 ウィンドウが元のサイズに縮小されて表示されました。

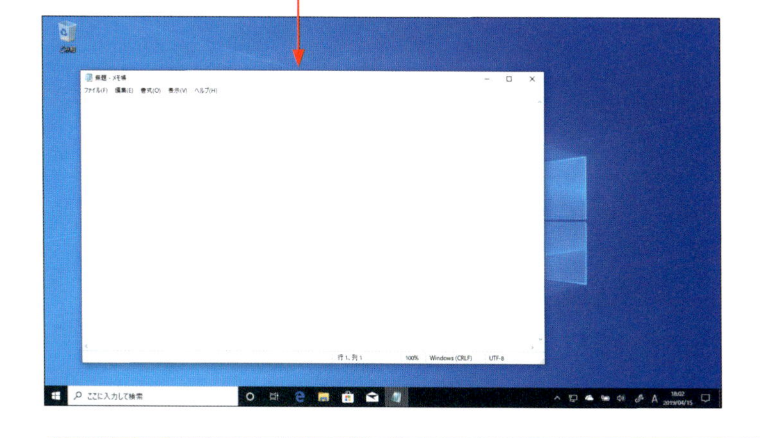

メモ ウィンドウを縮小表示する

最大化しているウィンドウを元のサイズで表示するには、ウィンドウの右上にある3つのボタンの真ん中の<元に戻す（縮小）>をクリックします。ウィンドウを最大化しているとき、真ん中のボタンは、□の形です。

ヒント タイトルバーでウィンドウを縮小表示する

ウィンドウが最大化されているとき、ウィンドウ上部のタイトルバーをダブルクリックすると、ウィンドウが元のサイズで表示されます。

ヒント ウィンドウの大きさを変更するには

ウィンドウを縮小表示しているとき、ウィンドウの大きさを変更するには、ウィンドウの外枠部分にポインターを移動してドラッグします。ウィンドウの四隅のいずれかにポインターを移動してドラッグすると、ウィンドウの縦横の大きさを一度に変更できます。

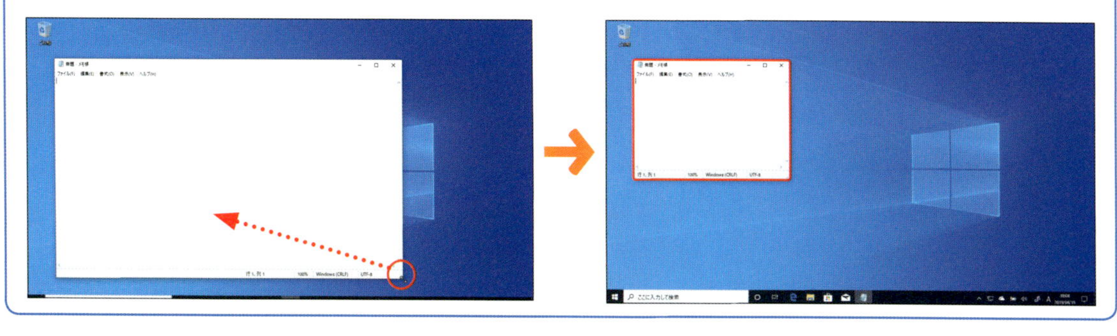

3 ウィンドウを最小化する

ヒント ウィンドウを最小化する

ウィンドウを最小化するには、ウィンドウの右上にある3つのボタンの左の<最小化>をクリックします。ウィンドウが最大化しているときも縮小表示しているときも、ウィンドウが最小化されます。

ヒント タスクバーから最小化する

ウィンドウを最小化するには、タスクバーに表示されているアプリのアイコンをクリックする方法もあります。

ヒント <コントロール>メニューから操作する

多くのウィンドウには、左上にアプリのアイコンが表示されます。このアイコンをクリックすると、ウィンドウを操作する<コントロール>メニューが表示されます。コントロールメニューから画面を最小化したりできます。

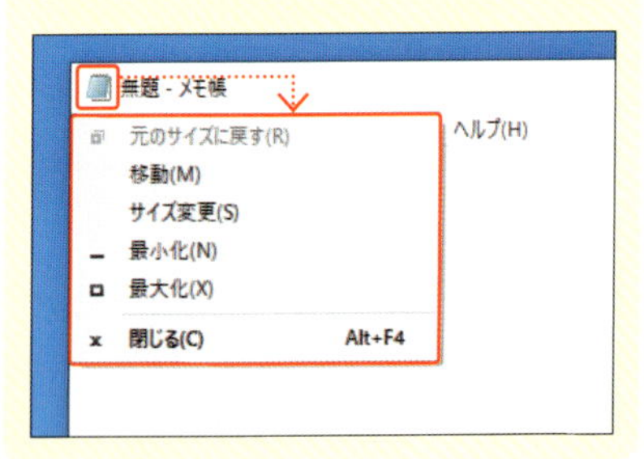

1 ウィンドウの<最小化>をクリックします。

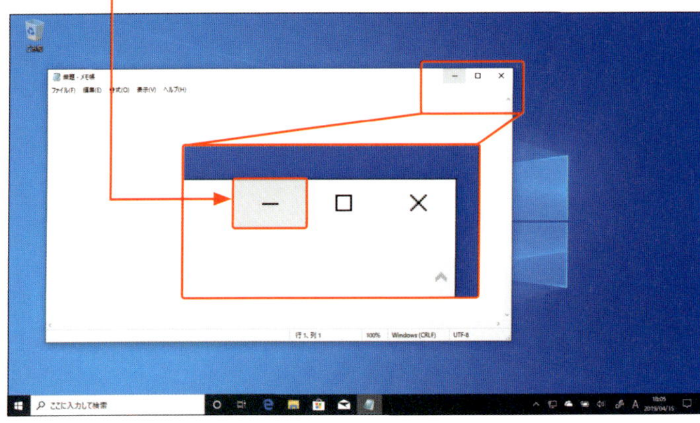

2 ウィンドウが最小化されてタスクバーに隠れます。

3 タスクバーにあるアプリのボタンをクリックします。

4 ウィンドウが再び画面に表示されます。

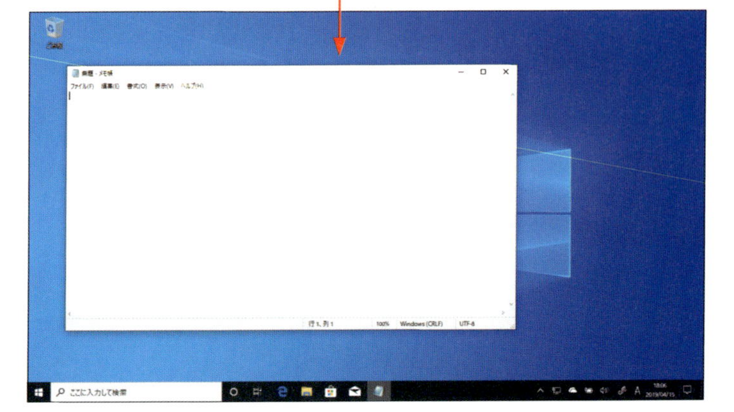

4 ウィンドウを移動する

1 ウィンドウのタイトルバーにポインターを移動します。

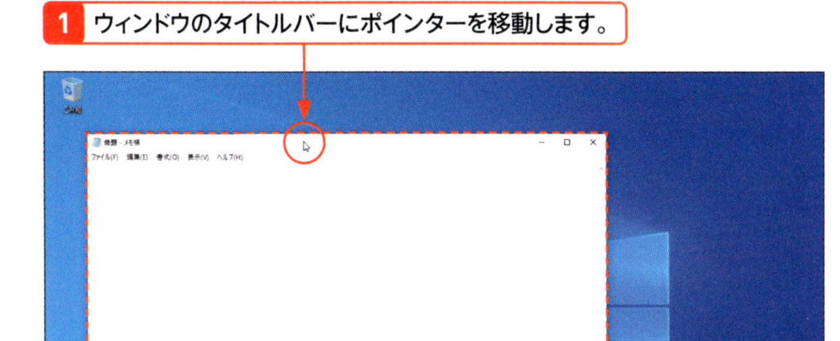

2 ウィンドウの移動先に向かってドラッグします。

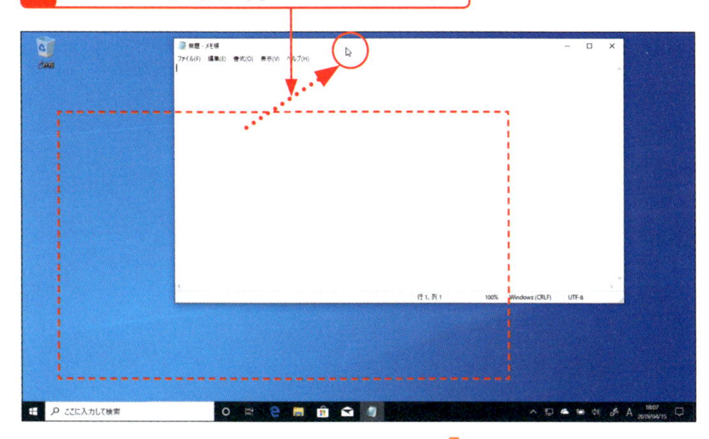

3 ウィンドウの表示場所が移動しました。

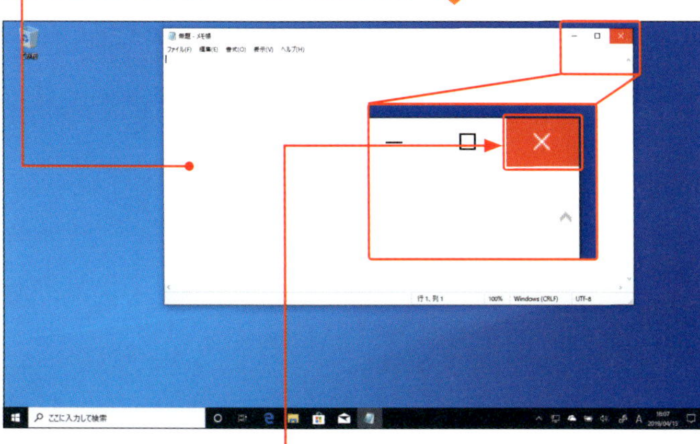

4 ウィンドウの<閉じる>をクリックしてウィンドウを閉じます。

メモ ウィンドウを移動する

ウィンドウの表示場所を移動するには、ウィンドウのタイトルバーをドラッグします。ウィンドウが最大化されているときも、タイトルバーをドラッグすると、ウィンドウを縮小表示にしてドラッグ先に移動できます。

ヒント ウィンドウを画面の隅に表示する

ウィンドウのタイトルバーを画面の左右や四隅に向かってドラッグすると、ウィンドウを画面の半分、1/4のサイズで表示することもできます。

ステップアップ 複数のウィンドウを並べて表示する

複数のウィンドウを並べて表示するには、タスクバーの何もないところを右クリックし、<ウィンドウを上下に並べて表示>や<ウィンドウを左右に並べて表示>をクリックします。

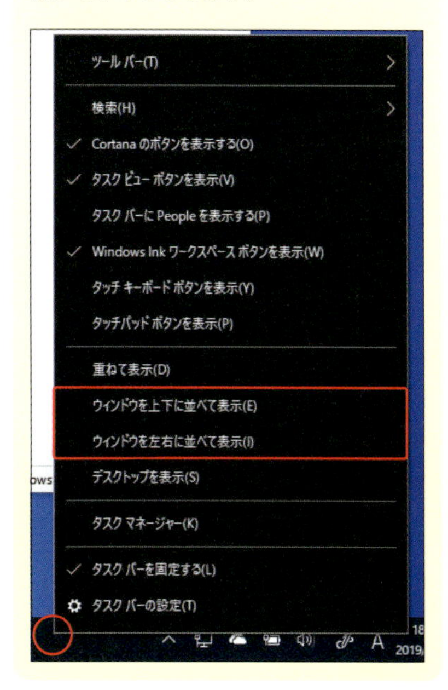

Section 11 キーボードの使い方を知ろう

覚えておきたいキーワード
- ☑ キーボード
- ☑ ファンクションキー
- ☑ タッチキーボード

文字を入力するときは、キーボードの文字キーを使用します。また、キーボードには、文字キー以外にもさまざまなキーがあり、パソコンに指示を送ることができます。キーボードの主なキーの名称や場所、役割を確認しておきましょう。文字の入力は、次のSection以降で紹介します。

1 キーの配列と主なキーの役割

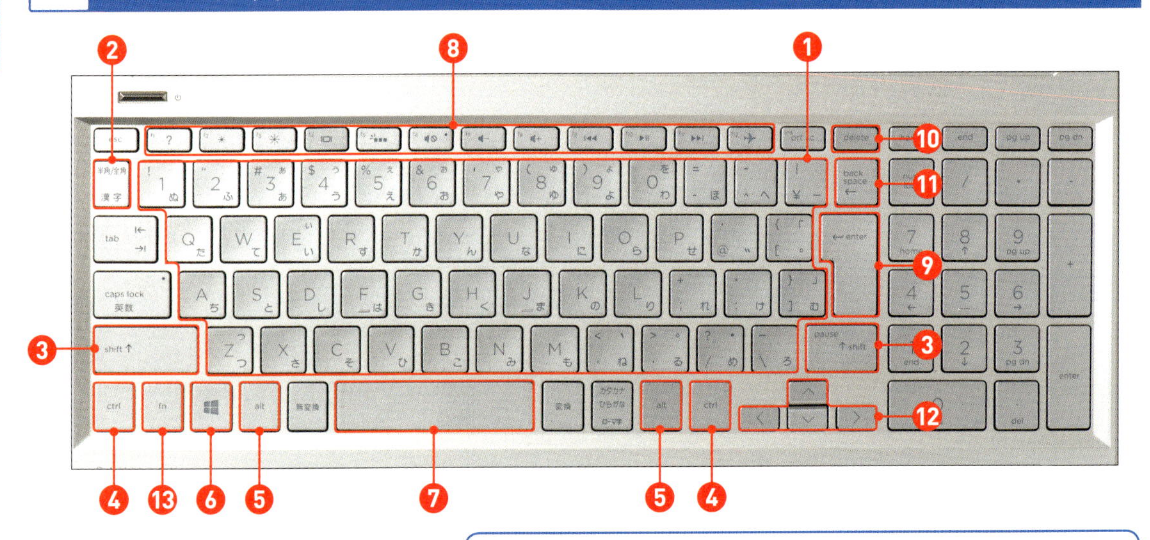

ヒント キーの位置と表記されている文字

ノートパソコンの種類によっては、キーの数やキーの位置、キーに表記されている文字などが異なることもあります。

ヒント 複数あるキーもある

ほとんどのキーボードでは、Shift や Ctrl などは、左右に1つずつあります。同じキーなら左右どちらのキーもその役割は同じです。

2 各キーの役割

メモ 数字が並んでいるキー

ノートパソコンの中には、キーボードの右側に数字キーや演算子のキーがまとめて配置されているものもあります。それらのキーをまとめてテンキーといいます。数字を続けて入力したり、計算をしたりするときに使います。

❶文字キー

文字を入力するときに使用します。

❷半角／全角キー

日本語入力モードのオンとオフを切り替えるときに使います。

❸Shiftキー（シフトキー）

キーボードに表記されている文字のうち、左上の文字を入力するときに使用します。また、英字の大文字を入力するときなどにも使用します。ほとんどの場合、ほかのキーやタッチパッド、マウス操作などと組み合わせて使用します。

❹Ctrlキー（コントロールキー）

Shift と同様に、ほとんどの場合、ほかのキーやタッチパッド、マウス操作などと組み合わせて使用します。頻繁に使用するキーの1つです。

❺Altキー（オルトキー）

Shift や Ctrl などと同様に、ほとんどの場合、ほかのキーやタッチパッド、マウス操作などと組み合わせて使用します。

❻Windowsキー（ウィンドウズキー）

スタートメニューを表示するときに使用します。また、Shift や Ctrl と同様に、ほかのキーと組み合わせて使用することで、さまざまなことを実行できます。

❼スペースキー

文字を変換したり、空白文字を入力したりするときに使用します。

❽ファンクションキー

アプリごとに、さまざまな機能が割り当てられているキーです。F1 から F12 まであります。

❾Enterキー（エンターキー）

文字を決定したり、改行したりするときに使用します。

❿Deleteキー（デリートキー）

文字を削除するときに使用します。カーソルのある場所の右の文字を消します。

⓫BackSpaceキー（バックスペースキー）

文字を削除するときに使用します。カーソルのある場所の左の文字を消します。

⓬方向キー

文字を入力する位置を示すカーソルを移動したり、操作対象を変更したりするときに使用します。矢印キーと呼ぶこともあります。

⓭Fnキー（エフエヌキー）

キーの役割を切り替えるときに使用します。このページのヒントを参照してください。

キーワード　カーソル

アプリの文字入力欄などをクリックすると、点滅する縦棒が表示されます（P.44参照）。この縦棒を「カーソル」または「キャレット」と呼びます。キーボードで入力した文字は、このカーソルの位置に表示されます。

ヒント　複数の役割があるキーもある

多くのノートパソコンはデスクトップ型パソコンよりも、キーの数が少なくなっています。そのため、1つのキーに複数の役割がある場合があります。たとえば、ほかの文字と違う色の文字が表記されているキーは、複数の役割があるキーです。Fn を押しながらキーを押すと、青色などで表記されたキーの役割になります。

ヒント　パソコンの機能が割り当てられている場合

パソコンの機種によっては、ファンクションキーなどに「音量調節」や「明るさ調節」などの機能が割り当てられていることがあります。その場合、キーを本来の役割で使うには、Fn を押しながらキーを押します。

キーワード　タッチキーボード

タッチパネル対応のパソコンで、画面をタッチして文字を入力するには、通知領域の<タッチキーボード>をクリックします。そうすると、タッチキーボードが表示されます。タッチキーボードに表示される文字をタップして文字を入力できます。タッチキーボードのアイコンがない場合は、タスクバーの何も表示されていないところを右クリックし、<タッチキーボードボタンを表示>をクリックします。

Section 12 英数字を入力しよう

覚えておきたいキーワード
- 日本語入力モード
- 入力モードアイコン
- 半角／全角キー

日本語を入力するときは日本語入力モードをオンにします。英数字を連続して入力するときは日本語入力モードをオフにします。日本語入力モードのオンとオフの切り替え方を覚えましょう。ここでは、日本語入力モードをオフにして英数字を入力してみましょう。

1 入力モードを切り替える

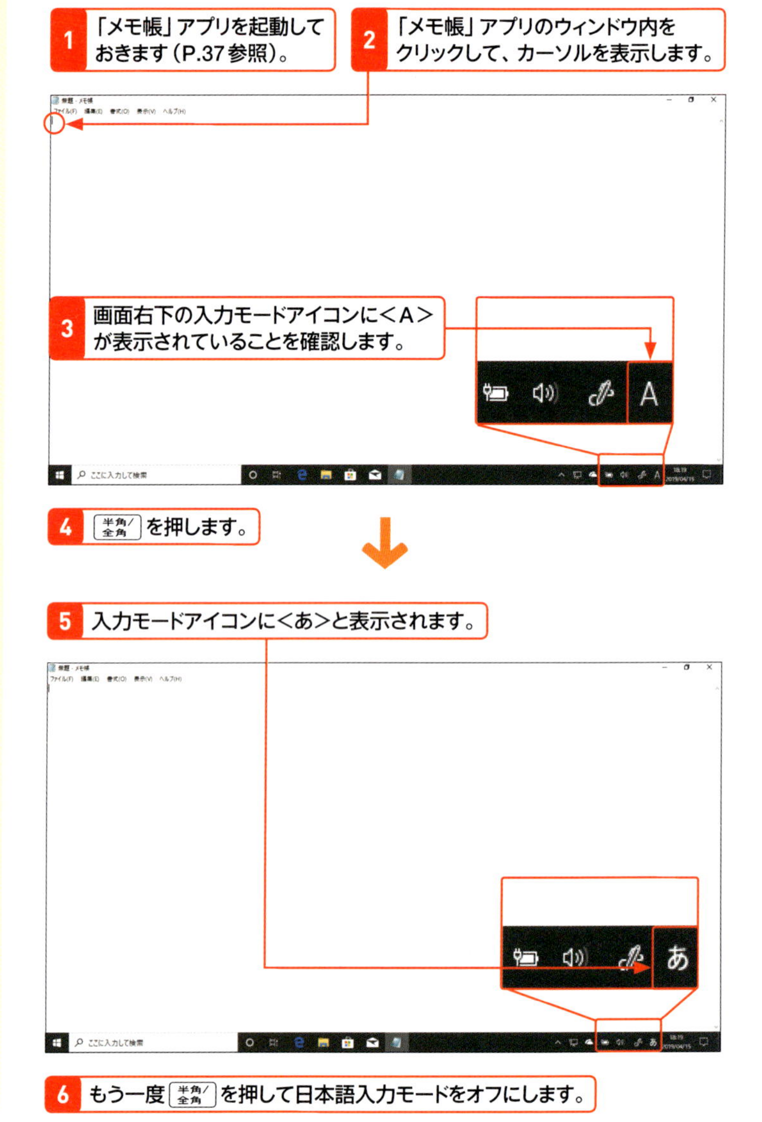

1 「メモ帳」アプリを起動しておきます（P.37参照）。
2 「メモ帳」アプリのウィンドウ内をクリックして、カーソルを表示します。
3 画面右下の入力モードアイコンに＜A＞が表示されていることを確認します。
A
4 半角/全角 を押します。
5 入力モードアイコンに＜あ＞と表示されます。
あ
6 もう一度 半角/全角 を押して日本語入力モードをオフにします。

メモ 日本語入力モードを切り替える

日本語入力モードのオンとオフの状態を切り替えるには、半角/全角 を押します。半角/全角 を押すたびに日本語入力モードのオンとオフが交互に切り替わります。日本語入力モードがオンの場合は入力モードアイコンが＜あ＞になります。日本語入力モードがオフの場合は入力モードアイコンが＜A＞になります。

ヒント 入力モードアイコンをクリックして切り替える

入力モードを切り替えるには、入力モードアイコンをクリックする方法もあります。クリックするたびに日本語入力モードのオンとオフが交互に切り替わります。

2 英数字を入力する

1 日本語入力モードをオフにします。

2 アルファベットのキーを押します。ここでは、AB Cを押しています。

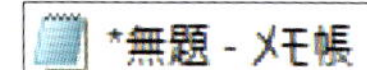

*無題 - メモ帳
ファイル(F) 編集(E) 書式(O) 表示(V) ヘルプ(H)
abc

3 「abc」と入力されます。

4 Shift を押しながらABCを押します。

*無題 - メモ帳
ファイル(F) 編集(E) 書式(O) 表示(V) ヘルプ(H)
abcABC

5 「ABC」と入力されます。

6 123を押します。

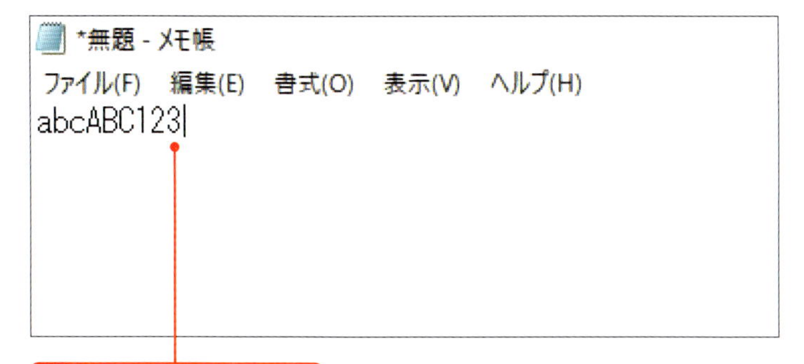

7 「123」と入力されます。

キーワード 全角／半角文字

日本語のひらがなや漢字の一文字分のサイズを全角文字と言います。これに対して、全角文字の半分のサイズの文字を半角文字と言います。半角文字で入力できる文字の種類は、英字や数字、カタカナ、記号などです。「abcABCｱｲｳ123!"#」のように表示されます。なお、英字や数字、カタカナ、記号などは、全角文字で入力することもできます。その場合、「ａｂｃＡＢＣアイウ１２３！”＃」のように入力されます。

ヒント 日本語入力モードがオフの場合

日本語入力モードがオフの場合は、半角文字の英数字や記号などの文字を入力できます。ひらがなや漢字カタカナなどの日本語や、全角サイズの英字や数字などは入力できません。英語で文章を入力したり、数字を連続して入力したりする場合に使用します。

Section 13 ひらがなを入力しよう

覚えておきたいキーワード
- 日本語入力モード
- ローマ字入力
- かな入力

ひらがななどの日本語を入力するには、日本語入力モードをオンに切り替えて文字を入力します。ここでは、ひらがなの入力方法を知りましょう。「あさって」や「きょう」などの小さい「っ」や「ょ」などの文字を入力する方法も知っておきましょう。

1 ひらがなを入力する

1 日本語入力モードをオンにします。

2 AIUEOを押します。

*無題 - メモ帳
ファイル(F) 編集(E) 書式(O) 表示(V) ヘルプ(H)
abcABC123あいうえお

あいうえお
あいうえおかきくけこ
あいうえおかきくけこさしすせそ
アイウエオ
あいうえおかきくけこさしすせそたちつてと
Tab キーで予測候補を選択

3 「あいうえお」と表示されます。

4 Enter を押して決定します。

5 「あいうえお」と入力できました。

*無題 - メモ帳
ファイル(F) 編集(E) 書式(O) 表示(V) ヘルプ(H)
abcABC123あいうえお

メモ 日本語入力モードをオンにする

ひらがなを入力するには、日本語入力モードをオンにした状態で入力します。日本語入力モードについては、P.44を参照してください。

キーワード ローマ字入力／かな入力

日本語を入力するときは、キーボードに表記されているローマ字をひろって入力するローマ字入力と、かな文字をひろって入力するかな入力の方法があります。たとえば、「はな」と入力するとき、ローマ字入力ではHANAを押します。かな入力では、「は」「な」と入力します。ローマ字入力の場合、かな入力よりも少ない数のキーで日本語を入力できるので、これから文字入力をはじめる場合は、ローマ字入力がお勧めです。本書は、ローマ字入力の方法で文字入力を紹介します。

2 小さい「よ」や「つ」を入力する

1 KYOUを押します。

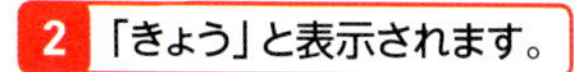

2 「きょう」と表示されます。

3 Enter を押して決定します。

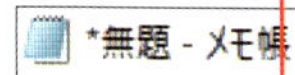

4 「きょう」と入力できました。

5 ASATTEを押します。

6 「あさって」と表示されます。

7 Enter を押して決定します。

8 「あさって」と入力されます。

ヒント 単独で小さい「っ」や「ょ」を入力するには

小さい「っ」や「ょ」を一文字だけ入力したい場合は、Xのあとに「つ」や「よ」と入力します。たとえば、「っ」と入力するには、XTUを押します。かな入力でキーボードの右上に表示されている文字を入力するには、Shift を押しながらキーを押します。たとえば、ちいさい「っ」や「ょ」を入力するには Shift を押しながら「つ」や「よ」のキーを押します。

ヒント 「、」や「。」を入力するには

「、」を入力するには「ね」のキー、「。」を入力するには「る」のキーを押します。また、かな入力で「、」や「。」を入力するには、Shift を押しながら「ね」「る」のキーを押します。

ヒント かな入力を使う場合

日本語を入力するときに、ローマ字入力ではなく、キーボードのかな文字を拾って入力するかな入力の方法を使用したい場合は、画面右下の入力モードアイコンを右クリックします❶。表示されるメニューの<ローマ字入力／かな入力>→<かな入力>をクリックします❷。

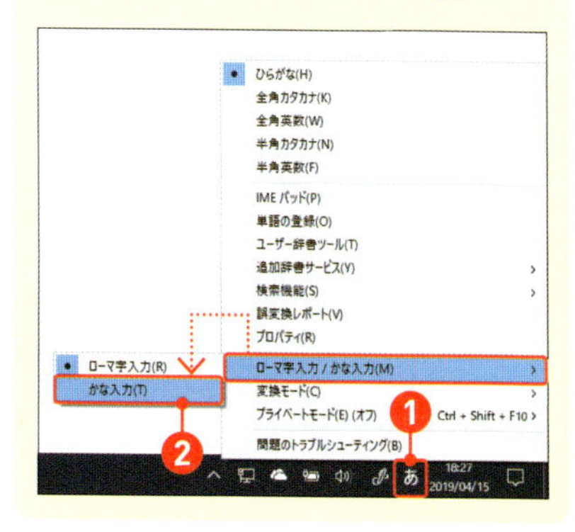

Section 14

漢字を入力しよう

覚えておきたいキーワード
- 日本語入力モード
- 変換
- 漢字

漢字を入力するには、ひらがなで漢字のよみを入力して変換します。正しい文字に変換されない場合は、変換候補を表示して変換候補の中から正しい漢字を選択します。正しい漢字に変換されたら、最後に Enter を押して文字を決定します。

1 漢字に変換する

1 K E I T A I を押します。

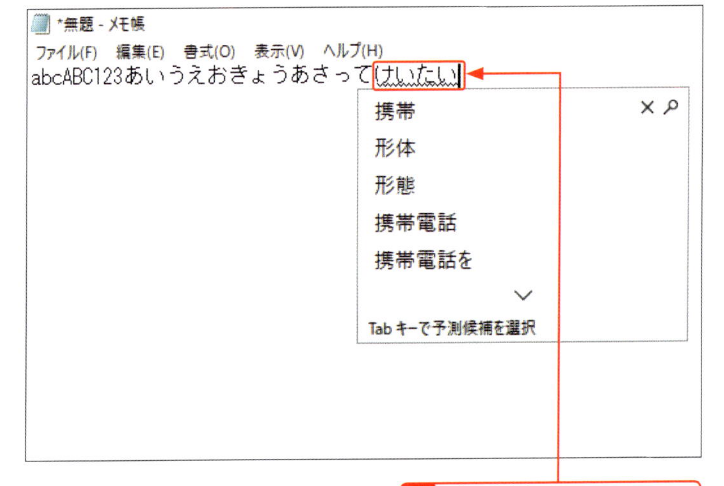

2 「けいたい」と表示されます。

3 スペース を押します。

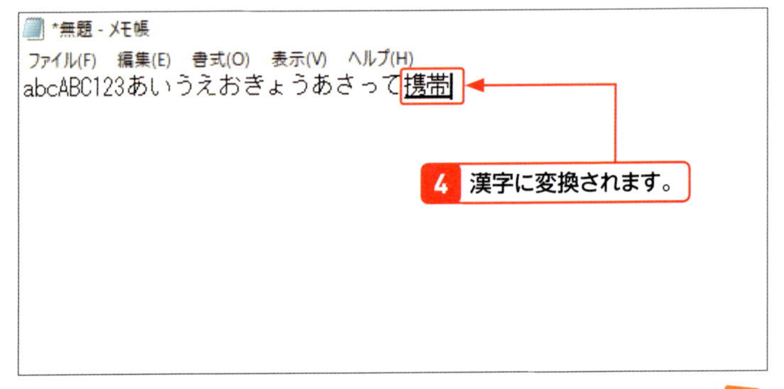

4 漢字に変換されます。

5 もう一度 スペース を押します。

メモ 漢字を入力する

漢字を入力するには、漢字の読みを入力して変換します。最初の変換で正しい漢字が表示された場合は、手順4のあと Enter を押して決定します。ここでは、「形体」と入力したいのに「携帯」と変換されてしまったとします。目的の漢字に変換されない場合は、スペース を押して変換候補の一覧を表示します。何度か スペース を押して目的の漢字を選択して入力します。

ヒント カタカナや英語にも変換できる

スペース を押すと、カタカナや英単語などにも変換できます。たとえば、「さっかー」と入力して スペース を押すと「サッカー」や「soccer」などに変換できます。

ヒント 変換中の文字

文字を入力しているとき、変換中で決定されていない文字には、文字の下に下線が付きます。文字を決定すると、下線が消えます。

2 変換候補から漢字を選ぶ

1 変換候補の一覧が表示されます。

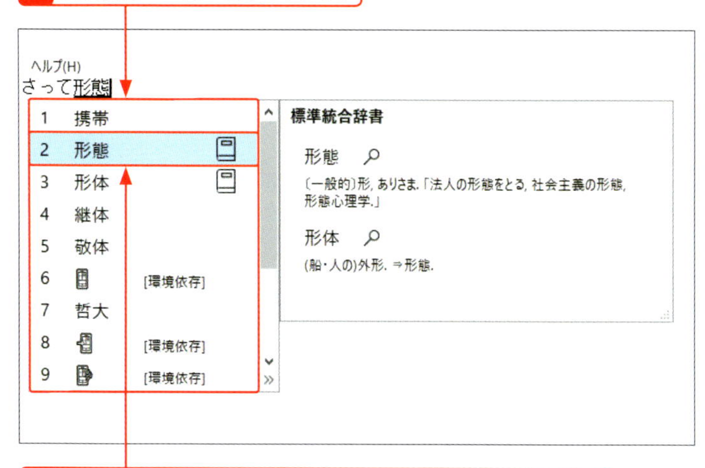

2 何度か スペース を押して変換したい漢字を青く反転させます。

3 変換したい漢字が選択されたら Enter を押して決定します。

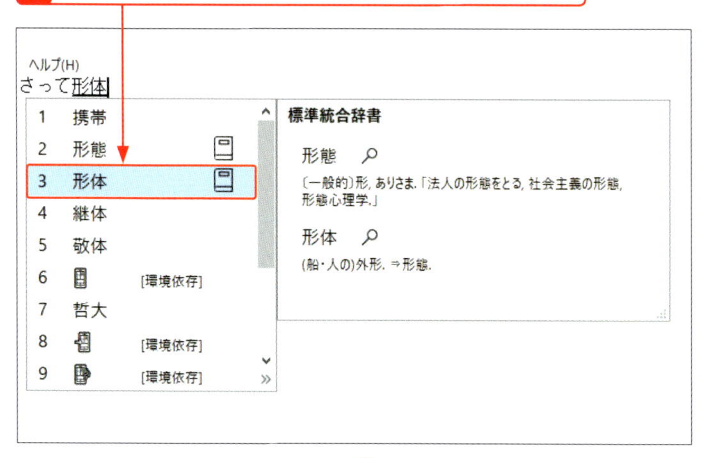

4 漢字が入力されました。

*無題 - メモ帳
ファイル(F) 編集(E) 書式(O) 表示(V) ヘルプ(H)
abcABC123あいうえおきょうあさって形体

ヒント 単語の意味が表示される

変換候補の右に📖が表示されている漢字を選択すると、単語の意味が表示されます。意味を確認しながら漢字を選択できます。

ヒント 変換前に漢字が表示される

ひらがなを入力すると、スペース を押さなくても、変換候補が表示される場合があります。入力したい漢字が表示されている場合は、↓↑でその漢字を選択して Enter を押すと入力できます。

ステップアップ 変換候補を複数表示する

漢字の変換中に、Tab を押すとより多くの変換候補を表示できます。←→↑↓で候補を選択して Enter を押すと、選択した漢字を入力できます。また、入力したい変換候補をクリックして入力することもできます。

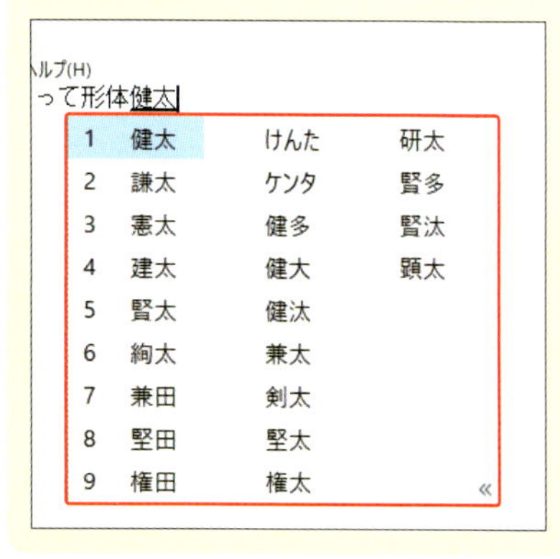

Section 15

記号を入力しよう

覚えておきたいキーワード

- 日本語入力モード
- 変換
- 記号

ここでは、記号の入力方法を紹介します。キーボードの左上に表記されている記号を入力するには、Shift を押しながらそのキーを押します。また、記号の読みを入力して変換する方法もあります。この場合、キーボードにはない「★」や「〒」などの記号も入力できます。

1 Shift を押しながら入力する

メモ 日本語入力モードがオフの場合

日本語入力モードがオフの場合、Shift を押しながら左上に記号が表示されているキーを押すと、半角の記号が入力されます。

ヒント かな入力の場合

かな入力の場合、Shift を押しながら左上に記号が表示されているキーを押すと、キーの右上の文字が表示されます。そのまま確定をせずに F9 を押すと全角の記号、F10 を押すと半角の記号が表示されます。Enter で確定すると記号が入力されます。

1 Shift を押しながら、1 を押します。

2 「!」の記号が入力されます。

2 読みを入力して変換する

メモ 読みを入力して変換する

記号を入力するには、記号の読みを入力して変換する方法があります。たとえば、「★」「☆」「☆彡」などの記号は、「ほし」と入力して変換することで入力できます。また、「きごう」と入力して変換すると、さまざまな記号を入力できます。

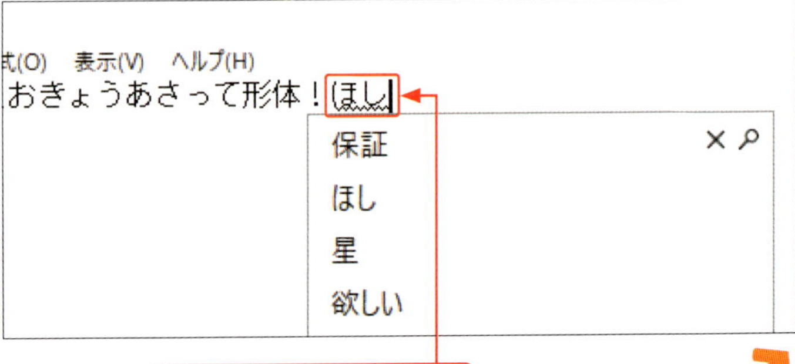

1 「ほし」と入力して スペース を押します。

2 変換候補が表示されます。

*無題 - メモ帳
ファイル(F) 編集(E) 書式(O) 表示(V) ヘルプ(H)
abcABC123あいうえおきょうあさって形体！星

3 もう一度 スペース を押します。

4 何度か スペース を押して「★」を選択します。

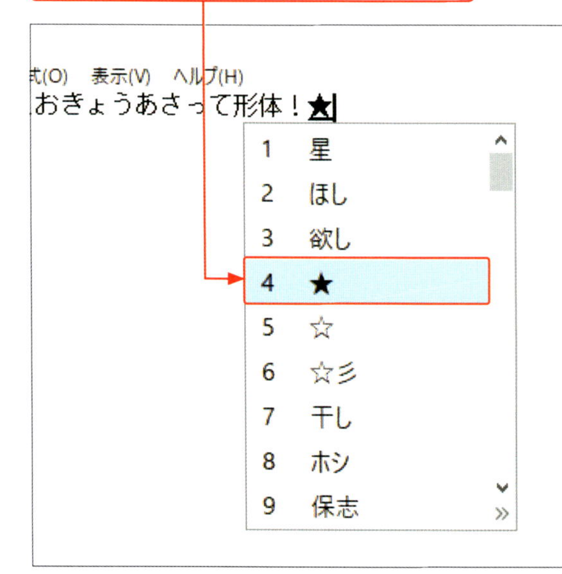

5 Enter を押します。

6 「★」の記号が入力されました。

*無題 - メモ帳
ファイル(F) 編集(E) 書式(O) 表示(V) ヘルプ(H)
abcABC123あいうえおきょうあさって形体！★

ヒント 記号の読み

記号の読みには、次のようなものがあります。よく使う記号の読みを覚えておきましょう。

読み	記号
まる	「○」「●」「◎」
しかく	「◇」「◆」「□」「■」
さんかく	「△」「▲」「▽」「▼」
ほし	「☆」「★」「☆彡」
いち	「①」「Ⅰ」
に	「②」「Ⅱ」
かっこ	「【】」「()」「「」」「『』」
ゆうびん	「〒」
おんぷ	「♪」
かぶ	「㈱」
きろぐらむ	「㎏」「ｋｇ」
きごう	○◆①㎏

ステップアップ タッチキーボードから絵文字を入力する

タッチキーボードを使用すると、絵文字などの記号を入力できます。タッチキーボードを使用するには、文字を入力する場面でタスクバーの<タッチキーボード>をクリックします(P.43参照)。なお、絵文字は、使用しているアプリによって表示が異なる場合があります。

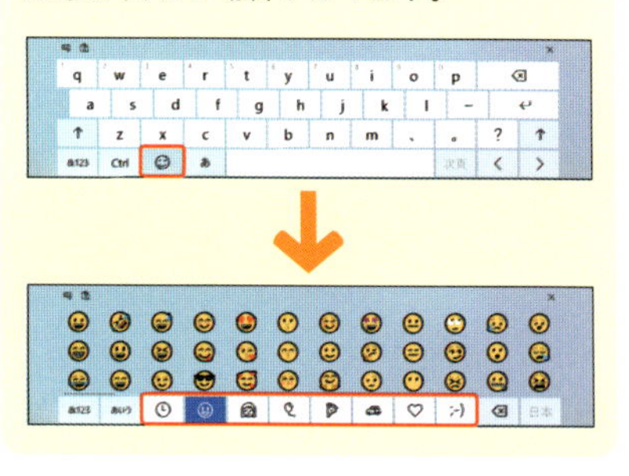

Section 16

文章を入力しよう

覚えておきたいキーワード
- 日本語入力モード
- 変換
- 文節

日本語を入力するときは、句読点などの区切りのよい単位で文字を変換しながら入力することができます。ひらがなや漢字が混ざった短文単位に文字を変換しながら入力してみましょう。変換する文節を変更したり、文節の長さを変更したりする方法も知っておくと便利です。

1 改行する

メモ 改行する

次の行の先頭にカーソルを移動するには改行します。文字を決定したあと Enter を押すと、改行されます。

1 行末にカーソルがある状態で Enter を押します。

*無題 - メモ帳
ファイル(F) 編集(E) 書式(O) 表示(V) ヘルプ(H)
abcABC123あいうえおきょうあさって形体！★

2 改行されて次の行の先頭にカーソルが表示されます。

*無題 - メモ帳
ファイル(F) 編集(E) 書式(O) 表示(V) ヘルプ(H)
abcABC123あいうえおきょうあさって形体！★

ヒント 改行しすぎた場合

Enter を何度か押すと、その分だけ改行されます。改行をキャンセルするには、Enter を押した後 BackSpace （P.43参照）を押して改行を消します。

2 文章を途中まで入力する

ヒント 句読点を入力する

「、」は「ね」のキーを押して入力します。「。」は「る」のキーを押します。

1 「わたしは、」と入力します。

*無題 - メモ帳
ファイル(F) 編集(E) 書式(O) 表示(V) ヘルプ(H)
abcABC123あいうえおきょうあさって形体！★
わたしは、

私は、
わたしは、
"watasiha,"
Tab キーで予測候補を選択

2 スペース を押します。

3 「私は、」と変換されたら Enter を押して決定します。

*無題 - メモ帳
ファイル(F) 編集(E) 書式(O) 表示(V) ヘルプ(H)
abcABC123あいうえおきょうあさって形体！★
私は、|

4 「私は、」の文字が入力されました。

*無題 - メモ帳
ファイル(F) 編集(E) 書式(O) 表示(V) ヘルプ(H)
abcABC123あいうえおきょうあさって形体！★
私は、|

ヒント Enter を押さずに文字を決定する

ここでは、「私は、」の文字を決定してから次の文を入力していますが、正しい漢字に変換されたら必ずしも Enter で決定する必要はありません。たとえば、手順 **3** で Enter を押さずに次の文を入力すると、「私は、」の文字が自動的に決定します。

3 残りの文章を入力する

1 「いまからしょくじにいきます。」と入力します。

*無題 - メモ帳
ファイル(F) 編集(E) 書式(O) 表示(V) ヘルプ(H)
abcABC123あいうえおきょうあさって形体！★
私は、いまからしょくじにいきます。|
今から食事に行きます。
いまからしょくじにいきます。
"imakarasyokujiniikimasu."
Tab キーで予測候補を選択

2 スペース を押して変換します。

3 漢字に変換されます。

*無題 - メモ帳
ファイル(F) 編集(E) 書式(O) 表示(V) ヘルプ(H)
abcABC123あいうえおきょうあさって形体！★
私は、今から食事に行きます。|

4 Enter を押します。

5 文章を入力できました。

*無題 - メモ帳
ファイル(F) 編集(E) 書式(O) 表示(V) ヘルプ(H)
abcABC123あいうえおきょうあさって形体！★
私は、今から食事に行きます。|

メモ 文章を変換する

文章を入力して変換すると、複数の文節ごとに文字を変換できます。変換対象の文節の下には太い下線が表示されます。スペース を押すと、太い下線が付いている箇所の変換候補が表示されます。変換する文節を選んで変換する方法は、次のページで紹介しています。

ステップアップ 再変換する

文字を決定したあとに、別の漢字に変更したい場合は、対象の単語の中にカーソルを移動して 変換 を押します。そうすると、変換候補が表示されます。

4 文節を選んで変換する

ヒント 変換する文節を選択する

文章は、複数の文節ごとに文字を変換できます。変換対象の文節の下には太い下線が表示されます。変換対象の文節を移動するには、→←を押します。変換対象を変更して スペース で変換します。

1 「よろしくおねがいいたします。」と入力します。

*無題 - メモ帳
ファイル(F) 編集(E) 書式(O) 表示(V) ヘルプ(H)
abcABC123あいうえおきょうあさって形体!★
私は、今から食事に行きます。
よろしくおねがいいたします。

よろしくお願いいたします。
よろしくお願い致します。
よろしくおねがいいたします。
宜しくお願い致します。
"yorosikuonegaiitasimasu."
Tab キーで予測候補を選択

2 スペース を押します。

3 変換対象の文節の下に太線が表示されます。

*無題 - メモ帳
ファイル(F) 編集(E) 書式(O) 表示(V) ヘルプ(H)
abcABC123あいうえおきょうあさって形体!★
私は、今から食事に行きます。
よろしくお願いいたします。

4 →を押します。

5 変換対象が変更になります。

6 スペース を押します。

*無題 - メモ帳
ファイル(F) 編集(E) 書式(O) 表示(V) ヘルプ(H)
abcABC123あいうえおきょうあさって形体!★
私は、今から食事に行きます。
よろしくお願い致します。

1 お願いいたします
2 お願い致します
3 御願い致します
4 おねがいいたします
5 御願いいたします
6 おねがい致します
7 お願いたします
8 お願致します
9 御願いたします

7 何度か スペース を押して変換候補を選択して Enter を押します。

8 文節の変換ができました。

*無題 - メモ帳
ファイル(F) 編集(E) 書式(O) 表示(V) ヘルプ(H)
abcABC123あいうえおきょうあさって形体！★
私は、今から食事に行きます。
よろしくお願い致します。|

ヒント 文節の区切りを変更する

変換をする文節の区切りが異なる場合は、区切りの位置を変更できます。それには、Shift を押しながら→←を押して区切りを変更します。たとえば、「私歯医者に行く」と入力したいのに「私は医者に行く」と変換されてしまった場合は、Shift を押しながら←を押します❶。そうすると、文節の区切りが短くなり青く反転されます❷。スペース を押すと、反転されている部分を変換できます❸。

*無題 - メモ帳
ファイル(F) 編集(E) 書式(O) 表示(V) ヘルプ(H)
abcABC123あいうえおきょうあさって形体！★
私は、今から食事に行きます。
よろしくお願い致します。
私は医者に行く。|

❶

*無題 - メモ帳
ファイル(F) 編集(E) 書式(O) 表示(V) ヘルプ(H)
abcABC123あいうえおきょうあさって形体！★
私は、今から食事に行きます。
よろしくお願い致します。
わたしは医者に行く。|

❷

*無題 - メモ帳
ファイル(F) 編集(E) 書式(O) 表示(V) ヘルプ(H)
abcABC123あいうえおきょうあさって形体！★
私は、今から食事に行きます。
よろしくお願い致します。
私歯医者に行く。|

1 私 ❸
2 わたし
3 渡し
4 ワタシ
5 渡司
6 和多氏
7 和太氏
8 渡氏
9 綿氏

Section 17

文字を削除・修正しよう

覚えておきたいキーワード
- BackSpace キー
- Delete キー
- カーソル

間違った文字を修正するには、カーソルを消したい文字の右側に移動してから BackSpace キーで文字を削除します。文字を削除したあとは、正しい文字を入力します。そうすると、カーソルのある位置に、文字が追加されます。

1 間違えた箇所にカーソルを移動する

メモ カーソルを移動する

ここでは、「今から」を「あとで」に修正します。「今から」を消したいので「ら」の右側をクリックします。そうすると、文字を入力する位置を示すカーソルが表示されます。

ヒント 方向キーでカーソルを移動する

キーボードの→←↓↑を押しても、カーソルを移動できます。カーソルを近くの場所に移動するときは、方向キーを使用した方が、素早く移動できます。

タッチ カーソルを移動する

タッチパネル対応のパソコンの場合、カーソルを表示したい箇所をタップすると、カーソルが移動します。

1 消したい文字の右側をクリックします。

2 カーソルが表示されます。

2 文字を修正する

ヒント 文字を消すには

カーソルのある文字の左の文字を消すには、BackSpace を押します。カーソルのある文字の右側の文字を消すには、Delete を押します。

1 BackSpace を押します。

2 左にある文字が1文字消えます。

3 あと2回 BackSpace を押します。

*無題 - メモ帳
ファイル(F) 編集(E) 書式(O) 表示(V) ヘルプ(H)
abcABC123あいうえおきょうあさって形体！★
私は、食事に行きます。
よろしくお願い致します。
私歯医者に行く。

4 さらに2文字消えます。

5 「あとで」を入力して Enter を押します。

*無題 - メモ帳
ファイル(F) 編集(E) 書式(O) 表示(V) ヘルプ(H)
abcABC123あいうえおきょうあさって形体！★
私は、あとで行きます。

あとで
後で
後でもう一度
後でも
後でね
Tab キーで予測候補を選択

6 文字が修正されました。

*無題 - メモ帳
ファイル(F) 編集(E) 書式(O) 表示(V) ヘルプ(H)
abcABC123あいうえおきょうあさって形体！★
私は、あとで食事に行きます。
よろしくお願い致します。
私歯医者に行く。

ヒント 複数の文字をまとめて消すには

複数の文字をまとめて消すときは、Delete を何度も押すのは面倒です。その場合は、消したい文字の上をなぞるようにドラッグして選択し、Delete を押します。

*無題 - メモ帳
ファイル(F) 編集(E) 書式(O) 表示(V) ヘルプ(H)
abcABC123あいうえおきょうあさって形体！★
私は、あとで食事に行きます。
よろしくお願い致します。

ヒント 改行を消す

改行の指示を消すには、行末で Delete を押します。たとえば、「★」のうしろにカーソルがある状態で Delete を押すと、2行目が1行目のあとに続いて表示されます。または、2行目の行頭にカーソルがあるとき BackSpace を押しても同様に改行の指示を消せます。

Section 18

ファイルを保存しよう

覚えておきたいキーワード
- ファイル
- 保存
- 上書き保存

パソコンで作成したさまざまなデータを保存するときは、ファイルという単位で保存します。ここでは、「メモ帳」アプリで入力した文字データをファイルとして保存します。ファイルを保存するときは、ファイルの保存場所とファイル名を指定します。

1 ファイルを保存する準備をする

メモ ファイルを保存する

ファイルを保存するときは、ファイルの保存先とファイル名を指定します。ここでは、自分のパソコンの＜ドキュメント＞というフォルダーに「文字入力」という名前を付けて保存します。

ヒント 上書き保存をする

一度保存したファイルを開いて内容を変更したあとに、ファイルの内容を新しい内容に更新して保存し直す場合は、ファイルを上書き保存します。その場合、＜ファイル＞をクリックしたあとに、＜上書き保存＞をクリックします。

1 ＜ファイル＞をクリックします。

*無題 - メモ帳
ファイル(F) 編集(E) 書式(O) 表示(V) ヘルプ(H)
abcABC123あいうえおきょうあさって形体！★
私は、あとで食事に行きます。
よろしくお願い致します。
私歯医者に行く。

2 ＜名前を付けて保存＞をクリックします。

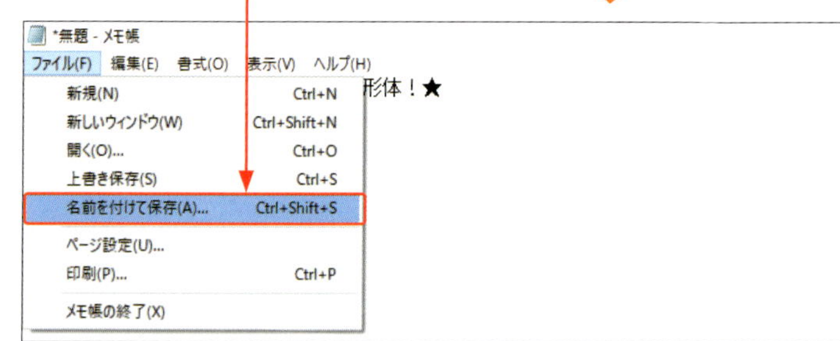

2 ファイルを保存する

ヒント ファイル名が表示される

ファイルを保存すると、ファイルの名前がウィンドウ上部のタイトルバーに表示されます。タイトルバーを見れば、どのファイルを開いているかがわかります。

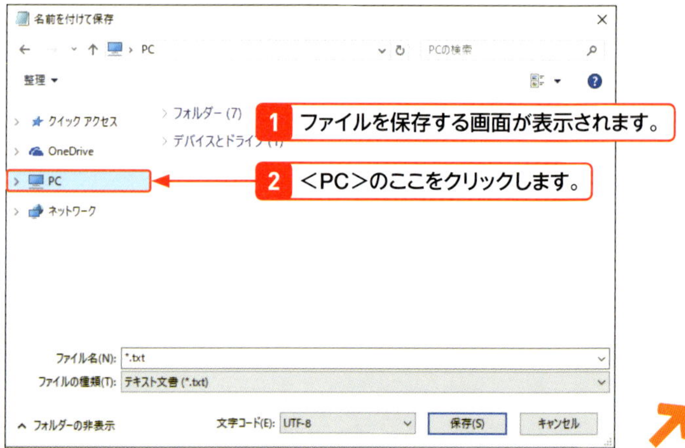

3 <ドキュメント>をクリックします。

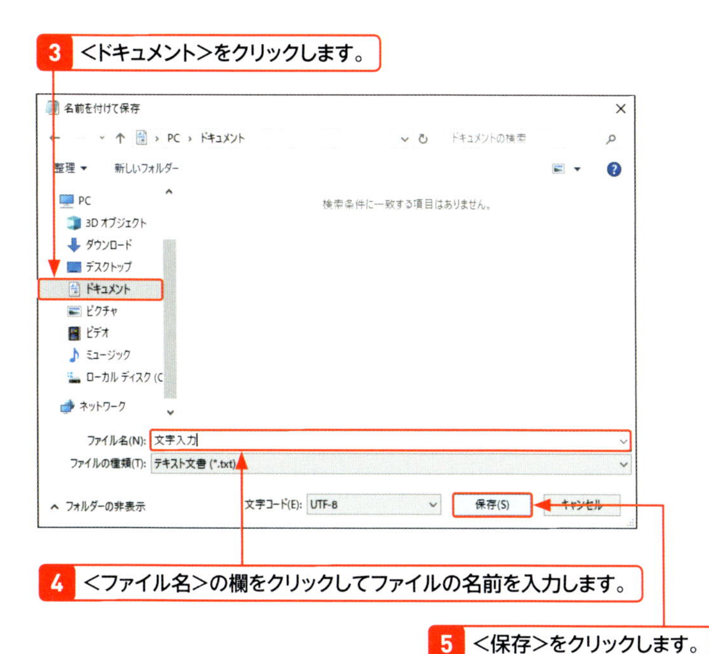

4 <ファイル名>の欄をクリックしてファイルの名前を入力します。

5 <保存>をクリックします。

3 「メモ帳」アプリを終了する

1 <閉じる>をクリックします。

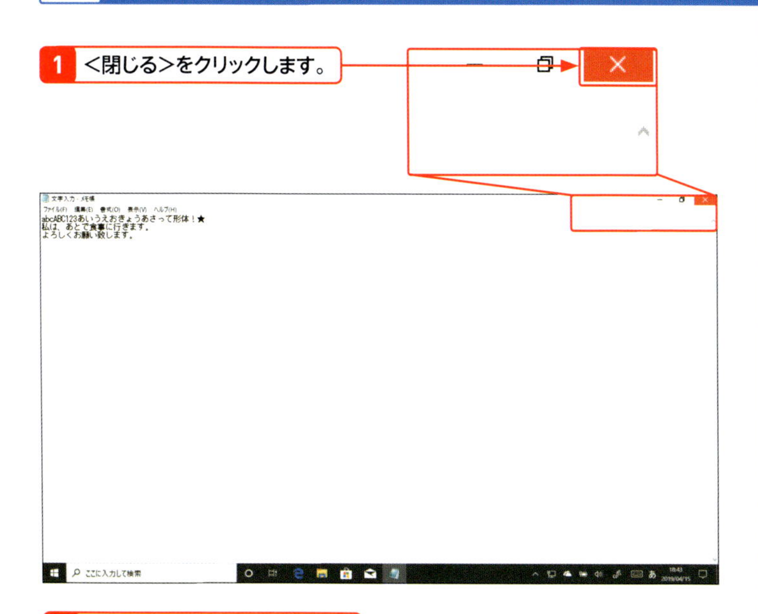

2 「メモ帳」アプリが終了します。

ヒント メッセージが表示されたら

ファイルを保存せずに「メモ帳」アプリを終了すると、ファイルを保存するかどうかを問うメッセージが表示されます。保存する場合は、<保存する>をクリックします。そうすると、ファイルを一度も保存していない場合は、保存の画面が表示されます。前に保存したファイルの場合は、ファイルが上書き保存されて「メモ帳」アプリが終了します。

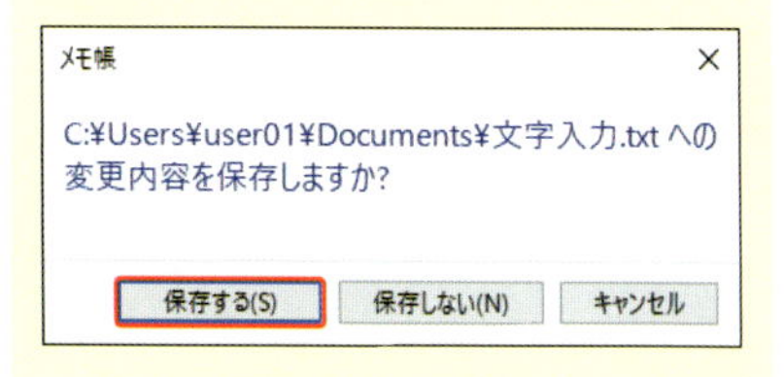

Section 19

ファイルを表示しよう

覚えておきたいキーワード
- エクスプローラー
- ファイル
- ドキュメント

ファイルを表示したり整理したりするには、ファイルを管理する「エクスプローラー」というアプリを使用します。ここでは、「エクスプローラー」を起動してSec.18で保存したファイルを確認してみましょう。「エクスプローラー」からファイルを開くこともできます。

1 「エクスプローラー」を起動する

キーワード エクスプローラー

「エクスプローラー」は、パソコンに保存されているファイルを確認したり整理したりするときに使用するアプリです。ウィンドウの左側の領域でファイルの保存先を選択すると、右側にその中身が表示されます。

ヒント スタートメニューからも表示できる

「エクスプローラー」を起動してドキュメントフォルダーを開くには、スタートメニューの<ドキュメント>をクリックする方法もあります。

1 タスクバーの「エクスプローラー」をクリックします。

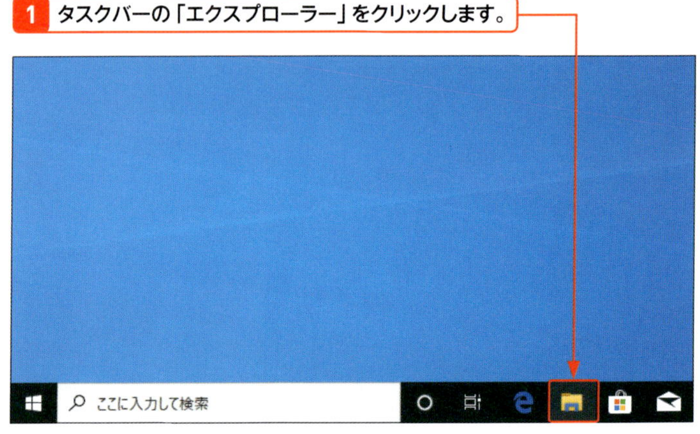

2 「エクスプローラー」のウィンドウが表示されます。

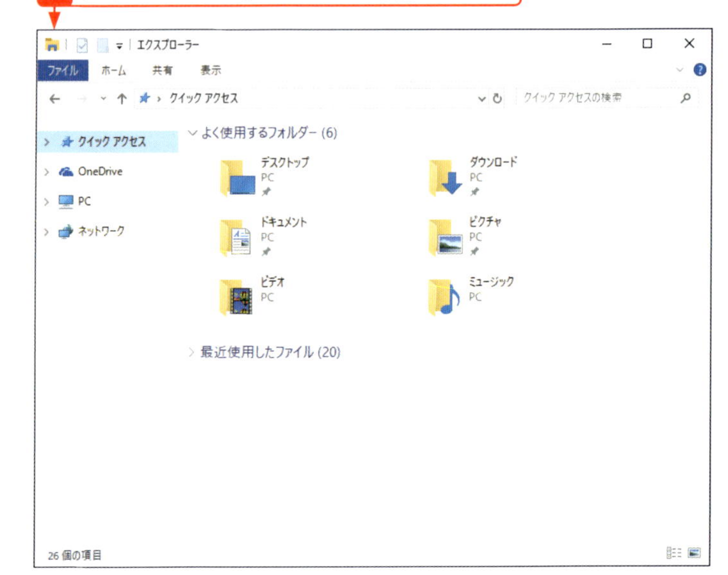

2 ファイルの場所を表示する

1 <PC>のここをクリックします。

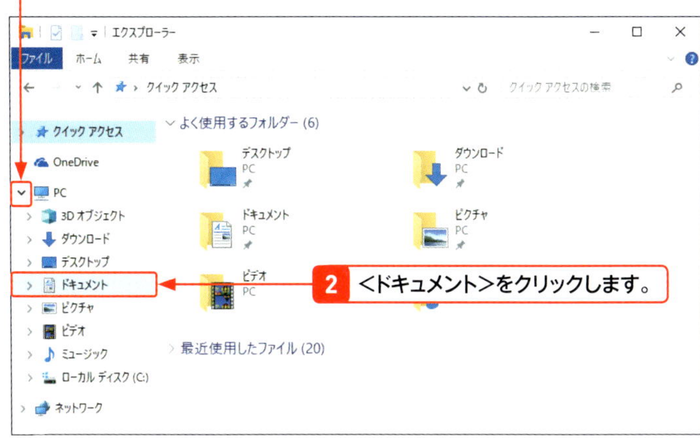
2 <ドキュメント>をクリックします。

3 <ドキュメント>の中が表示されます。

4 Sec.18で保存したファイルを
ダブルクリックします。

5 「メモ帳」アプリが起動してファイルが表示されます。

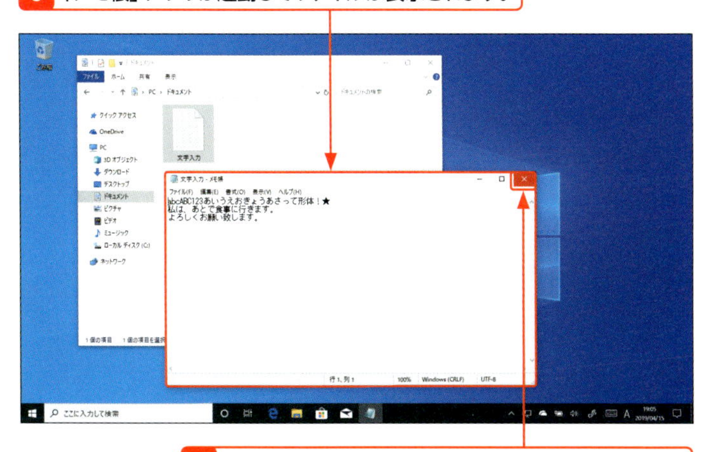

6 <閉じる>をクリックして「メモ帳」アプリを閉じます。

メモ ファイルを表示する

ここでは、Sec.18で<ドキュメント>フォルダーに保存したファイルを表示します。「エクスプローラー」で<ドキュメント>の中身を表示します。

キーワード ドキュメント

<ドキュメント>とは、自分のパソコンの中にあるファイルの保存先の1つです。<ドキュメント>は、ファイルを保存したりするときにかんたんに指定できます。頻繁に使用するファイルを保存するときなどは、<ドキュメント>に保存しておくと便利です。

ヒント メモ帳でファイルを開く

「メモ帳」アプリからファイルを開くこともできます。それには、「メモ帳」アプリの<ファイル>をクリックして<開く>をクリックします。表示される画面でファイルの保存先をクリックし、ファイルをクリックして<開く>をクリックします。

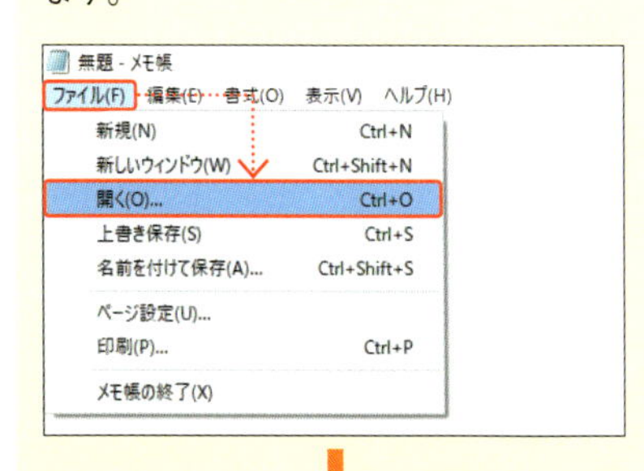

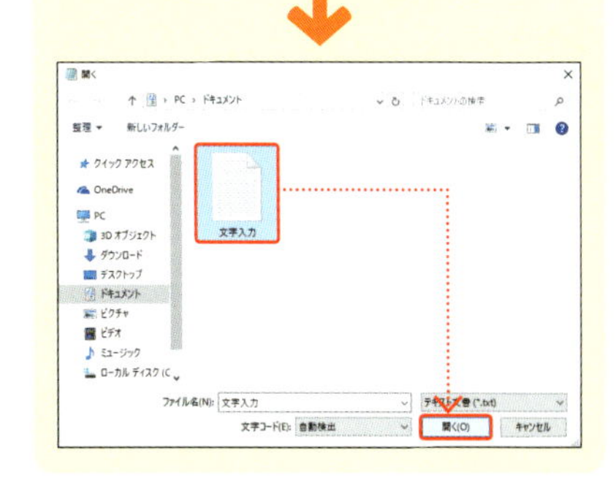

Section 20

フォルダーを作成しよう

覚えておきたいキーワード
- フォルダー
- エクスプローラー
- フォルダー名

フォルダーとは、複数のファイルをまとめる小物入れのようなものです。フォルダーを作成して利用すると、複数のファイルを整理できます。なお、P.61で紹介した<ドキュメント>もフォルダーです。<ドキュメント>フォルダーは、あらかじめパソコンに作成されています。

1 フォルダーを作成する場所を表示する

ヒント フォルダーを作成する

フォルダーは、あらかじめパソコンに作成されているものもありますが、自分で作成することもできます。ここでは、<ドキュメント>フォルダーの中に「練習」という新しいフォルダーを作成してみましょう。フォルダーは、「エクスプローラー」で作成できます。まずは、「エクスプローラー」を起動してフォルダーを作成する場所を表示します。

1 「エクスプローラー」を起動しておきます（P.60参照）。

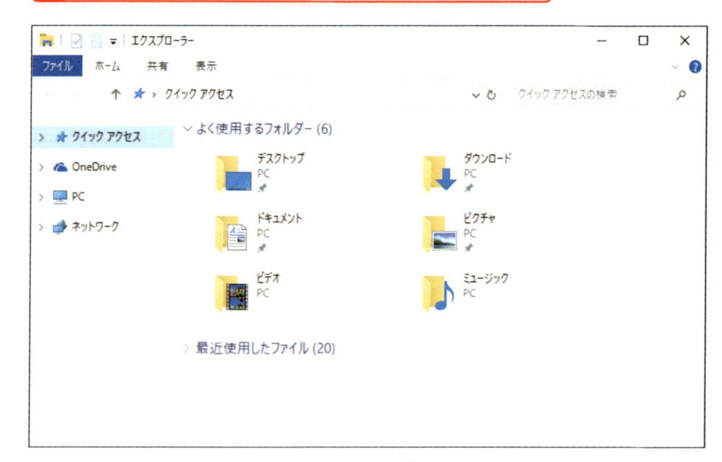

2 <PC>のここをクリックします。

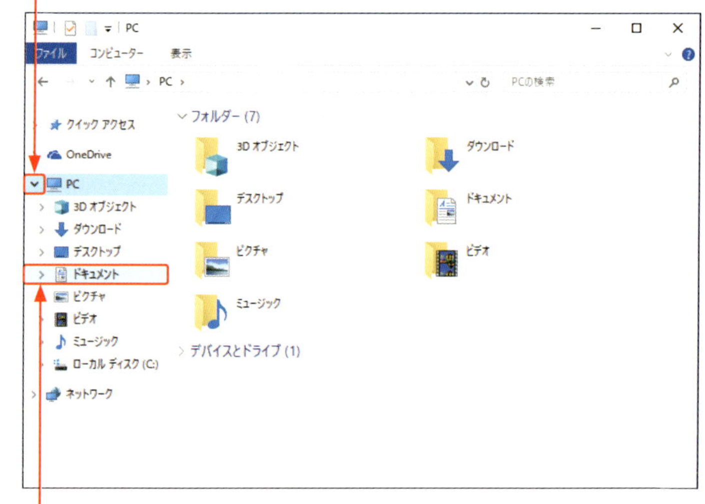

3 <ドキュメント>をクリックします。

2 フォルダーを作成する

1 <ドキュメント>フォルダーが表示されていることを確認します。

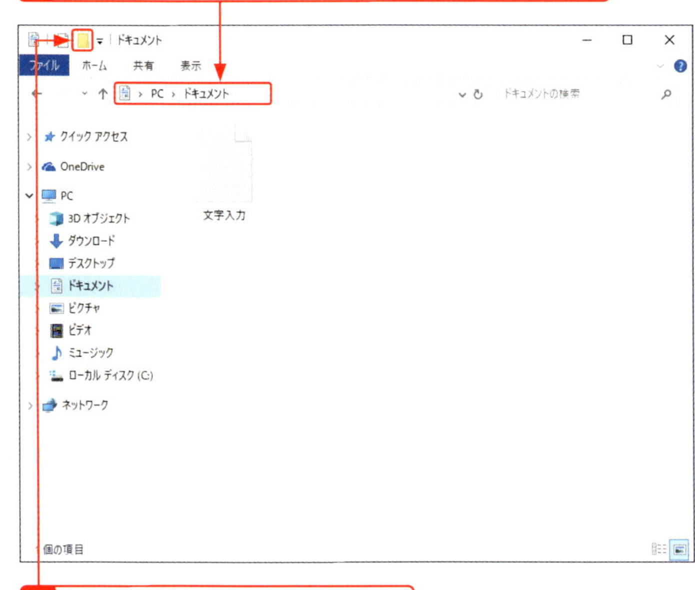

2 <新しいフォルダー>をクリックします。

3 新しいフォルダーが作成されます。

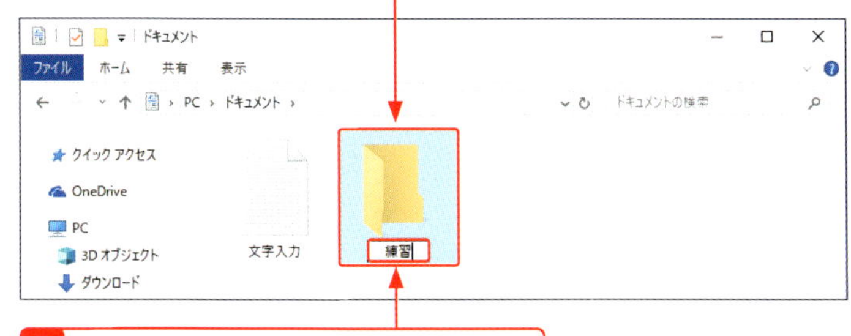

4 フォルダー名を入力して Enter を押します。

5 新しいフォルダーが作成できました。

ヒント 中身がわかる名前を付ける

フォルダーを作成すると、<新しいフォルダー>という仮の名前の付いたフォルダーが作成されます。フォルダーには、わかりやすい名前を付けましょう。たとえば、仕事用のファイルを入れるフォルダーは<仕事用>というように付けます。

ヒント あとからフォルダー名を変更する

フォルダーの名前は、あとから自由に変更できます。それには、フォルダーを右クリックし、表示されるショートカットメニューで<名前の変更>をクリックします。続いて、フォルダー名を入力します。

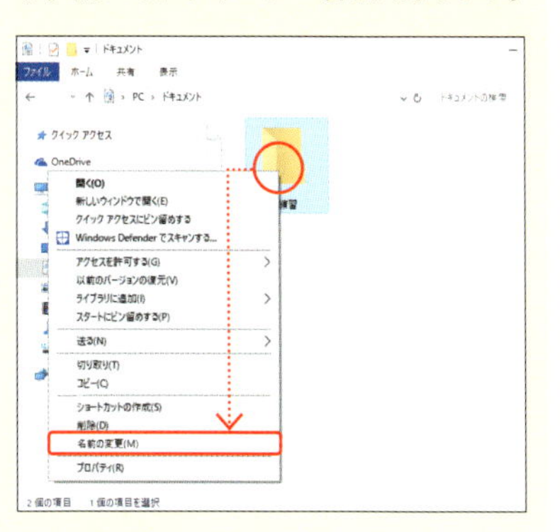

ヒント デスクトップにフォルダーを作成する

デスクトップにもフォルダーを作成できます。それには、デスクトップ画面で右クリック、表示されるショートカットメニューの<新規作成>→<フォルダー>をクリックし、フォルダー名を入力します。デスクトップに作成したフォルダーは、デスクトップ画面からかんたんにフォルダーの中身を表示できて便利です。

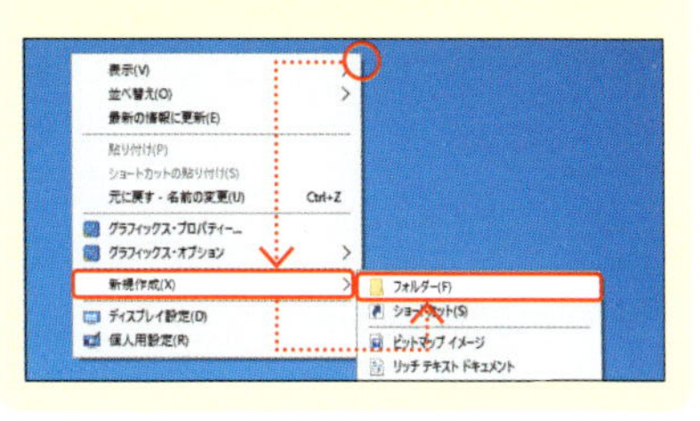

Section 21

ファイルを移動・削除しよう

覚えておきたいキーワード
- 移動
- 削除
- ごみ箱

ファイルの保存先は、あとから別の場所に移動することができます。また、不要になったファイルは削除することもできます。ここでは、ファイルの移動や削除など、基本的なファイル操作を紹介します。ファイルを管理する「エクスプローラー」アプリを使って操作します。

1 ファイルを移動する

1 「エクスプローラー」を起動しておきます（P.60参照）。

2 <ドキュメント>フォルダーを表示しておきます（P.61参照）。

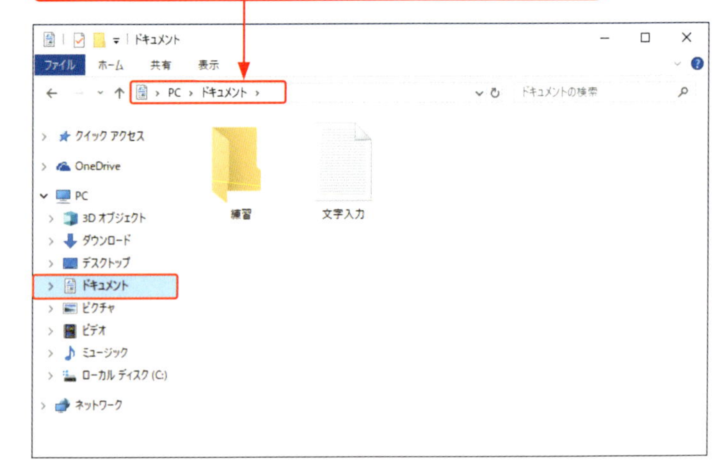

3 「文字入力」ファイルを「練習」フォルダーにドラッグします。

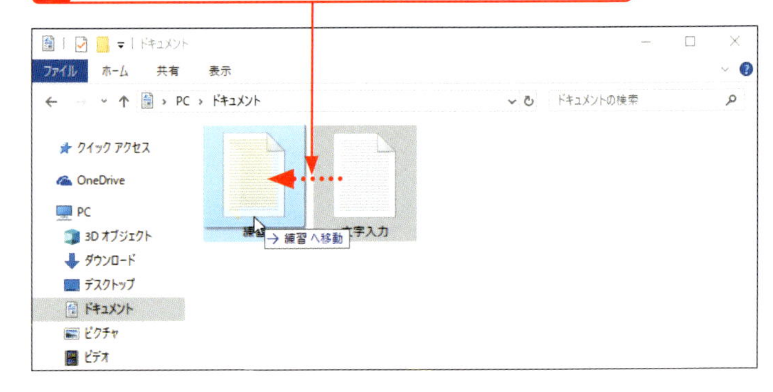

4 <ドキュメント>フォルダーから「文字入力」ファイルのアイコンが消えます。

メモ ファイルを表示する

ここでは、Sec.18で<ドキュメント>フォルダーに保存した「文字入力」ファイルを、Sec.20で作成した「練習」フォルダーに移動します。ファイルのアイコンを移動先のフォルダーの上にドラッグします。

ヒント ファイルをコピーする

ファイルを移動するのではなく、ファイルのコピーを指定したフォルダーに保存するには、ファイルのアイコンをドラッグするときに、Ctrl を押しながらドラッグします。Ctrl を押しながらドラッグすると、<+>が表示されます。<+>は、コピー中を示す印です。

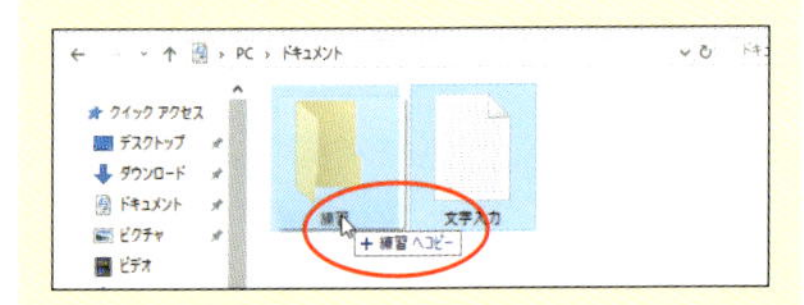

ヒント タッチパネルの操作

タッチパネル対応のパソコンで、画面を操作してファイルを移動するには、ファイルのアイコンをタップしてそのまま移動先にスライドします。コピーする場合は、Ctrl を押しながら、ファイルのアイコンをタップしてそのままコピー先にスライドします。

2 ファイルを確認する

1 「練習」フォルダーをダブルクリックします。

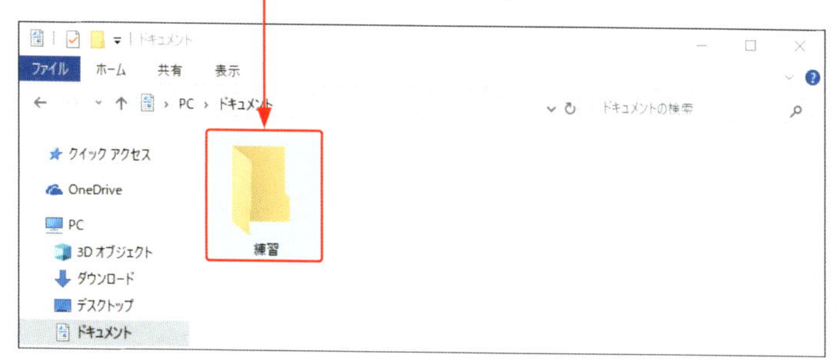

2 「練習」フォルダーが開きます。

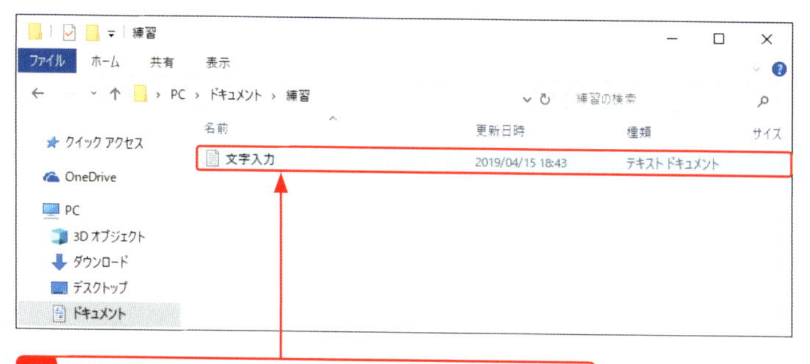

3 移動したファイルのアイコンをダブルクリックします。

4 「メモ帳」が」起動してファイルの中身が表示されます。

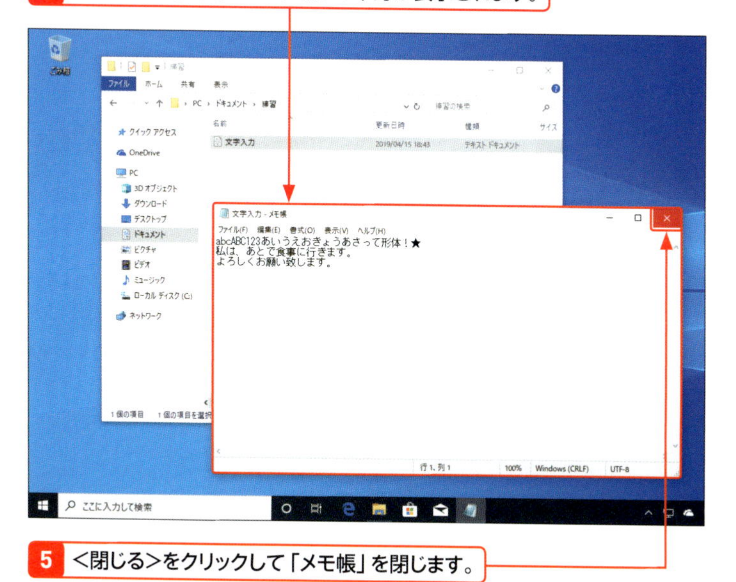

5 <閉じる>をクリックして「メモ帳」を閉じます。

ヒント ファイルやフォルダーを開く

ファイルやフォルダーを開くには、ファイルやフォルダーをダブルクリックします。ここでは、「練習」フォルダーを開き、その中にある「文字入力」ファイルを開いて中身を表示しています。

ヒント ファイルの移動を元に戻す

ファイルを間違って移動してしまった場合、移動した直後であれば元に戻すことができます。それには、「エクスプローラー」のウィンドウ内で右クリックして、<元に戻す>をクリックします。

ヒント タッチパネルの操作

タッチパネル対応のパソコンで、画面を操作してフォルダーを開くには、フォルダーのアイコンをダブルタップします。

3 ファイルを削除する

メモ ファイルを削除する

不要になったファイルを削除します。ここでは、「練習」フォルダーの「文字入力」ファイルを削除します。P.65の方法で、「練習」フォルダーの中を表示してから操作しましょう。削除したファイルは、ごみ箱に移動します。

ヒント フォルダーごと削除する

ファイルと同様にしてフォルダーを選択して Delete を押すと、フォルダーを削除できます。フォルダーを削除すると、フォルダーの中のファイルも一緒に削除されます。

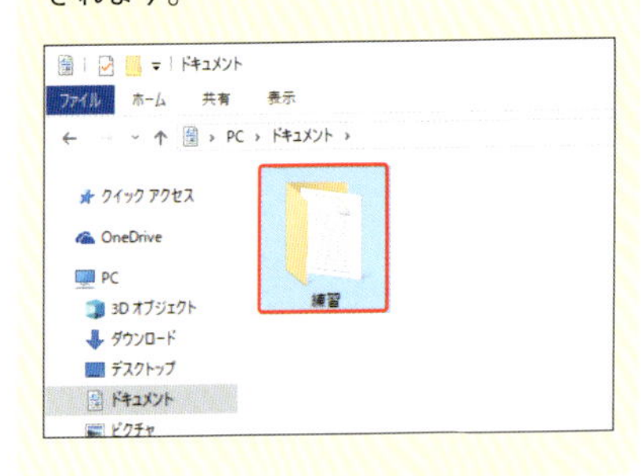

1 「練習」フォルダーを表示しておきます（P.65参照）。

2 削除したいファイルのアイコンをクリックします。

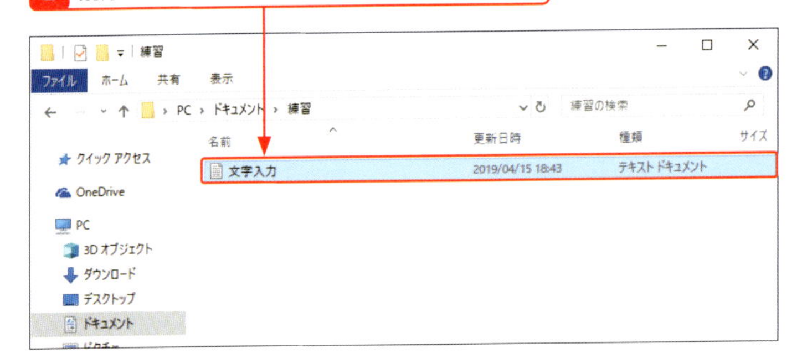

3 Delete を押します。

4 ファイルが削除されます。

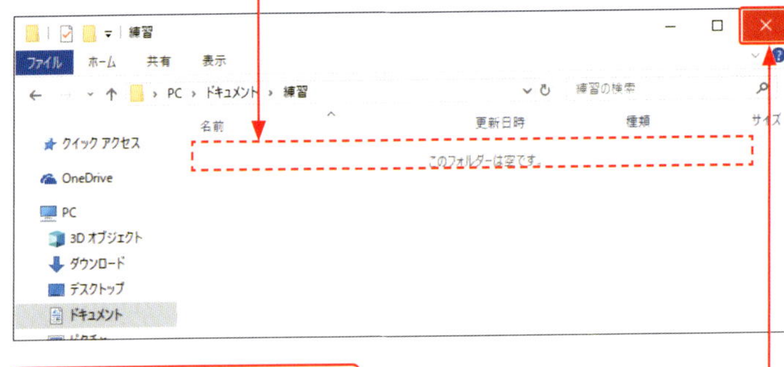

5 <閉じる>をクリックします。

ヒント ごみ箱からも削除する

削除したファイルは、デスクトップのごみ箱の中に入っています。ごみ箱からもファイルを削除するには、ごみ箱を開いてごみ箱のファイルをクリックして Delete を押します。また、ごみ箱にあるファイルをまとめて削除するには、ごみ箱を右クリックして、<ごみ箱を空にする>をクリックします。メッセージ画面で<はい>をクリックすると、ごみ箱のファイルが削除されます。

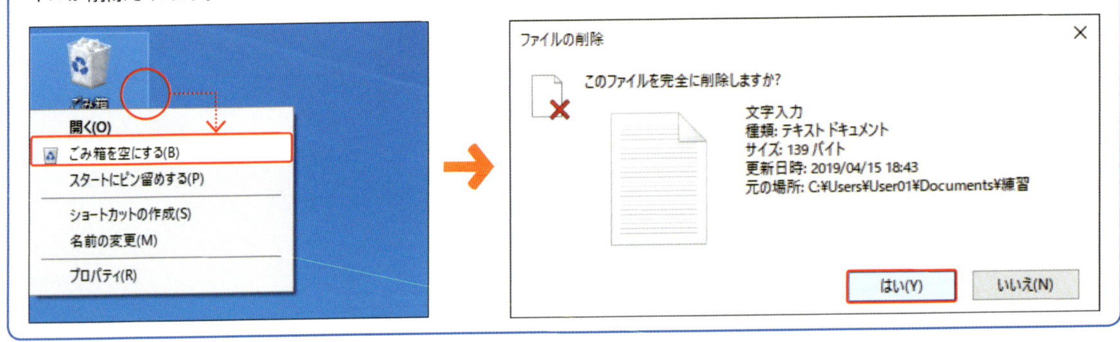

Chapter 03

第3章

インターネットを楽しもう

Section 22 ブラウザーを起動しよう

覚えておきたいキーワード
- ブラウザー
- Microsoft Edge
- ホームページ

インターネットのホームページを見るには、「ブラウザー」と呼ばれるアプリを使います。ブラウザーにはさまざまなものがありますが、Windows 10には、「Microsoft Edge」（マイクロソフト エッジ）という名前のブラウザーが付属しています。まずは起動してみましょう。

1 ブラウザーを起動する

1 タスクバーの＜Microsoft Edge＞をクリックします。

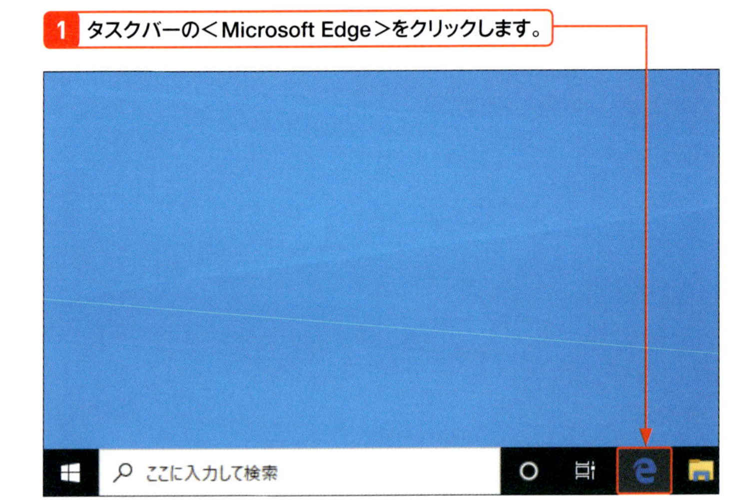

2 「Microsoft Edge」が起動します。

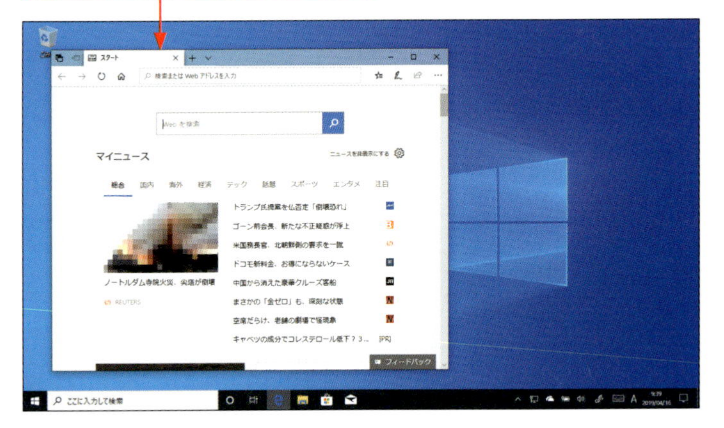

キーワード Microsoft Edge

「Microsoft Edge」は、Windows 10に付属しているブラウザーです。「Microsoft Edge」を利用すると、インターネットのホームページを閲覧できます。

メモ はじめて起動した場合

「Microsoft Edge」をはじめて起動したときは、「Microsoft Edgeへようこそ」画面が表示されます。

キーワード ブラウザー

ブラウザーとは、インターネットのホームページを見るときに使うアプリの総称です。

2 画面を最大化する

1 ウィンドウの大きさが小さい場合は、<最大化>をクリックします。

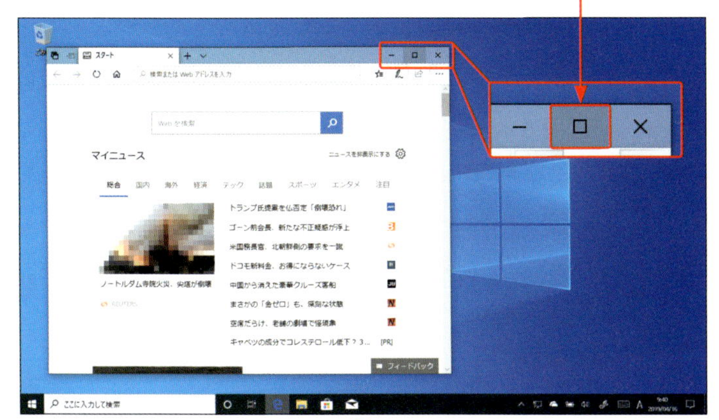

2 「Microsoft Edge」のウィンドウが大きく表示されます。

ヒント Internet Explorer

「Internet Explorer」とは、以前のバージョンのWindowsで使用されていたブラウザーです。Windows 10でも「Internet Explorer」を使用できます。「Internet Explorer」を使用したい場合は、スタートメニューの<Windowsアクセサリ>をクリックして、<Internet Explorer>をクリックして起動します❶。

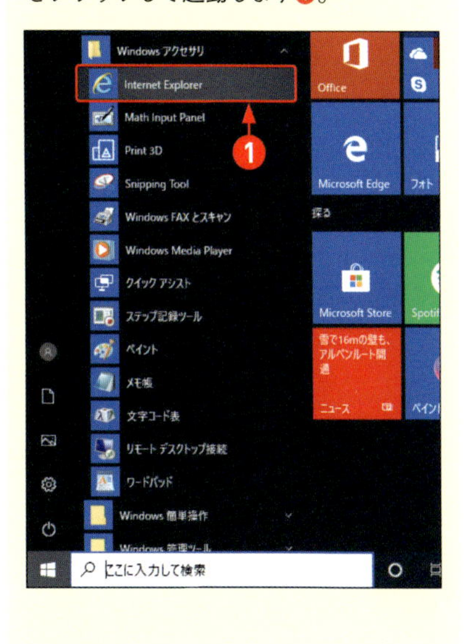

3 ブラウザーを閉じる

1 <閉じる>をクリックします。

2 「Microsoft Edge」のウィンドウが閉じます

ヒント 「Microsoft Edge」を閉じる

「Microsoft Edge」を閉じるには、ウィンドウの右上にある3つのボタンの右の<閉じる>をクリックします。ウィンドウの扱いについては、Sec.10を参照してください。

Section 23

「Microsoft Edge」の各部名称を知ろう

覚えておきたいキーワード
- エッジ（Edge）
- アドレスバー
- お気に入り

「Microsoft Edge」のウィンドウの各部名称と役割を確認しましょう。特に覚えておきたいのは、アドレスバーです。ホームページの場所を指定したり、ホームページを検索したりするときに頻繁に使用します。また、表示するホームページをかんたんに切り替えるためのボタンを知りましょう。

1 「Microsoft Edge」の各部名称と役割

ヒント ボタンが表示されない

＜戻る＞や＜進む＞、＜読み取りビュー＞を使用できない場合は、ボタンの表示がグレーになっています。

❶すべてのタブを表示
保存したタブを再び表示します。

❷表示中のタブを保存して閉じる
現在表示しているタブを保存します。

❸新しいタブ
ホームページを表示するとき、今見ているホームページはそのまま表示して、新しいタブにホームページを表示する場合は、ここをクリックしてタブを追加します。

❹タブプレビューを表示
表示しているホームページの縮小図を表示します。

❺＜閉じる＞
「Microsoft Edge」を終了します。

❻アドレスバー
ホームページのアドレスが表示されるところです。アドレスを入力してホームページを表示したり、ホームページを検索したりするときに使用します。

❼戻る
前に見ていたホームページに戻ります。

❽進む
前に見ていたホームページに戻ったあとに、次に見たホームページに進みます。

❾最新の情報に更新
ホームページを再読み込みして最新の状態を表示します。

❿ホーム
「Microsoft Edge」の起動時に表示されるページに戻ります。

⓫読み取りビュー
広告などを隠して文字や画像を読みやすい表示モードに切り替えます。読み取りビューを利用できないホームページの場合は、表示がグレーになります。

⓬お気に入りまたはリーディングリストに追加します
ホームページをお気に入りに追加したりするときに使います。

⓭お気に入り
お気に入りのリストや履歴を表示するときなどに使用します。

⓮設定など
ホームページを印刷したり、「Microsoft Edge」の設定を変更したりするときに使用します。

2 アドレスバーを選択する

1 アドレスバーをクリックします。

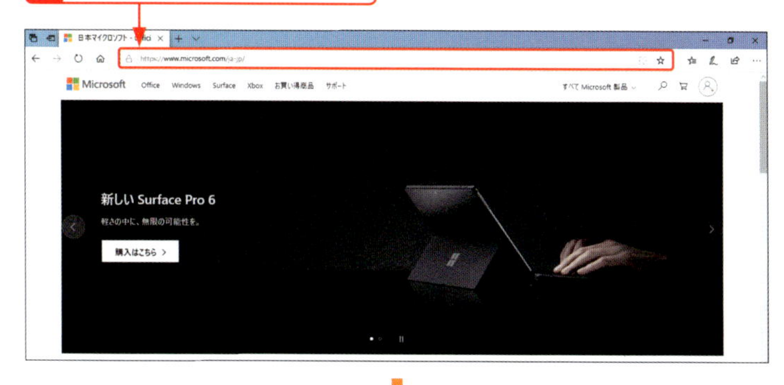

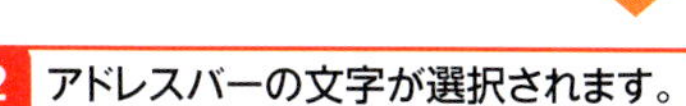

2 アドレスバーの文字が選択されます。

メモ アドレスバーがない場合

「Microsoft Edge」を起動した直後、画面の上部にアドレスバーは表示されていない場合は、アドレスバーが表示される場所をクリックします。

ヒント アドレス

ホームページには、それぞれ、その場所を示す住所のような役割を持つアドレスというものがあります。アドレスがわかれば、そのホームページを表示できます。たとえば、ヤフーのホームページのアドレスは、「https://www.yahoo.co.jp」です。アドレスのことをURLという場合もあります。

Section 24

ホームページを表示しよう

覚えておきたいキーワード
- ホームページ
- アドレス
- アドレスバー

「Microsoft Edge」のアドレスバーに、ホームページのアドレスを入力してホームページを表示してみましょう。ここでは、技術評論社のホームページを表示します。技術評論社のホームページのアドレス＜https://gihyo.jp＞を指定してホームページを表示します。アドレスバーを操作します。

1 アドレスを入力する

1 アドレスバーをクリックします。

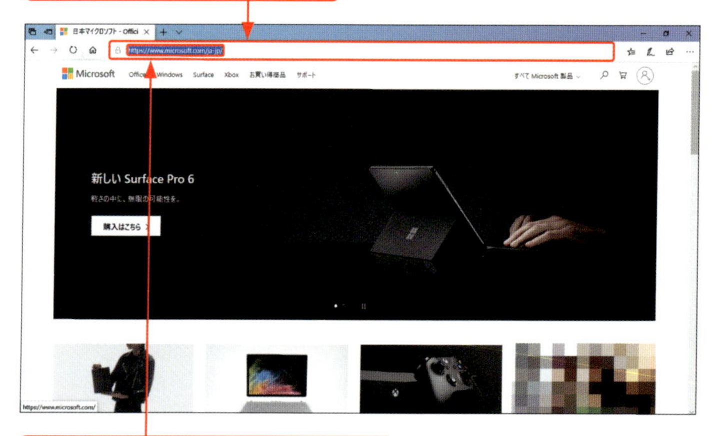

2 アドレスバーの文字が選択されます。

3 ホームページのアドレスを入力します。

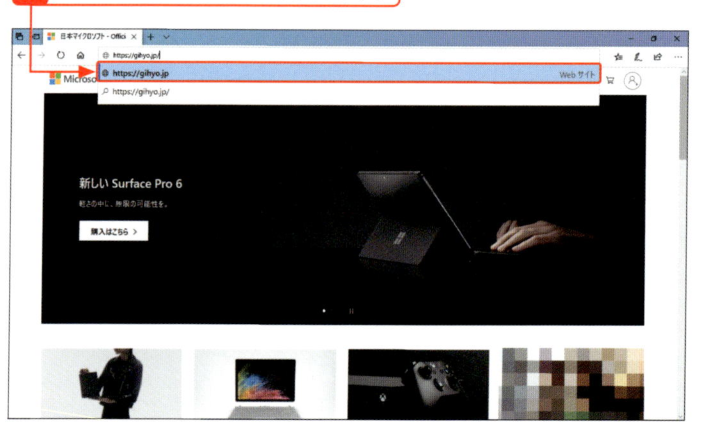

4 Enter を押します。

メモ ホームページのアドレスを指定する

ホームページのアドレスを入力して見たいホームページを表示します。ホームページのアドレスを入力するときは、日本語入力モードをオフにしてから入力します（P.44参照）。

ヒント アドレスが表示されている場合

アドレスバーをクリックすると、アドレスが選択されて青く反転されます。その場合は、Delete を押してアドレスを削除します。また、青く反転している状態で文字を入力すると、反転していた文字が消えます。

2 ホームページを表示する

1 ホームページが表示されます。

2 画面をスクロールして下の方を見ます。

3 見たい項目を左クリックします。

4 指定したページに移動します。

5 画面をスクロールして内容を確認します。

ヒント ホームページが表示されない

ホームページのアドレスを1文字でも間違えていると、ホームページは表示されません。次のような画面が表示された場合は、アドレスが正しいかどうか確認しましょう。

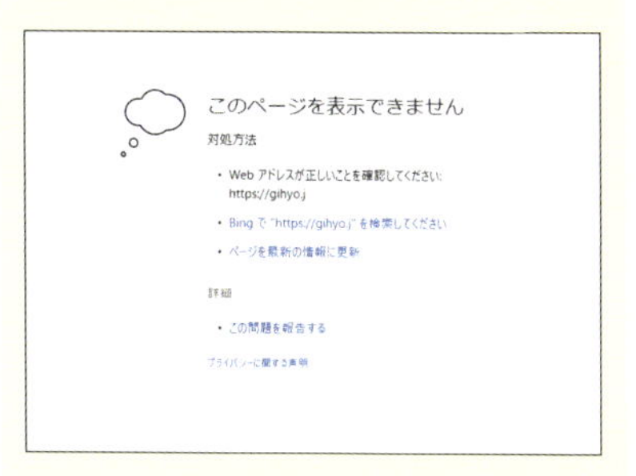

キーワード ハイパーリンク（リンク）

ホームページは、項目や画像をクリックすると、ほかのページを表示するしくみになっています。このようなしくみをハイパーリンク（リンク）といいます。リンクが設定されている箇所にポインターを移動すると、ポインターの形が指の形になります。

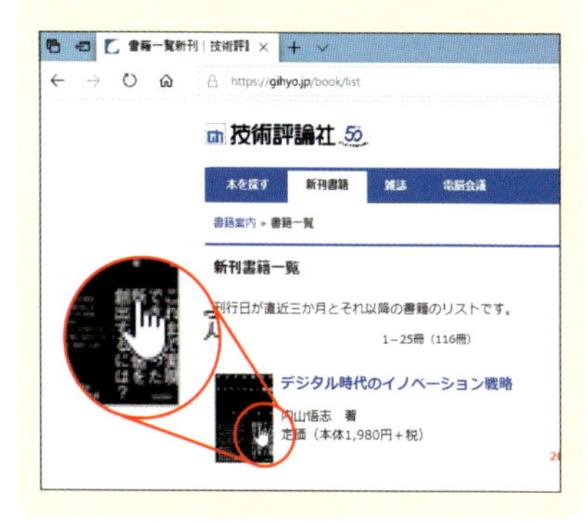

Section 25 直前のページに戻ろう

覚えておきたいキーワード
- 戻る
- 進む
- 履歴

ホームページを閲覧するときは、見たい箇所をクリックして次から次へページを移動しながら閲覧します。このとき、ホームページの閲覧履歴が残ります。ここでは、前に見たページに戻って内容を確認したり、そのあとに表示したホームページに移動したりする方法を紹介します。

1 前のページに戻る

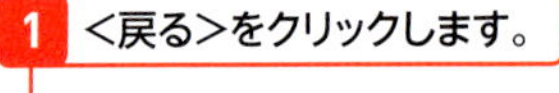

1 ＜戻る＞をクリックします。

2 前に見ていたページに戻ります。

ヒント 直前に見たページに戻る

ホームページの閲覧中に、直前に見たページに戻ります。＜戻る＞をクリックします。

ヒント BackSpace で戻る

ホームページの閲覧中、BackSpace を押しても、直前に見たページに戻ります。

2 さらに前のページを表示する

1 <戻る>をクリックします。

2 さらに1つ前に表示していたページに戻ります。

メモ 過去にさかのぼって表示できる

<戻る>を何度か続けてクリックすると、過去に見たホームページをさかのぼって表示できます。それ以上戻ることができない場合、<戻る>の表面に表示されている<←>がグレーになります。

3 次のページを表示する

1 <次へ>をクリックします。

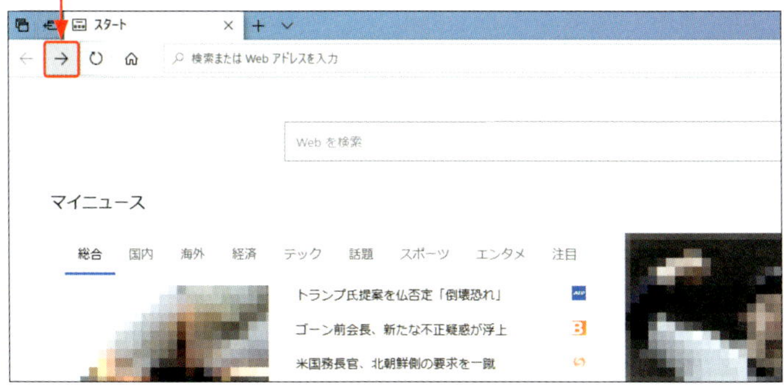

2 戻る前に見ていたページが表示されます。

メモ 次のページを表示する

前に見たホームページを表示したとき、戻る前に見ていたページを表示するには、<次へ>をクリックします。

ヒント 閲覧履歴からホームページを表示する

ホームページを見ると閲覧履歴が残ります。履歴の一覧を表示して過去に見たホームページを表示する方法は、Sec.34で紹介しています。

Section 26

ホームページを検索しよう

覚えておきたいキーワード
- アドレスバー
- 検索
- 検索エンジン

ホームページのアドレスがわからなくても、ホームページを検索して表示することができます。会社名やレストランの名前、商品名や地名などさまざまなキーワードでホームページを検索できます。ホームページを検索するときもアドレスバーを使用します。

1 キーワードを入力する準備をする

ヒント アドレスを消す

アドレスバーにアドレスが表示されているとき、アドレスバーをクリックすると、アドレスが選択されます。アドレスを消すには、Delete を押します。また、アドレスが選択された状態で検索キーワードを入力しても構いません。その場合、選択されているアドレスが自動的に消えます。

1 アドレスバーをクリックします。

2 アドレスが選択されたら、Delete を押します。

2 ホームページを検索する

1 アドレスバーに検索キーワード（ここでは「yahoo!」）を入力します。

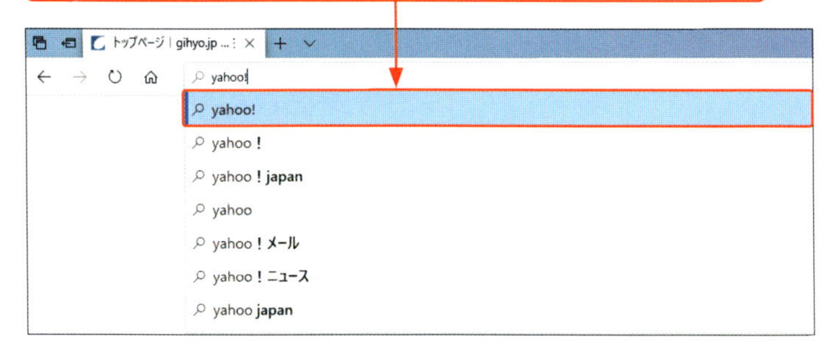

2 Enter を押します。

3 検索結果が表示されます。

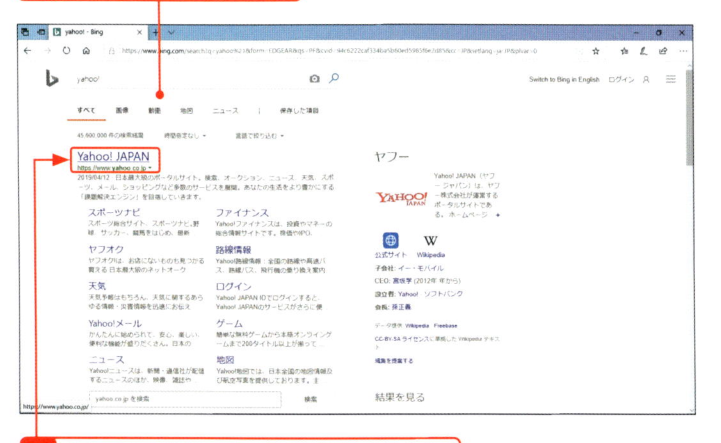

4 見たいホームページの項目をクリックします。

5 ヤフーのページが表示されました。

メモ ホームページを検索する

ここでは、＜ヤフー（Yahoo!）＞のページを検索します。「yahoo!」と入力してホームページを検索してみましょう。ホームページを検索すると、通常は複数の検索結果が表示されます。検索結果の中から見たいホームページをクリックして選択しましょう。ヤフーは、最も有名なインターネットサイトの1つです。さまざまな情報やサービスを提供していて、ホームページの検索もできます。

キーワード 検索エンジン

ホームページを検索するためのホームページを検索エンジンと言います。検索エンジンのホームページを表示して、そのホームページの検索ボックスにキーワードを入力してホームページを探すこともできます。代表的な検索エンジンには、グーグル＜https://www.google.co.jp＞、ヤフー＜https://www.yahoo.co.jp＞などがあります。

ヒント 複数のキーワードを指定する

見たいホームページがうまく見つからない場合は、複数のキーワードを組み合わせて指定します。たとえば、「新宿駅近くで、お昼にハンバーグを食べるお店」を探そうとして「新宿駅」や「ランチ」というキーワードでホームページを検索しても、検索結果が多すぎて目的のページはなかなか見つかりません。その場合は、「新宿 ハンバーグ ランチ」のように複数のキーワードを組み合わせてホームページを検索します。複数のキーワードをスペースで区切って指定します。

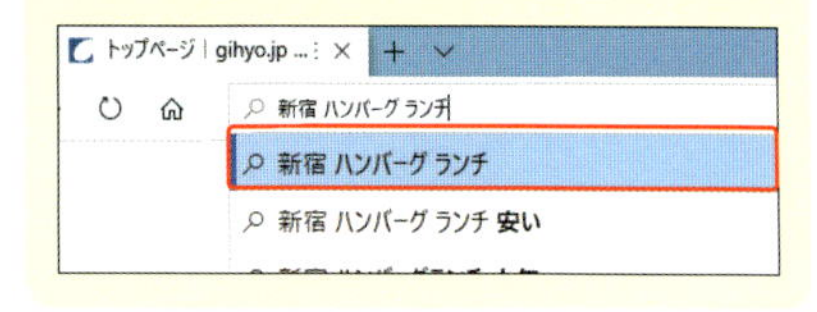

Section 27 ホームページを「お気に入り」に登録しよう

覚えておきたいキーワード
- ☑ お気に入り
- ☑ ピン留め
- ☑ ナビゲーションビュー

よく見るホームページは、「Microsoft Edge」の「お気に入り」という場所に登録しておくと、いつでもかんたんに表示できるので便利です。ここでは、ヤフーのホームページをお気に入りに登録して、利用できるようにします。

1 お気に入りに登録する

メモ お気に入りに登録する

ホームページをお気に入りに登録するには、登録するホームページを表示してから操作します。ここでは、ヤフーのページをお気に入りに登録します。

1 お気に入りに登録するホームページ(ここでは、「Yahoo!JAPAN」)を表示しておきます。

2 <お気に入りまたはリーディングリストに追加>をクリックします。

3 <お気に入り>をクリックします。

4 登録名や保存先を確認します。

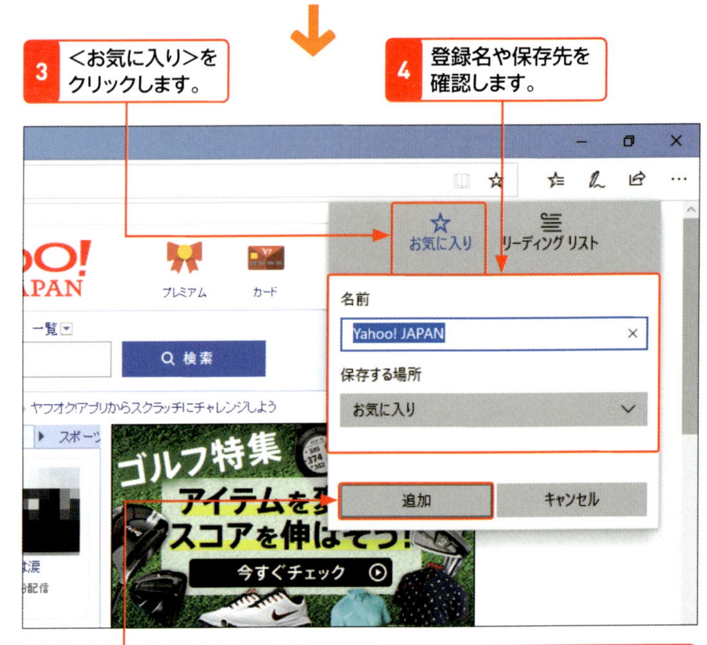

5 <追加>をクリックします。

6 お気に入りに登録されました。

ヒント 登録名を変更する

お気に入りに登録するときに、登録名を変更するには、登録画面の<名前>の欄に登録名を入力します。

2 お気に入りのページを表示する

1 お気に入りに登録したページとは別のページを表示しておきます。

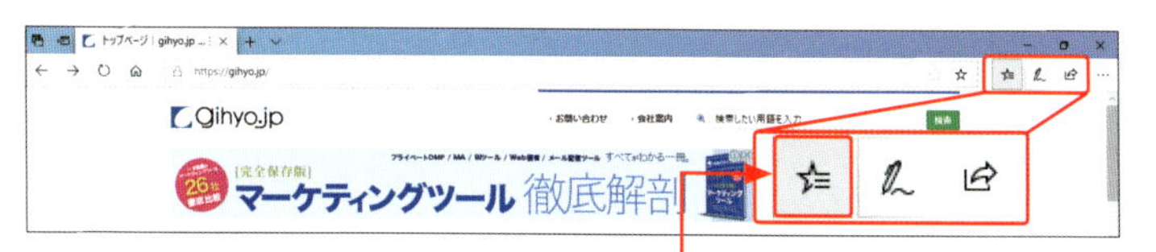

2 ＜お気に入り＞をクリックします。

3 ＜お気に入り＞をクリックします。

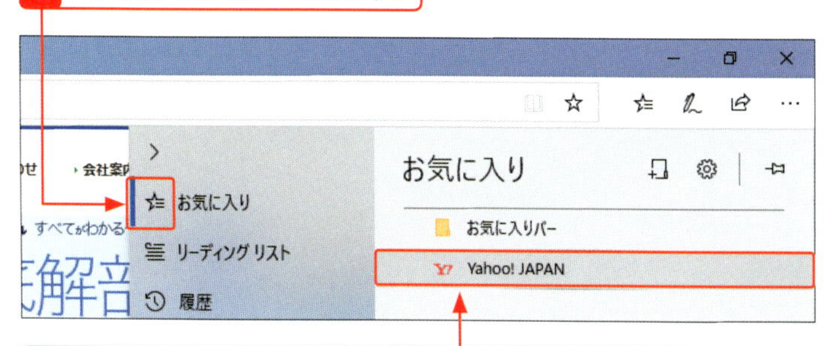

4 お気に入りに登録したリストから見たいページをクリックします。

5 お気に入りのページが表示されました。

ステップアップ お気に入りのリストを固定表示する

お気に入りに登録したリストを「Microsoft Edge」の画面に常に表示するには、お気に入りのページを選択する画面で＜このウィンドウをピン留めする＞をクリックします。そうすると、画面の横にウィンドウが固定されます。ウィンドウを非表示にするには、＜このウィンドウを閉じる＞をクリックします。

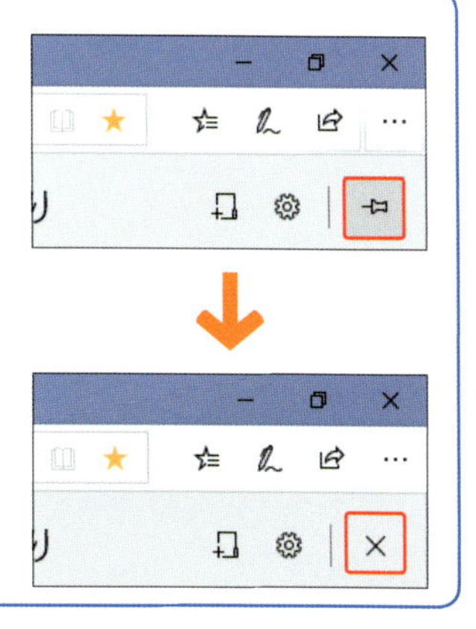

ヒント お気に入りの項目を削除する

お気に入りに登録した項目を削除するには、お気に入りのリストから削除したい項目を右クリックします。表示される＜削除＞をクリックします。

ヒント お気に入りがない場合

手順**3**の＜お気に入り＞が表示されていない場合は、左上の〉をクリックするとナビゲーションビューが展開して項目名が表示されます。〉で表示／非表示を切り替えられます。

ステップアップ ピン留めする

目的のホームページをかんたんに表示するには、お気に入りに追加する方法ではなく、ホームページをピン留めする方法もあります。それには、ピン留めするホームページを開き、タブを右クリックして＜ピン留めする＞をクリックします。ピン留めしたホームページは、左端に追加され、クリックすると表示されます。

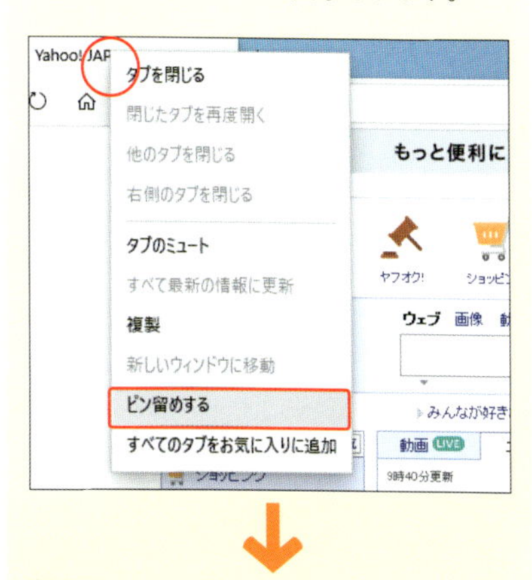

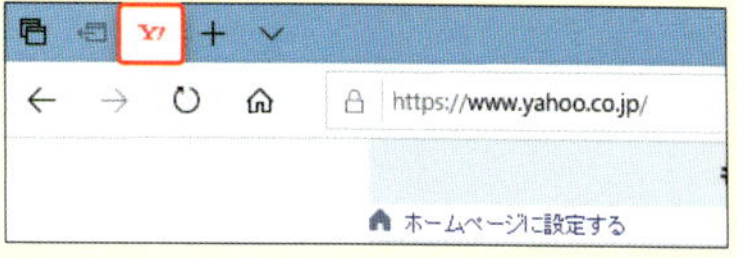

Section 28

ニュースを見よう

覚えておきたいキーワード
- ホームページ
- ニュース
- 更新

インターネットでニュースのページを見てみましょう。ここでは、ヤフーのページからニュースを表示します。「スポーツ」や「経済」「エンタメ」などニュースの分類を選んでニュースの一覧を表示できます。ニュースの一覧の中から見たいニュースを選んで表示します。

1 ニュースのページを表示する

1 ヤフーのページを表示します（P.77参照）。

2 <ニュース>をクリックします。

3 ニュースのページが表示されます。

4 見たい項目をクリックします。

メモ ニュースを見る

ヤフーのページでは、さまざまなサービスが提供されています。主なサービスはヤフーのトップページの左側に表示されます。ここでは、ニュースを選択してニュースのページを表示します。

キーワード トップページ

会社やお店などの多くのホームページは、1ページにさまざまな情報を詰め込むのではなく、複数のページで構成されています。その中でも、ホームページの入り口になっているページをトップページと言います。たとえば、ヤフーのホームページでは、さまざまなサービスが提供されています。主なサービスはヤフーのトップページの左側に表示されます。

ヒント ほかのホームページでニュースを見る

ここでは、ヤフーのページからニュースを表示しますが、ニュースを見る方法は、ほかにもあります。たとえば、新聞社やテレビ局のホームページなどでもニュースを見ることができます。Sec.32の方法で、新聞社やテレビ局のホームページを検索して見てみましょう。

2 見たいページを表示する

1 画面をスクロールします。

2 ニュースの項目の一覧から見たい内容をクリックします。

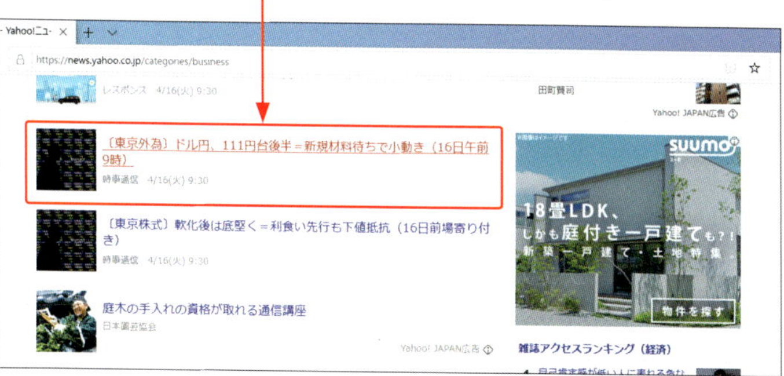

3 ニュースの内容が表示されます。

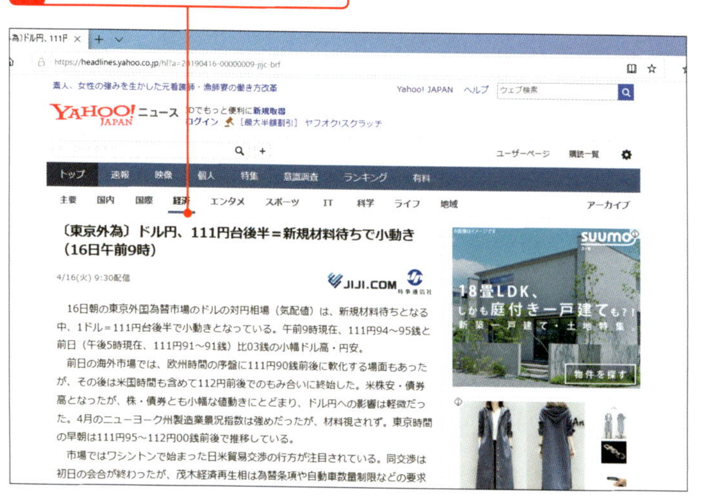

ヒント ニュースの写真を見る

ヤフーのニュースのページで、項目の横にカメラのマークが付いているものは、写真付きのニュースが表示されます。

ヒント ニュースの内容を更新する

サッカーや野球などの試合結果を表示するページなどでは、試合の動きによって情報が刻々と更新されます。自動的に更新される場合もありますが、手動で最新情報を見るには、<最新の情報に更新>をクリックします。

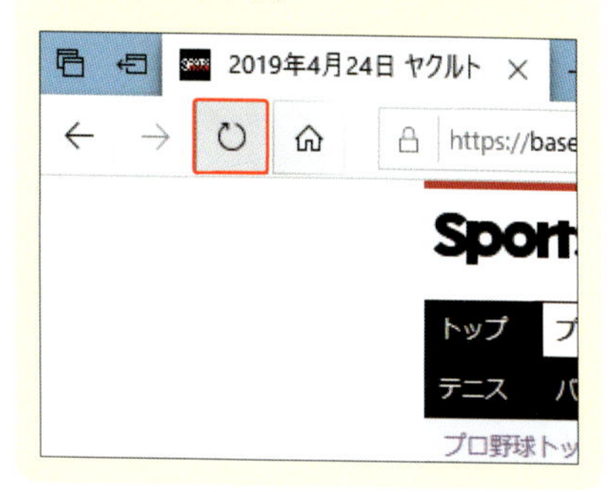

Section 29

天気を見よう

覚えておきたいキーワード
- ホームページ
- 天気
- 気温

インターネットで天気予報を見てみましょう。ここでは、ヤフーのページから天気を表示します。天気予報を見たい場所を地図から選択して確認します。天気や気温、週間天気などを確認できます。また、防災情報から警報や注意報などが出ていないかなども確認できます。

1 天気のページを表示する

メモ 天気を見る

ヤフーのページの左側のメニューから天気予報のページを表示します。天気のページでは、見たい都市を絞り込んでいくと詳細の情報を確認できます。

1 ヤフーのページを表示します（P.77参照）。

2 ＜天気・災害＞をクリックします。

ヒント 「天気」アプリ

Windows 10には、「天気」アプリが入っています。「天気」アプリを使用しても天気予報を確認できます。

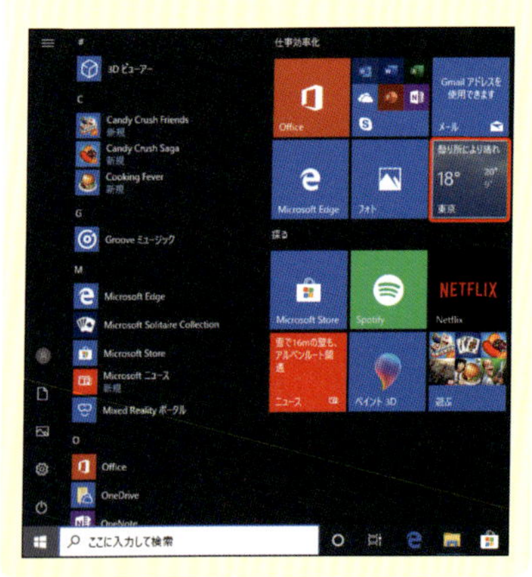

3 天気のページが表示されます。

4 見たい都市をクリックします。

2 天気予報を見る

1 見たい都市をクリックします。

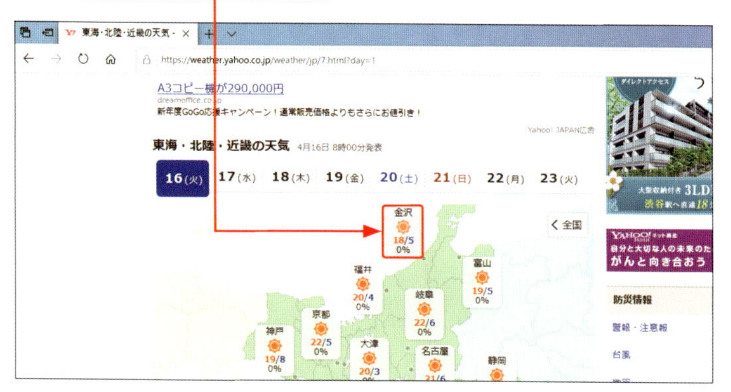

2 さらに、都市を選択してクリックします。

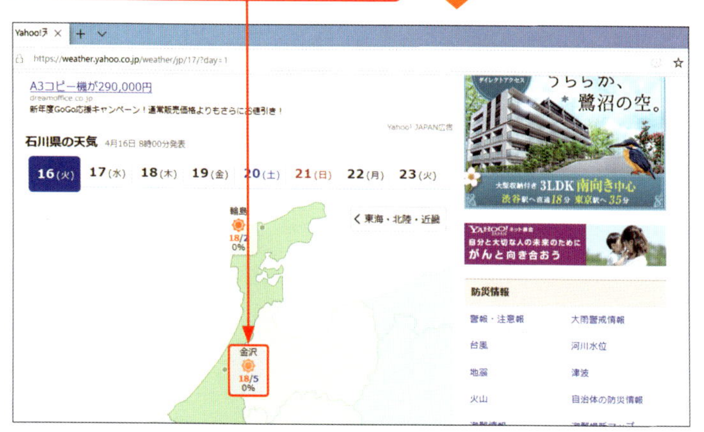

3 今日明日の天気予報が表示されます。

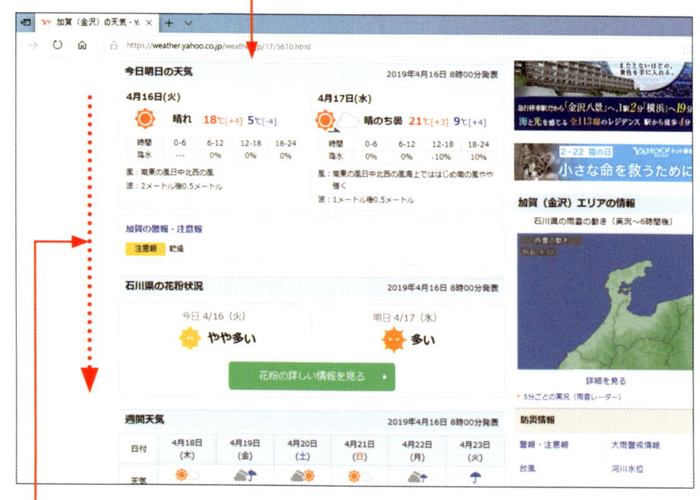

4 スクロールして内容を確認しましょう。

ヒント 週間天気

今日明日の天気予報が表示される画面で、画面を下方向にスクロールすると、週間の天気予報を確認できます。

ヒント 警報・注意報を確認する

天気のページで右側の<警報・注意報>をクリックすると、警報や注意報の情報を確認できます。都市を選択すると、詳細の情報が表示されます。

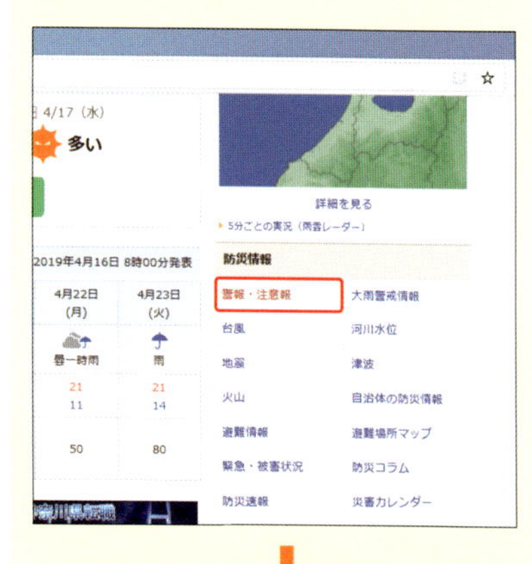

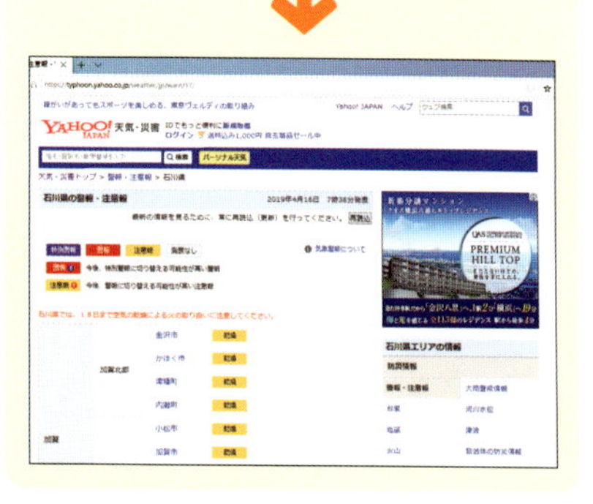

Section 30

地図を見よう

覚えておきたいキーワード
- ホームページ
- 地図
- 拡大／縮小表示

インターネットには、地図を表示するページも多くあります。ここでは、ヤフーの地図のページを見てみましょう。地名や住所、建物名などを入力してその場所の地図を検索して表示することができます。ここでは、大阪城公園の付近の地図を表示します。

1 地図のページを表示する

メモ 地図を表示する

ここでは、場所を入力して地図を表示します。ほかにも郵便番号や住所などを入力して地図を検索することもできます。

1 ヤフーのページを表示します（P.77参照）。

2 ＜地図＞をクリックします。

3 地図のページが表示されます。

4 見たい場所を入力します。

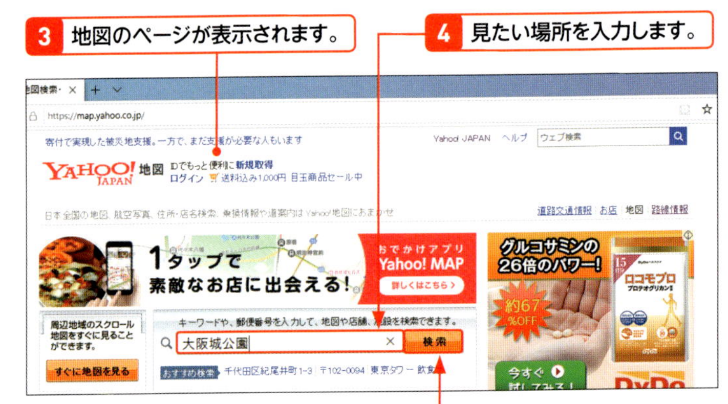

5 ＜検索＞をクリックします。

ヒント 都道府県からページを表示する

都道府県、市、地名の順に場所を選択して見たい地図を表示することもできます。それには、下に表示されている＜都道府県から探す＞の都道府県名をクリックします。

2 地図を見る

1 検索結果が表示されます。

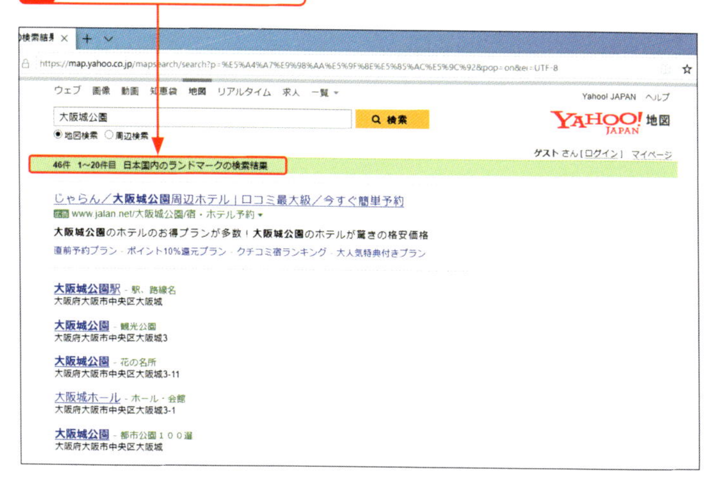

2 見たい項目をクリックします。

3 地図が表示されます。

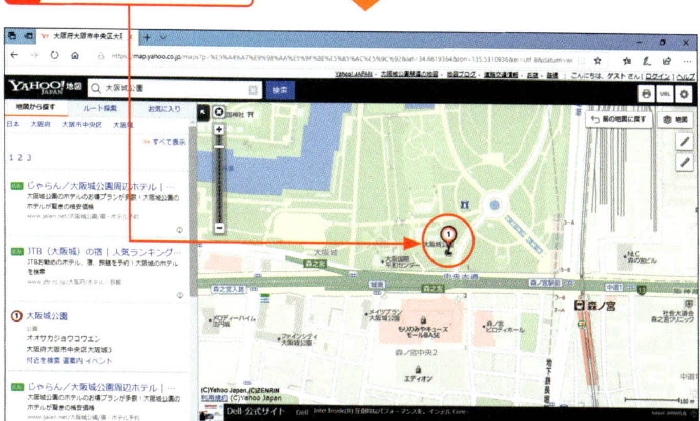

ヒント 縮尺を変更する

見たい場所の地図が表示されたら、地図の表示縮尺を調整しましょう。マウスの場合は、ホイールを回転します。タッチパッドの場合は、人差し指と中指の2本の指でタッチパッド上をスライドして調整します。タッチパネル対応のパソコンで画面をタッチして操作する場合は、画面をストレッチ／ピンチします（P.25参照）。

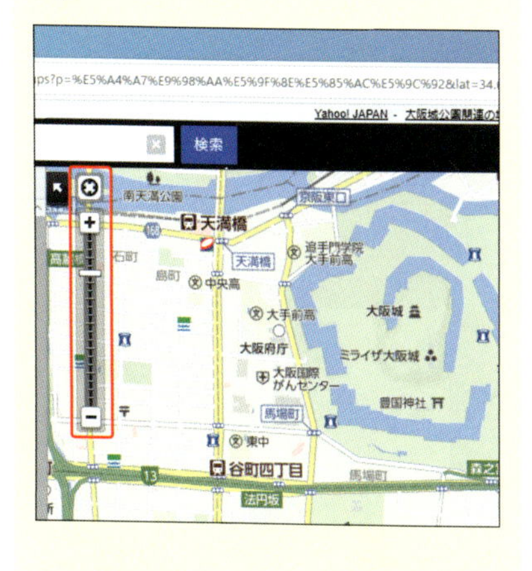

ヒント 表示場所を移動する

地図の表示場所を移動するには、地図上をドラッグします。左の方を表示するには、左から右方向へドラッグ、右の方を表示するには、右から左方向へドラッグします❶。

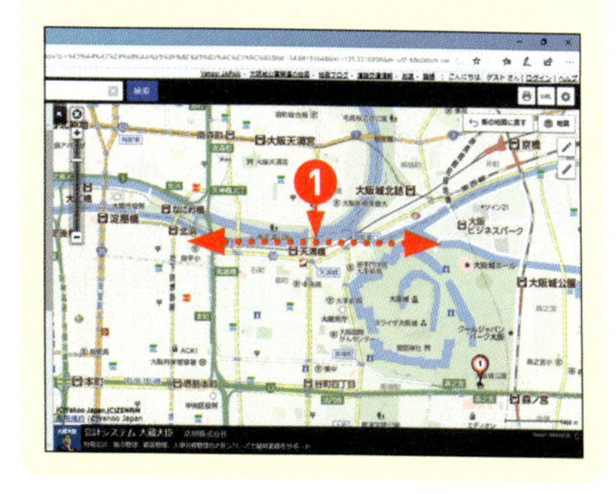

Section 31 乗換案内を利用しよう

覚えておきたいキーワード
- ☑ ホームページ
- ☑ 乗換案内
- ☑ 路線

外出先までの電車の乗換ルートを調べましょう。出発駅と到着駅を指定するだけでかんたんに調べられます。また、日付や出発時間、到着時間などを指定すれば、何時に到着するには何時に出発すればよいかなどもわかります。始発や最終電車の時間も調べられます。

1 乗換案内のページを表示する

メモ 乗換ルートを調べる

出発駅や到着駅を入力して乗換ルートを検索します。日時を指定するとき、出発時間を指定するには<出発>をクリックして出発する時間を指定します。到着時間を指定するときは、<到着>をクリックして到着したい時間を指定します。

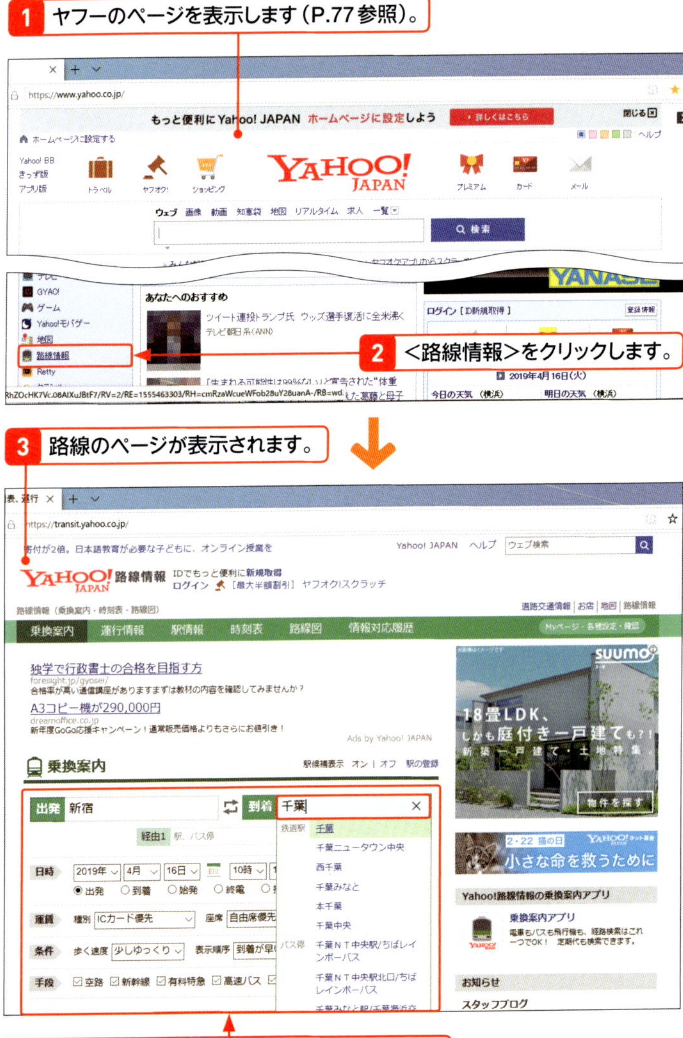

1 ヤフーのページを表示します（P.77参照）。
2 <路線情報>をクリックします。
3 路線のページが表示されます。
4 <出発駅><到着駅>を入力します。入力候補から入力する内容をクリックします。

ヒント 始発や終電を調べる

始発や終電を調べるには、出発駅や到着駅を指定したあと、日付を指定して<始発>または<終電>をクリックして<検索>をクリックします。

2 日付や時刻を指定してルートを見る

1 <日時>を指定します。年月日、時間の横の<▽>をクリックして月や日、時刻を指定します。

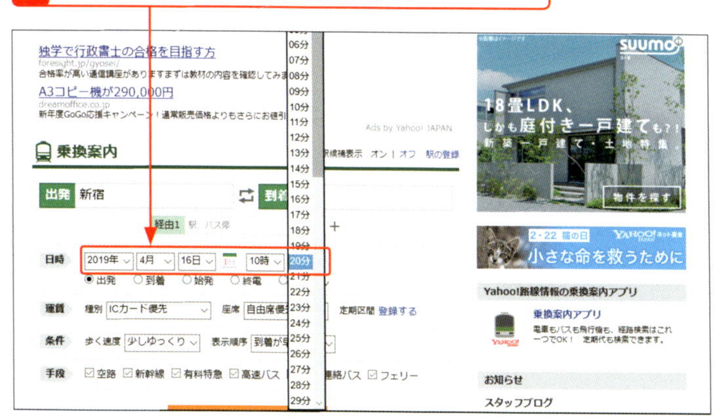

2 日時を確認します。

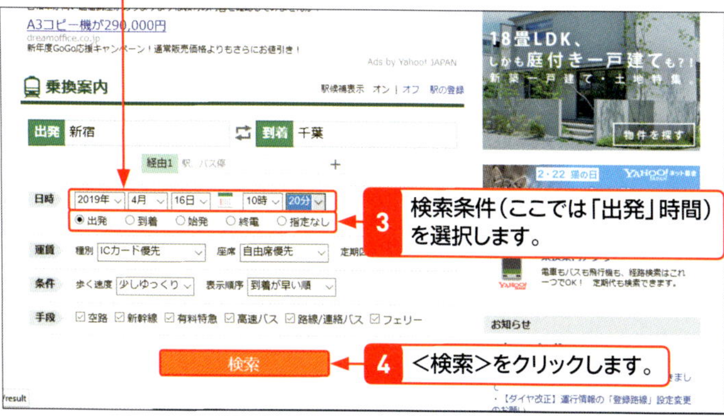

3 検索条件(ここでは「出発」時間)を選択します。

4 <検索>をクリックします。

5 検索結果が表示されたら、画面をスクロールします。

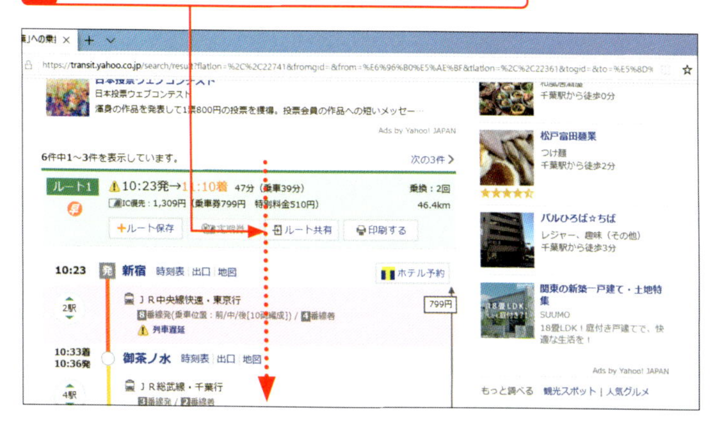

6 ルートや時間、料金が表示されます。

メモ 乗換案内を確認する

乗換ルートの検索結果には、ルートのほかに、時間、運賃などが表示されます。画面をスクロールして検索結果を確認しましょう。また、画面の下を表示すると、検索条件を変更して検索し直すこともできます。

ステップアップ 時刻表を見る

ヤフーの路線のページからは、時刻表を調べることもできます。それには、<時刻表>をクリックして、表示する駅を入力して検索します。続いて表示される画面で駅名や路線などを選択すると、時刻表が表示されます。

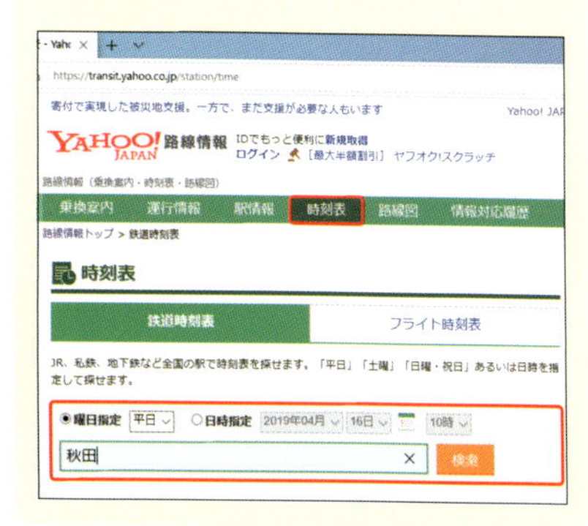

Section 32 テレビ番組表を確認しよう

覚えておきたいキーワード
- ホームページ
- テレビ
- 番組表

ヤフーのページで今日のテレビの番組表をチェックしてみましょう。一週間後の番組表まで確認できます。また、AMやFMラジオの番組表を見ることもできます。番組の詳細ページを表示すると、出演者や番組内容も見られます。見たい番組を探してみましょう。

1 テレビのページを表示する

メモ テレビの番組表を見る

テレビの番組表を表示します。今日の番組表を見るには<今日の番組表を見る>をクリックします。明日の番組表を見たい場合などは、下に表示される日付をクリックします。

ヒント ラジオ番組表を見る

ラジオの番組表を見るには、テレビのページの上部にある<ラジオ番組表>をクリックします。ラジオ番組表では、AMラジオとFMラジオを切り替えて表示できます。

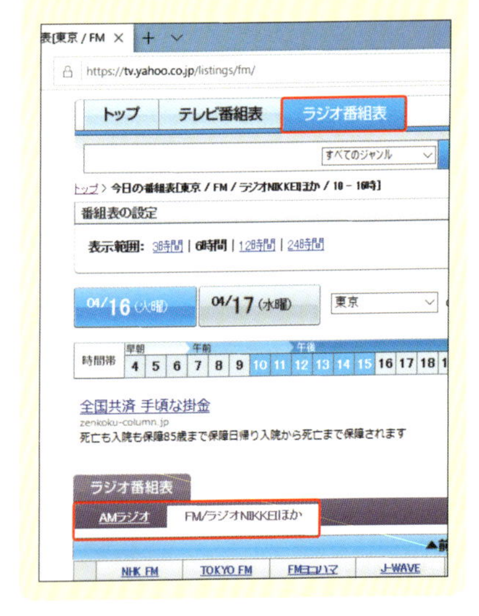

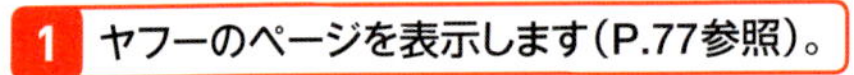

1 ヤフーのページを表示します(P.77参照)。

2 <テレビ>をクリックします。

3 テレビのページが表示されたら、画面を下方向にスクロールします。

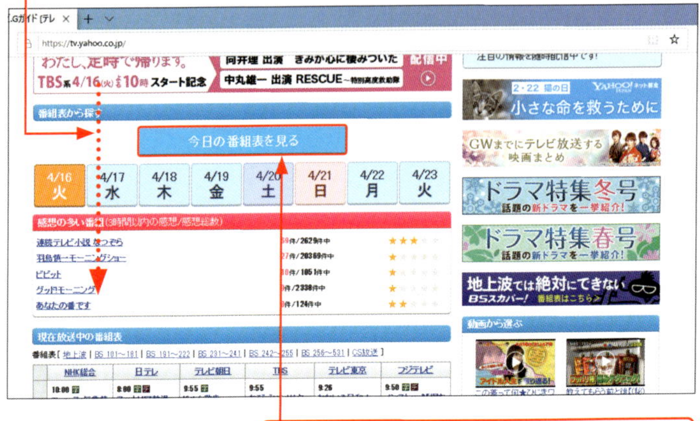

4 <今日の番組表を見る>をクリックします。

2 番組表を見る

1 番組表が表示されます。

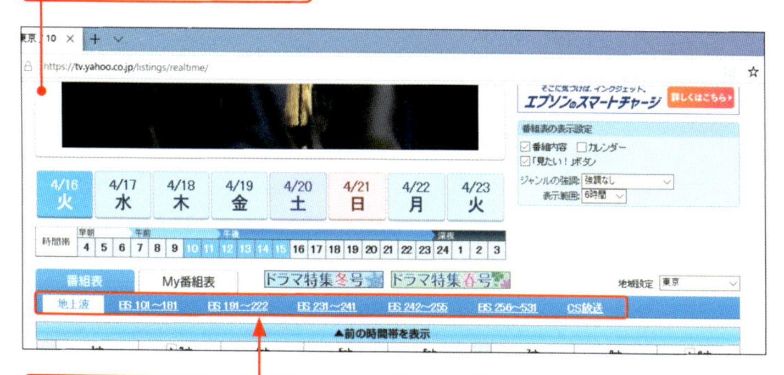

2 地上波やBSなどをクリックして選択します。

3 画面をスクロールします。

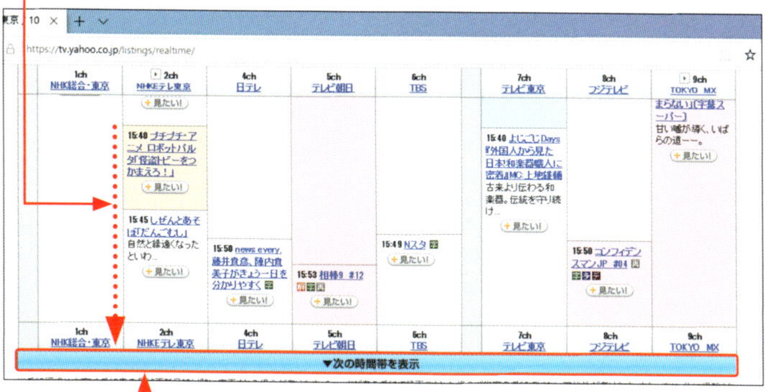

4 ここをクリックします。

5 遅い時間帯の番組表が表示されます。

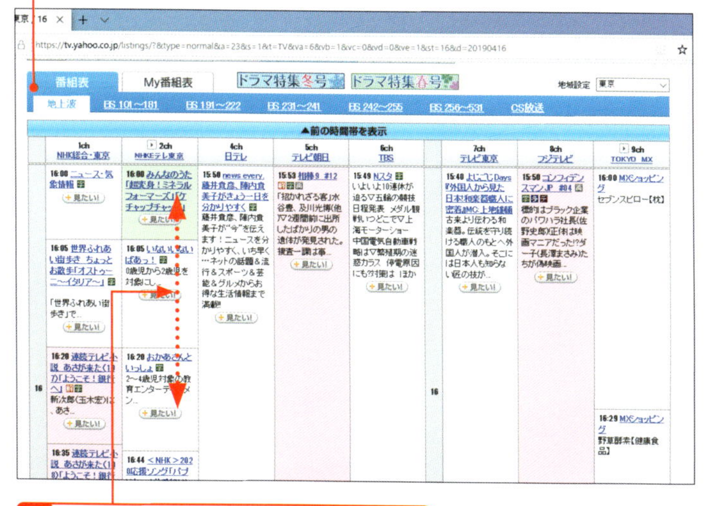

6 画面をスクロールして内容を確認します。

ヒント 番組表や内容を見る

番組表は、数時間単位で表示されます。あとの時間帯を見るには＜次の時間帯を表示＞、前の時間帯を見るには＜前の時間帯を表示＞をクリックして時間を指定します。また、番組名をクリックすると、出演者や番組内容などが表示されます。

ヒント テレビ局のページを見る

番組表の上部に表示されているテレビ局をクリックすると、テレビ局のページが表示されます。テレビ局のページでは、さまざまな番組のホームページが作成されています。番組のホームページを表示すると、より詳しい番組内容をチェックできます。

ステップアップ 地域を設定するには

別の地域のテレビの番組表を見るには、＜地域設定＞をクリックして見たい地域をクリックします。そうすると、指定した地域の番組表が表示されます。

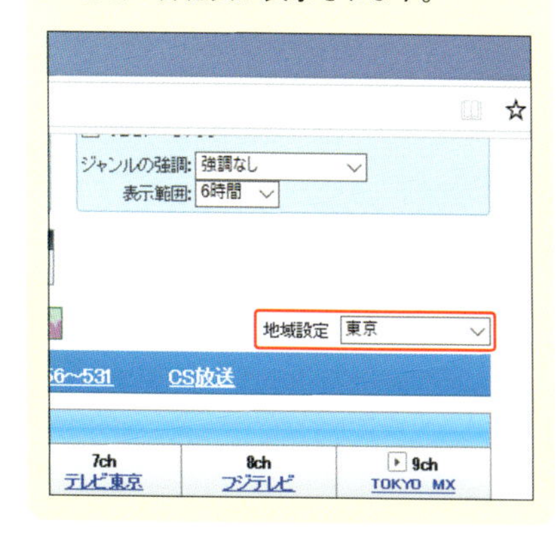

Section 33 YouTubeで動画を見よう

覚えておきたいキーワード
- ホームページ
- YouTube
- 動画サイト

インターネットには、さまざまな動画を投稿する動画サイトがあります。YouTubeは世界最大規模の動画投稿サイトです。世界中の人や企業などがさまざまな動画を投稿しています。ここでは、YouTubeのページを表示して、見たい動画を検索して表示してみましょう。

1 「YouTube」のページを表示する

ヒント YouTubeのトップページを表示する

YouTubeのアドレスを入力してYouTubeのトップページを表示します。YouTubeのトップページには、人気の動画などが表示されていて、ここから見たい動画を探すことができます。また、ここから動画を検索して探すこともできます。

ヒント ジャンルを選んで動画を探す

YouTubeのページの左上のボタンをクリックして動画のジャンルを選択すると、選択したジャンルに属するさまざまな動画が表示されます。選択したジャンルで人気の動画などを見られます。

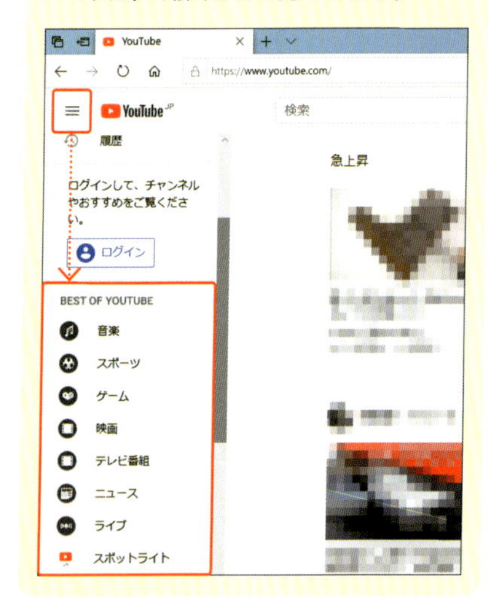

1 YouTubeのアドレス<https://www.youtube.com/>を入力して、YouTubeのページを表示します。

2 検索欄をクリックします。

3 検索キーワードを入力します。

4 ここをクリックします。

2 動画を見る

1 検索結果が表示されます。

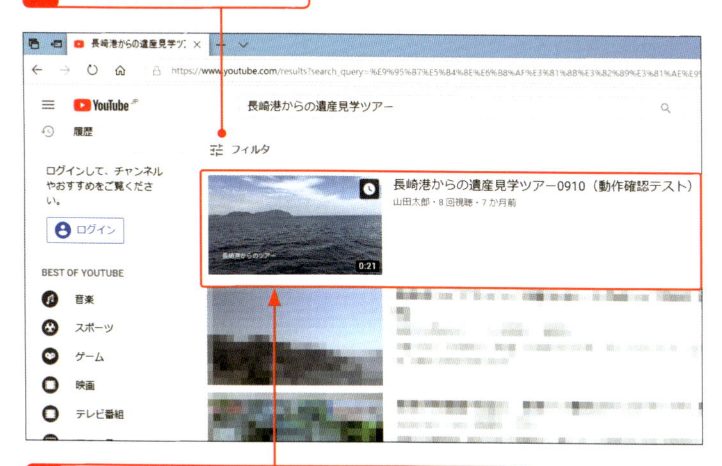

2 画面をスクロールして見たい動画をクリックします。

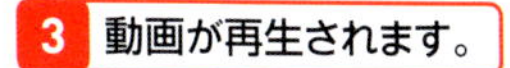

3 動画が再生されます。

4 動画の再生を止めるには<停止>をクリックします。

メモ 動画を再生する

動画の中にポインターを移動すると、動画の長さが表示されます。また、スピーカーの音量や表示画面の大きさなどを指定できるバーが表示されます。必要に応じて設定を変更します。

音量を調整します。

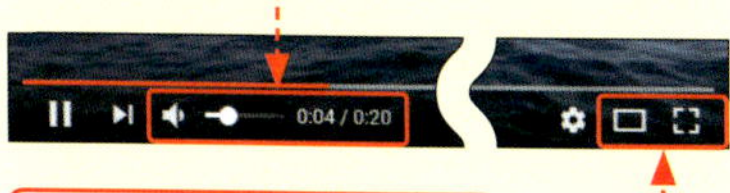

画面サイズを変更します。

ステップアップ 広告を飛ばす

動画再生の開始時や閲覧中に、広告動画が表示される場合があります。広告動画の再生中に動画の右側に 広告をスキップ が表示された場合、 広告をスキップ をクリックすると広告を飛ばして見られます。

Section 34 過去に見たホームページを表示しよう

覚えておきたいキーワード
- 履歴
- 履歴削除
- お気に入り

ホームページを見ると、閲覧履歴が自動的に残ります。たとえば、先週見たホームページをもう一度見たいけどホームページのアドレスがわからない場合などは、閲覧履歴の一覧を表示して過去に見たホームページを表示したりできます。

1 閲覧履歴を表示する

メモ 履歴を表示する

ホームページの閲覧履歴は、ホームページを見た時期ごとにまとめられています。時期の先頭の[>]をクリックすると、その時期に見たページの表示／非表示を切り替えられます。

ヒント 履歴がない場合

手順2の<履歴>が表示されていない場合は、左上の[>]をクリックするとナビゲーションビューが展開して項目名が表示されます。[>]で表示／非表示を切り替えられます。

ヒント アドレスバーから前に見たページを表示する

アドレスバーに検索キーワードやアドレスの一部を入力すると、履歴情報から過去に見たページの一覧が表示される場合があります。見たい項目をクリックすると、指定したページが表示されます。

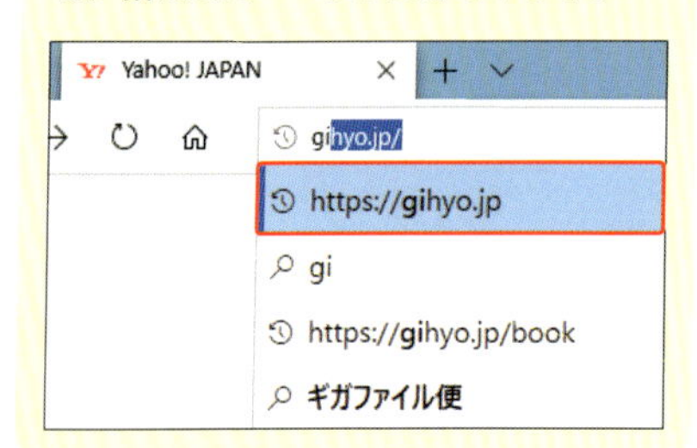

1 <お気に入り>をクリックします。

2 <履歴>をクリックします。

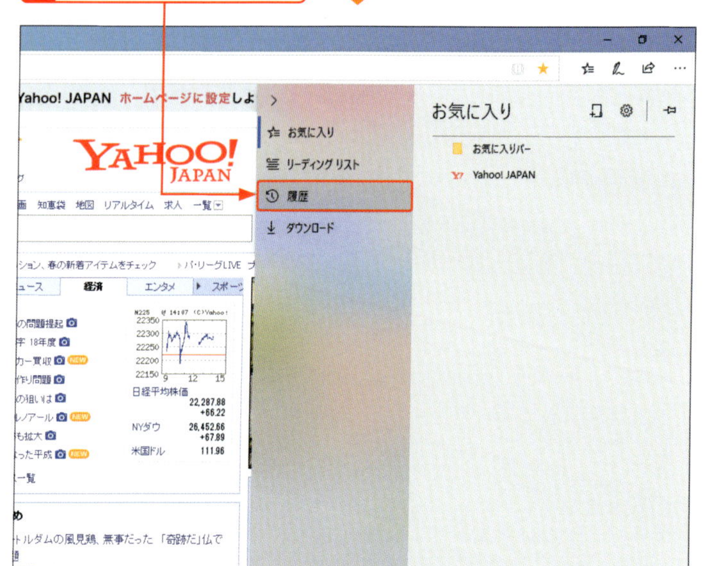

2 履歴からページを表示する

1 履歴の一覧が表示されます。

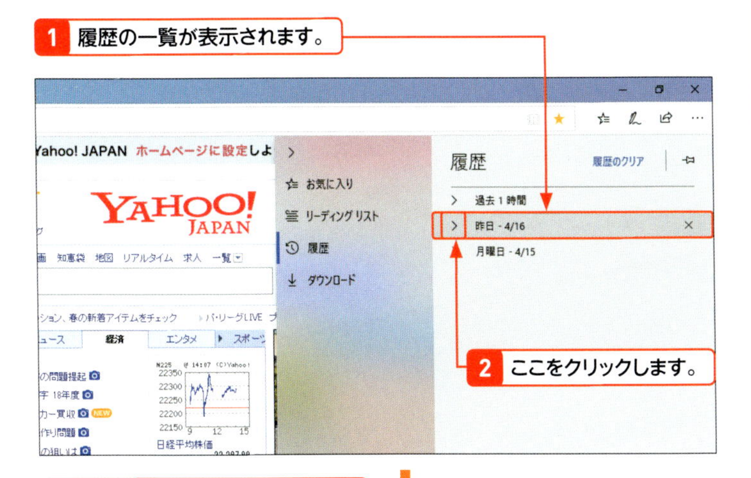

2 ここをクリックします。

3 見たいページをクリックします。

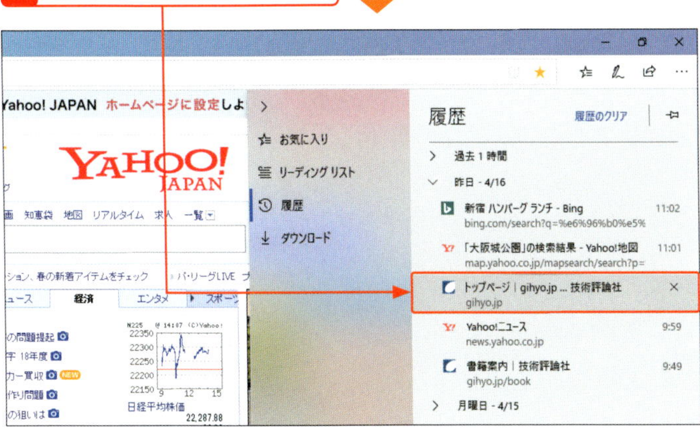

4 ページが表示されました。

ヒント 履歴を削除する

ホームページを閲覧したときの履歴は、<×>をクリックして削除することもできます。履歴を誰かに見られたくない場合などは、履歴を削除しておきましょう。すべての閲覧履歴を削除するには、履歴の表示画面で<履歴をクリア>をクリックします。続いて、削除する内容を指定します。<閲覧履歴>にチェックが付いていることを確認して<クリア>をクリックします。

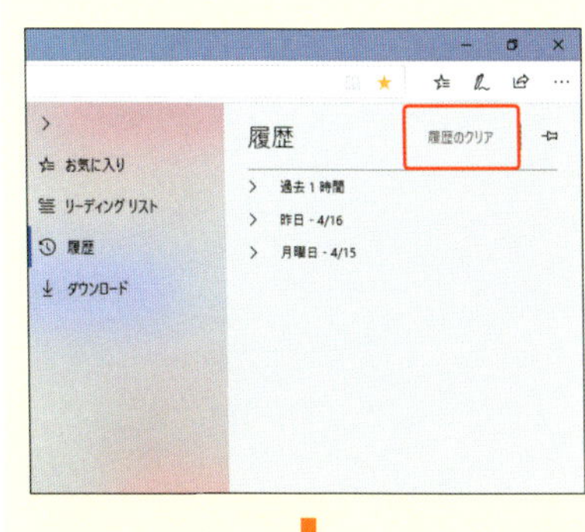

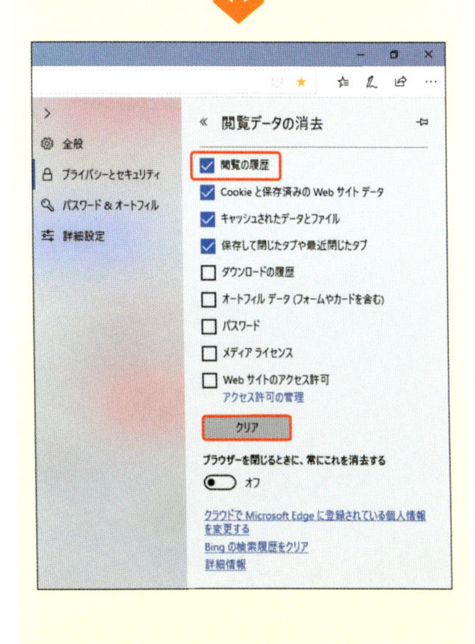

Section 35

ホームページを印刷しよう

覚えておきたいキーワード
- ホームページ
- 印刷
- 閉じる

ホームページの内容を印刷して持ち歩くには、「Microsoft Edge」でホームページを印刷します。パソコンとプリンターを接続し、プリンターに用紙が入っていることを確認してからホームページを印刷しましょう。ここでは、路線情報の時刻表のページを印刷します。

1 印刷を実行する

1 印刷するページを開いておきます。

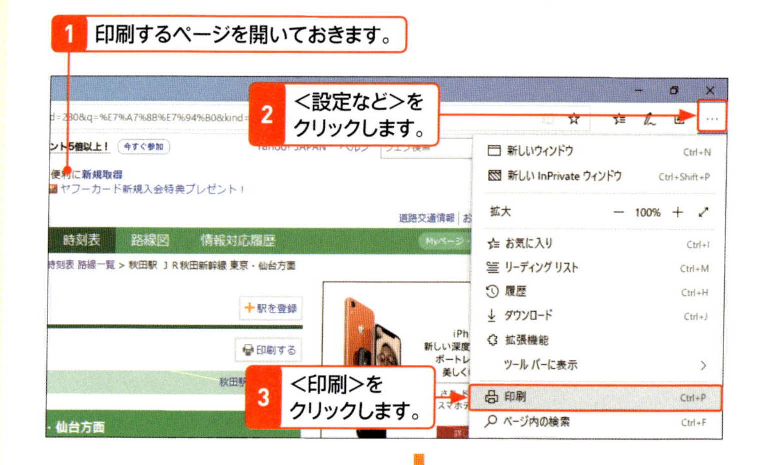

4 <印刷>画面が表示されます。

6 <印刷>をクリックすると印刷が実行されます。

ヒント 印刷時の設定を変更する

印刷の画面では、左側に印刷時の設定をする項目が表示されます。たとえば、2部印刷するには、<印刷部数>に<2>と指定します。

ヒント 「Microsoft Edge」を終了する

「Microsoft Edge」を終了するには、ウィンドウの右上の<閉じる>をクリックします。

ヒント 終了時にメッセージが表示されたら

エッジを終了するとき、「Microsoft Edge」で複数のタブを表示しているときは（P.70参照）、すべてのタブを閉じるかどうかメッセージが表示されます。すべてのタブを閉じて終了するには、<すべて閉じる>をクリックします。

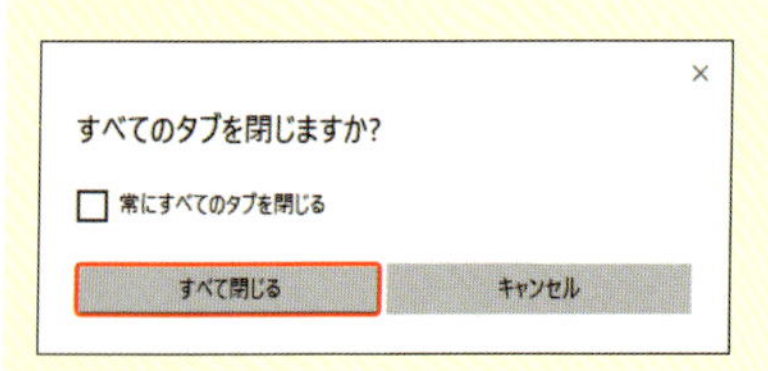

Chapter 04

第4章

メールをやり取りしよう

Section 36 「メール」アプリを起動しよう

覚えておきたいキーワード
- メール
- アカウント
- Microsoft アカウント

メールのやり取りをするには、メールのやり取りをするアプリを利用する方法があります。Windows 10には、メールをやり取りする「メール」アプリが付属しています。スタートメニューから「メール」アプリを起動して、メールをやり取りする準備をしましょう。

1 「メール」アプリを起動する

メモ 「メール」アプリを起動する

「メール」アプリを初めて起動したときは、<メールへようこそ！>の画面が表示されて使用するアカウントを指定します。アカウントを追加するときは、追加するアカウントの種類をクリックしてアカウントを指定します。プロバイダーのメールアドレスを使用する場合は、<その他のアカウント>を選択して指定します（P.216参照）。前に「メール」アプリを使用したことがある場合は、「メール」アプリの画面がすぐに表示されます。

1 <スタート>ボタンをクリックします。

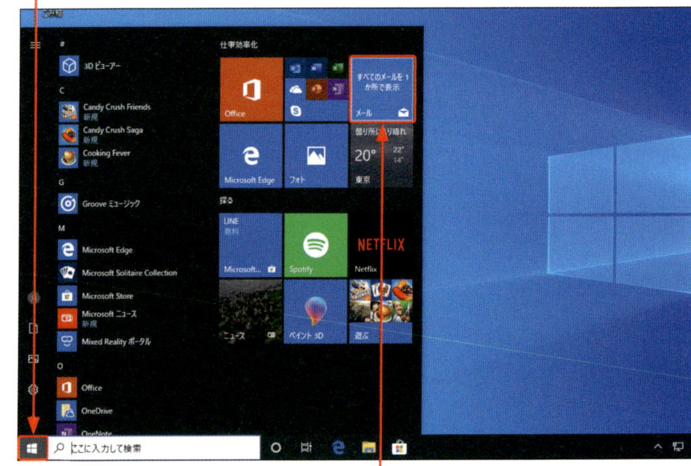

2 「メール」アプリのタイルをクリックします。

3 次の画面が表示された場合は、「メール」アプリでメールをやり取りするアカウント（ここでは、Microsoft アカウント）をクリックします。

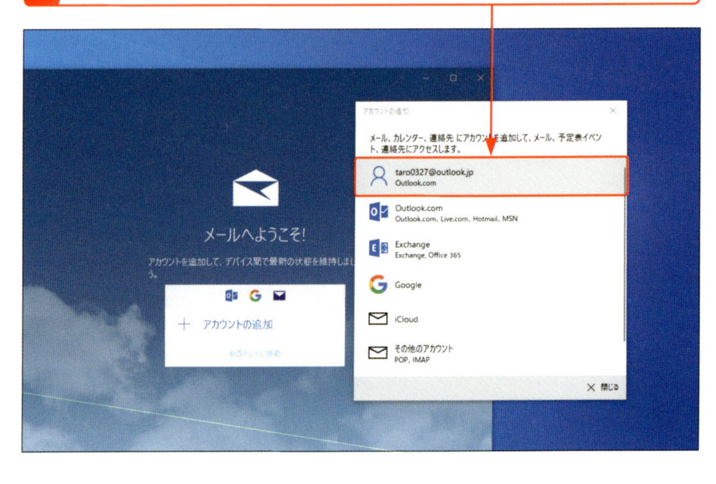

ヒント Microsoft アカウントでメールをやり取りする

Microsoft アカウントでパソコンを使用している場合、「メール」アプリを起動すると、「メール」アプリに Microsoft アカウントでメールをやり取りするためのアカウントが自動的に表示されます。ここでは、Microsoft アカウントでメールをやり取りする方法を紹介します。

2 「メール」アプリを大きく表示する

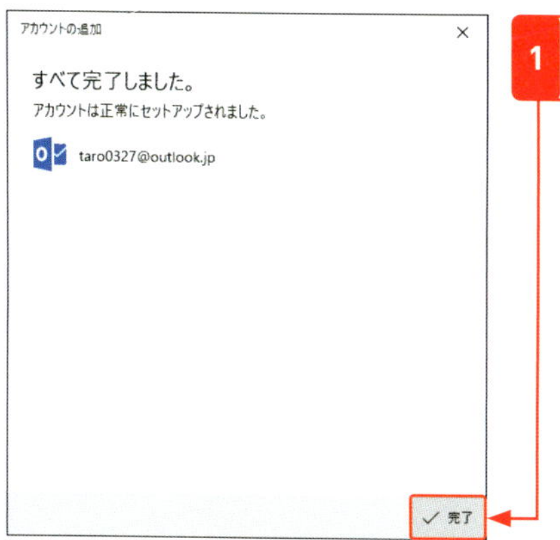

1 次の画面が表示されたら、<完了>をクリックします。

2 「メール」アプリが起動します。

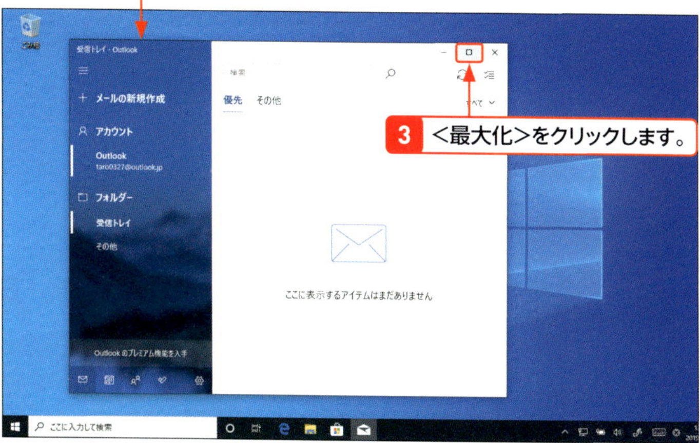

3 <最大化>をクリックします。

4 「メール」アプリのウィンドウが大きく表示されます。

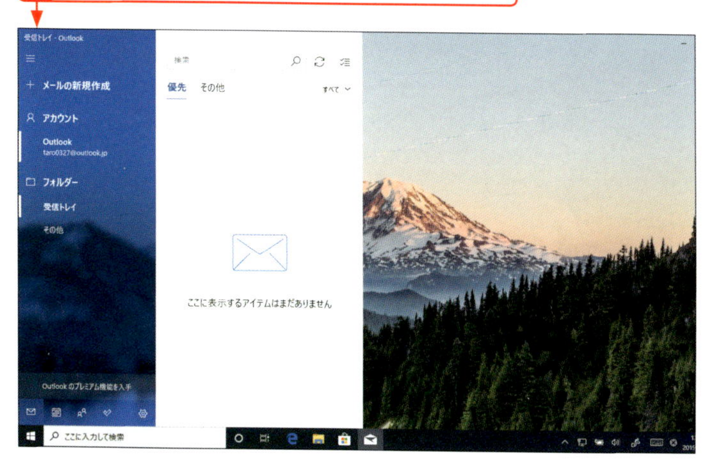

キーワード アカウント

アカウントとは、インターネット上のサービスやメールをやり取りするサービスなどを受ける権利のことです。アカウントによって使用するユーザーが区別されます。メールをやり取りするには、メールのアカウントの情報を「メール」アプリに登録します。

ヒント 画面が変わる場合もある

Windows 10は、機能を追加したり改良したりする更新プログラムを自動的にダウンロードして、インストールするしくみになっています。Windows 10に付属するさまざまなアプリも、新しいバージョンに自動的に更新されることがあります。そのため、表示される画面は、本書の画面と変わる場合もあります。

Section 37 「メール」アプリの各部名称を知ろう

覚えておきたいキーワード
- 受信トレイ
- 送信済みアイテム
- 閲覧ウィンドウ

「メール」アプリの画面各部の名称と役割を確認しておきましょう。「メール」アプリでは、画面の左側で選択したメールが右側の大きな枠に表示されます。メールは、いくつかのフォルダーにわかれて保存されています。各フォルダーの役割も知っておきましょう。

1 「メール」アプリの各部名称と役割

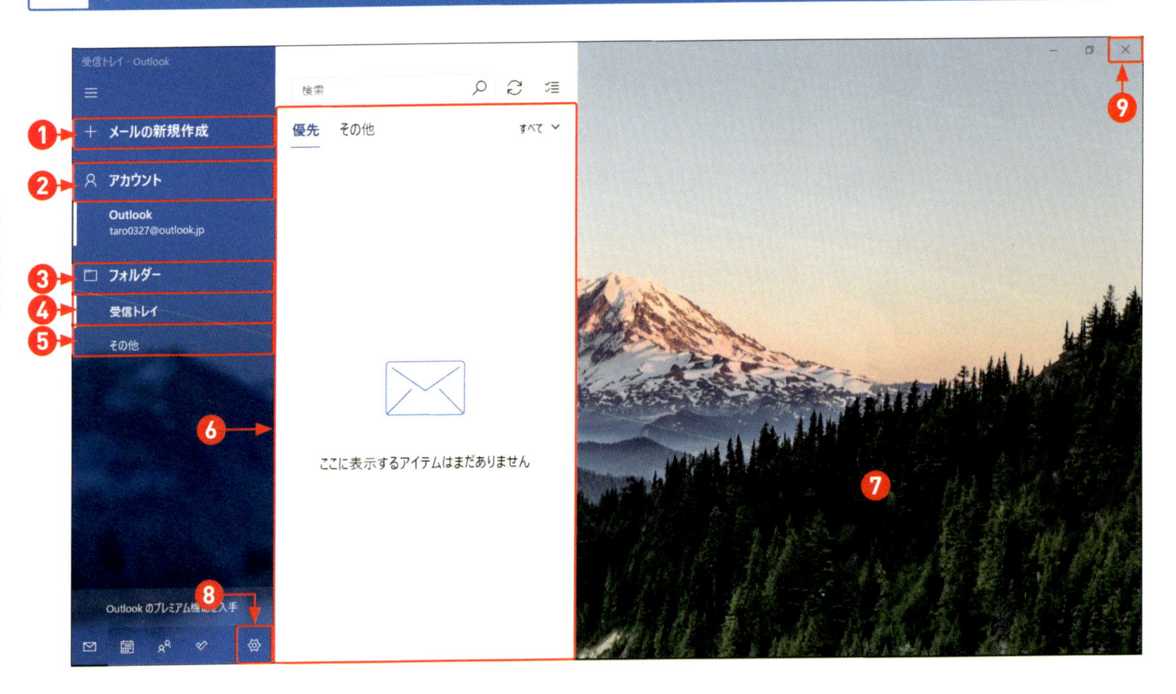

❶メールの新規作成
新しいメールを作成します。

❷アカウント
登録されているメールアカウントが表示されます。

❸フォルダー
表示するフォルダーを選択するときに使用します。

❹受信トレイ
受信したメールが保存されるところです。

❺その他
表示されていないフォルダーを表示するときに使用します。

❻メッセージリスト
左側で選択しているフォルダーに入っているメールの一覧が表示されます。

❼閲覧ウィンドウ
メッセージリストで選択しているメールの内容が表示されます。

❽設定
「メール」アプリの設定を変更したり、新しいアカウントを追加したりするときに使います。

❾閉じる
クリックすると、「メール」アプリが終了します。

2 項目の表示方法を変更する

1 ここをクリックします。

2 左側に表示されていた項目名が非表示になります。

3 ここをクリックします。

4 項目名が表示されます。

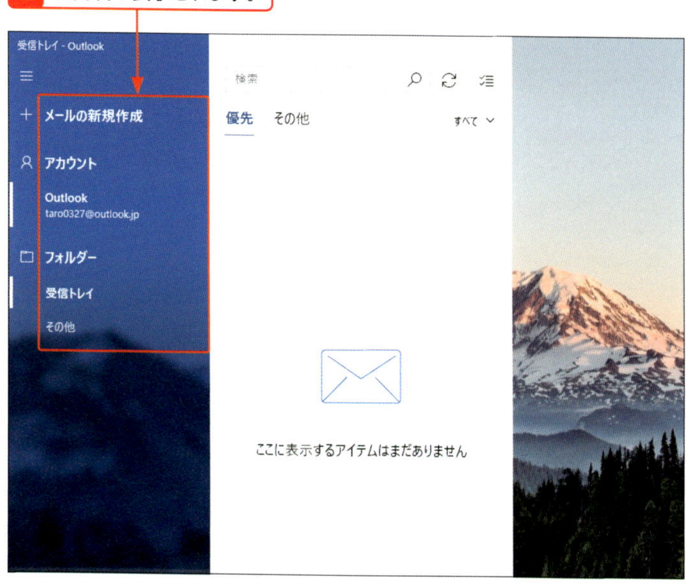

メモ 項目名の表示／非表示を切り替える

「メール」アプリの左上のボタンをクリックすると、左側の項目名を表示するかどうか切り替えられます。左側の項目名を非表示にすると、メールの閲覧ウィンドウが広くなりますので、メールの内容が読みやすくなります。

ヒント フォルダーを選択する

左側の項目名が非表示のときも、<フォルダー>をクリックすると、フォルダー一覧が表示されます。見たいフォルダーをクリックすると、そのフォルダーの中身がメッセージリストに表示されます。

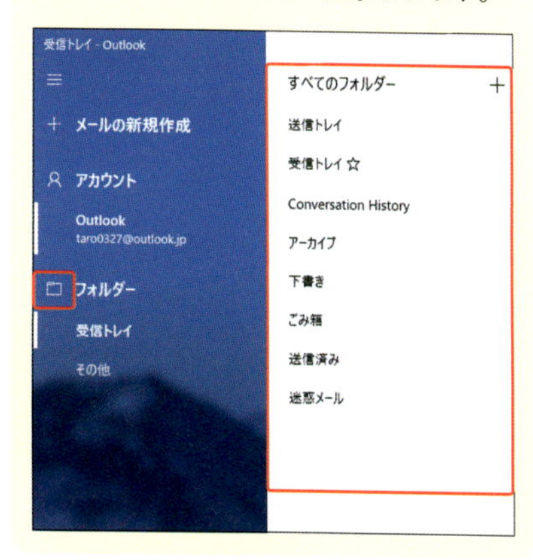

Section 38 メールを受信しよう

覚えておきたいキーワード
- 受信トレイ
- 同期
- 未読

「メール」アプリは、使用状況に応じて自動的にメールが受信されます。また、メールが届いているか手動で確認することもできます。ここでは、メールを受信してメールの内容を表示する方法を紹介します。メッセージリストから見たいメールを選択します。

1 メールを受信する

ヒント 受信トレイに表示されるメールの種類

受信したメールは、受信トレイに入ります。メッセージリストにあるメールの中で、まだ見ていない未読のメールは、青い印が付いています。メールを見ると未読の印が消えます。

1 <受信トレイ>をクリックします。

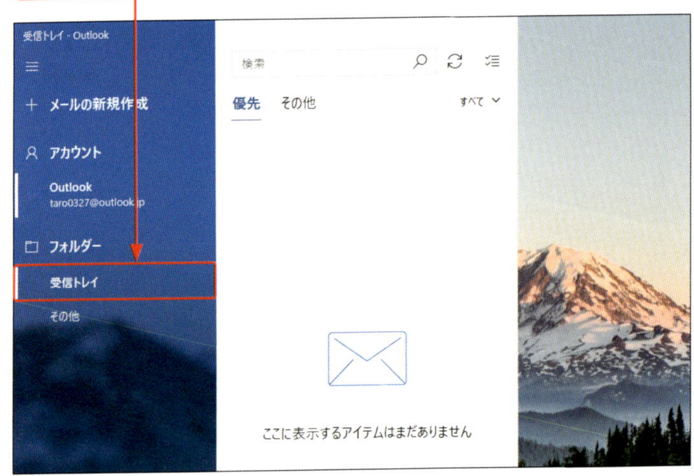

2 <このビューを同期>をクリックします。

メモ メールが届いていない場合

メールが届いていない場合は、メッセージリストに新着メッセージは表示されません。メッセージリストの下に「最新の状態です」と表示されます。

2 メールを見る

1 メッセージリストで、未読のメールの項目をクリックします。

2 閲覧ウィンドウにメールの内容が表示されます。

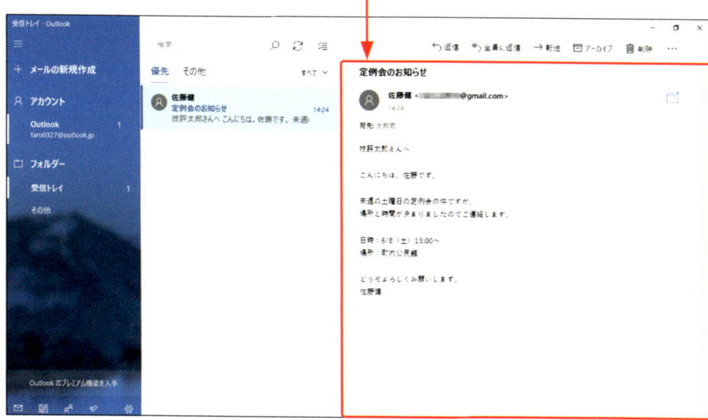

3 ほかのメールやメールの項目をクリックします。

4 未読の印が消えます。

メモ 受信したメールを見る

<受信トレイ>には、受信したメールが表示されます。また、未読のメールがある場合は、未読メールの数がフォルダーの横に表示されます。

ヒント メールを未読や開封済みにする

未読メールを見ると、自動的に未読の印が消えて開封済みのメールになります。開封済みのメールを未読に戻すには、メッセージリストで未読にしたいメールの項目を右クリックして、<未読にする>をクリックします。逆に未読メールを開封済みにするには、メールの項目を右クリックして<開封済みにする>をクリックします。

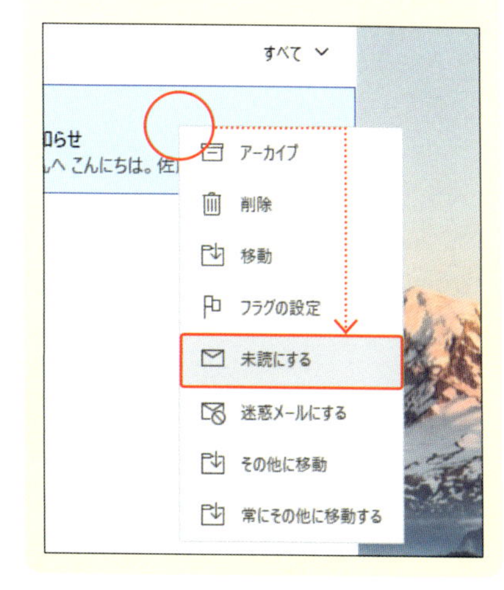

Section 39 メールを送信しよう

覚えておきたいキーワード
- ☑ 新規メール
- ☑ 送信済みアイテム
- ☑ 署名

「メール」アプリで新しいメールを作成して送信してみましょう。まずは、メールの作成画面を開き、宛先を指定します。続いて、メールの件名や本文を入力します。メールを送信すると、<送信済みアイテム>にメールが入ります。<送信済みアイテム>を開いてメールを確認します。

1 新しいメールを作成する

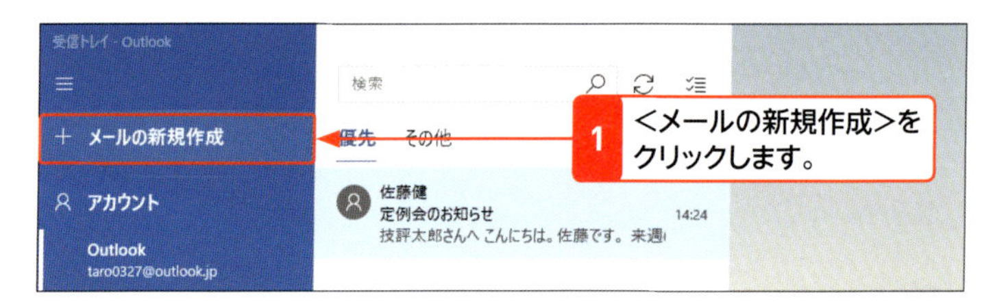

2 メールを作成する画面が表示されます。

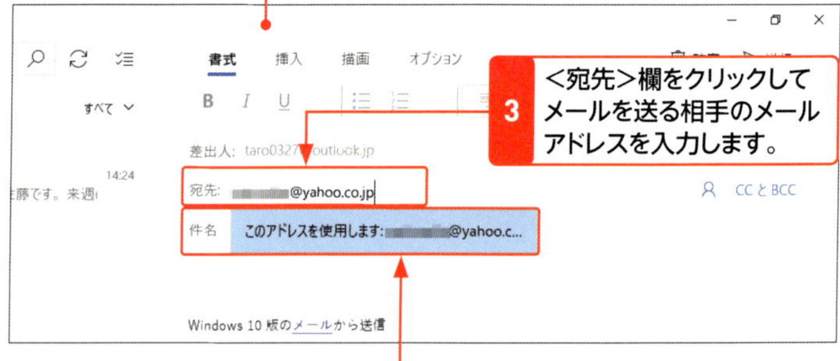

4 表示される<このアドレスを使用します>をクリックします。

ヒント 複数の人にメールを送るには

同じメールを複数の人に送るには、宛先を入力したあとに表示される<このアドレスを使用します：>をクリックします。続いて、最初に入力した宛先のあとに2人目のメールアドレスを入力します。

ステップアップ CCやBCCとは

<宛先>欄の右の<CCとBCC>をクリックすると、CCやBCCにメールアドレスを指定する画面が表示されます。たとえば、<宛先>に山田さん、<CC>に田中さん、<BCC>に斉藤さんを指定したりできます。それぞれの違いは、次の表を参照してください。

項目	説明
宛先	メールを送る相手を指定します。宛先に指定された人は、宛先やCCに誰が指定されているかわかりますが、BCCに誰が指定されているかはわかりません。
CC	このメールの内容に対して返信は不要だが参考に見て欲しい人という位置づけの人を指定します。CCに指定された人は、宛先やCCに誰が指定されているかわかりますが、BCCに誰が指定されているかはわかりません。
BCC	このメールの内容に対して返信は不要だが参考に見て欲しい人という位置づけの人を指定します。BCCに指定された人は、宛先やCCに誰が指定されているかわかりますが、宛先やCCに指定された人からは、誰がBCCに指定されているかがわからないようになっています。

2 メールを送信する

1 <件名>欄をクリックしてメールの件名を入力します。

2 <本文>を入力する欄をクリックして本文を入力します。

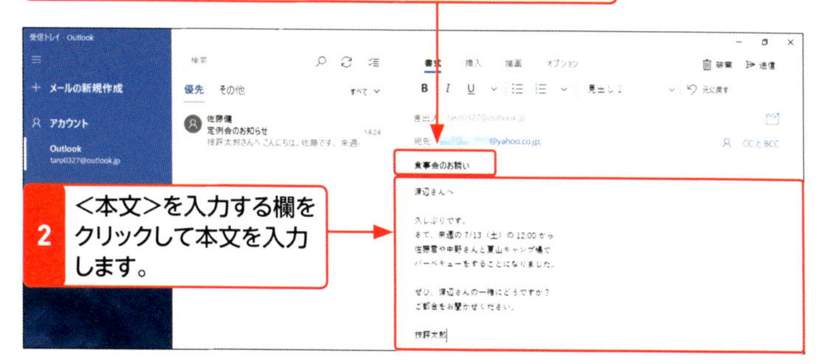

3 <送信>をクリックします。

4 メールが送信されます。

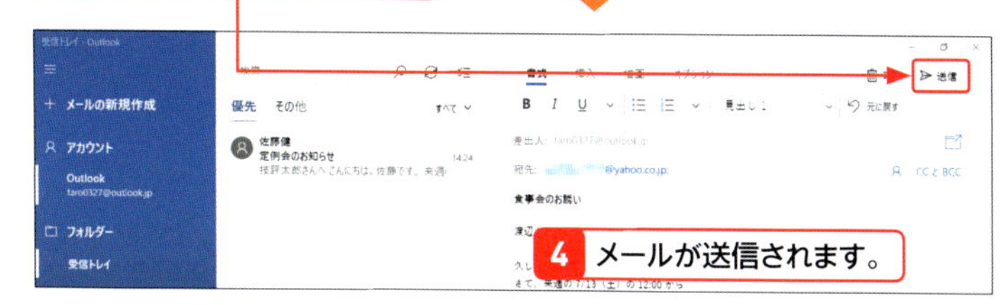

5 <フォルダー>をクリックします。

6 <送信済み>をクリックします。

7 送信されたメールが表示されます。

メモ メールを送信する

送信したメールの内容を確認するには、フォルダーの一覧から<送信済みアイテム>をクリックします。メッセージリストからメールの項目をクリックすると、メールの内容が表示されます。

ヒント メールの作成をやめるには

新規メールを作成してメールを作成すると、作成中のメールが<下書き>フォルダーに保存されます。メールの作成中にメールの作成を止める場合は、画面上部の<破棄>をクリックします。続いて表示される画面で<破棄>をクリックします。

ステップアップ 署名を作成するには

新しいメールを作成したときに、自動的にメールの署名が表示されるようにするには、署名の内容を登録しておきます。それには、<設定>をクリックして、<署名>をクリック。表示される画面で署名の内容を入力します。

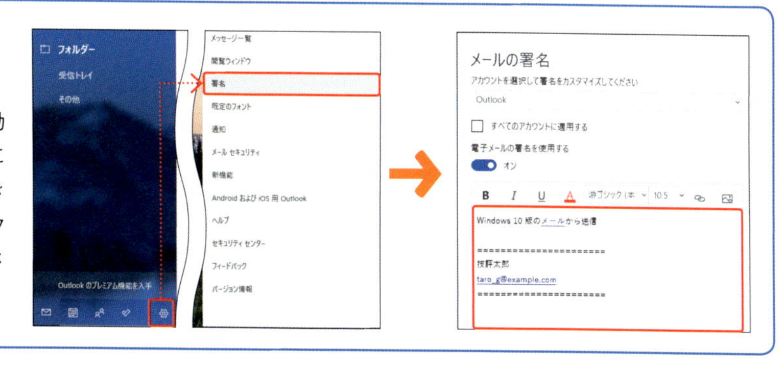

Section 40

メールを返信・転送しよう

覚えておきたいキーワード
- 返信
- 全員に返信
- 転送

受信したメールに返事を書いて返信しましょう。まずは、返事を書きたいメールを表示してから操作します。相手の宛先を指定しなくても差出人宛てにメールを返信できます。また、受信したメールをほかの誰かにそのまま送信したい場合は、メールを転送する方法があります。

1 返信する準備をする

ヒント 返信メールの作成をやめる

メールに返信するには、返信するメールを表示して＜返信＞をクリックします。違うメールが表示されている状態で＜返信＞をクリックしてしまった場合は、＜破棄＞をクリックしてメールの作成をキャンセルします。

ステップアップ 全員に返信する

メールの宛先やCCに複数の人が指定されているメールに返信を書くとき、全員に向けて返信する場合は、＜全員に返信＞をクリックします。そうすると、宛先やCCに指定されている複数の人に同じメールを送信できます。

1 返事を書きたいメールを表示します（P.101 参照）。

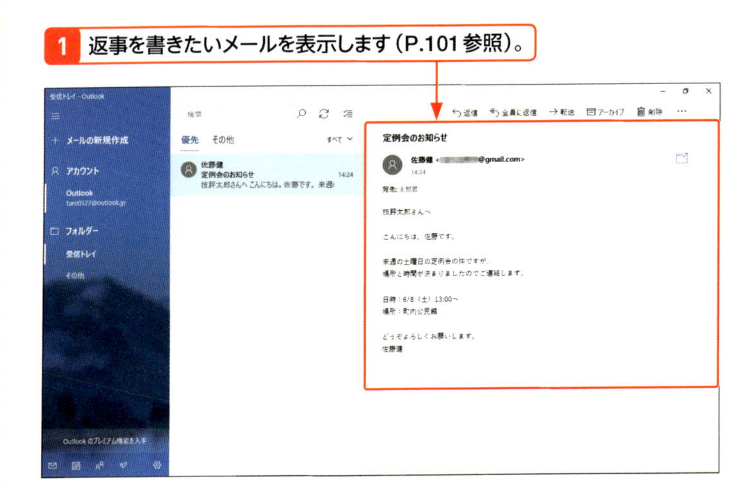

2 ＜←返信＞をクリックします。

2 返信メールを送信する

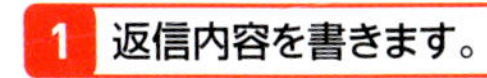
1 返信内容を書きます。

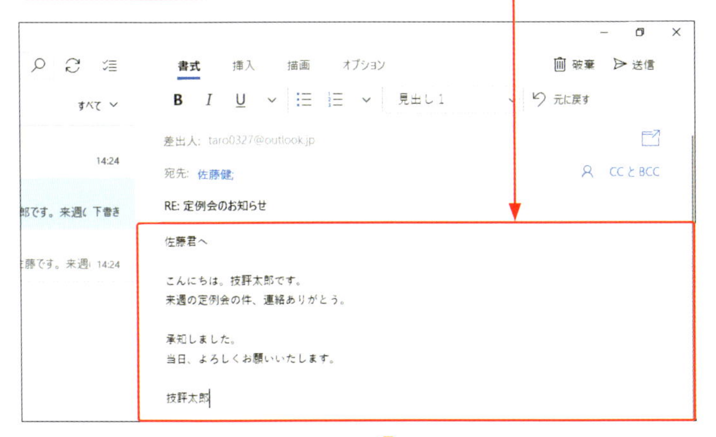

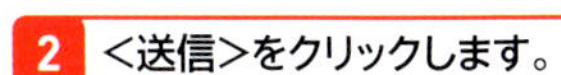
2 <送信>をクリックします。

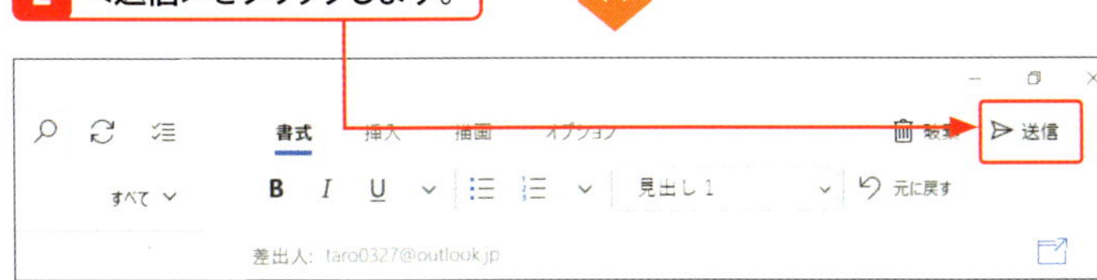

3 メールが返信されます。

4 <フォルダー>をクリックします。

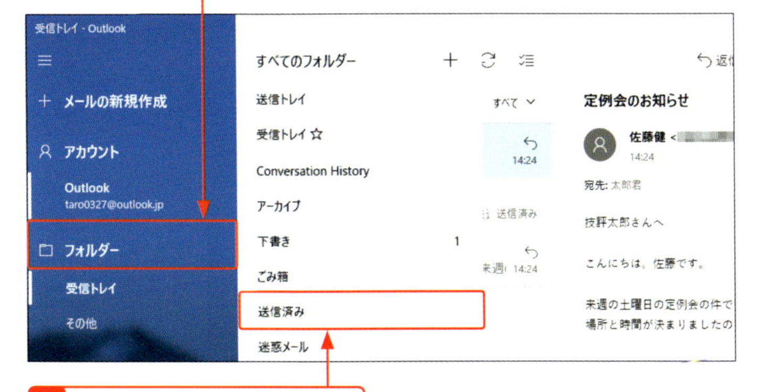

5 <送信済み>をクリックします。

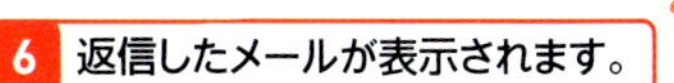
6 返信したメールが表示されます。

メモ 返信メール

＜返信＞をクリックすると、選択したメールの差出人へメールを返信する画面が表示されます。本文の欄には、どのメールへの返信かがわかるようにメールの内容が表示されます。また、メールの件名は、先頭に「RE:」の文字が表示されます。

ステップアップ メールを転送する

受信したメールを差出人以外の人に転送するには、＜転送＞をクリックします。そうすると、メールを転送する画面が表示されます。転送先の宛先を指定して、本文を入力して＜送信＞をクリックすると、メールが転送されます。なお、転送メールの件名は、先頭に「FW:」の文字が表示されます。

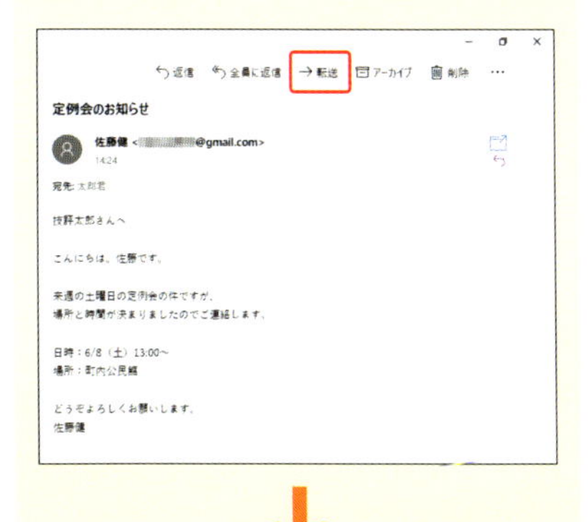

Section 41

メールを削除しよう

覚えておきたいキーワード
- 削除
- フォルダー
- ごみ箱

不用になったメールや、迷惑メールなどが届いたら、メールを削除して整理しましょう。メールを削除すると、＜ごみ箱＞（または＜削除済みアイテム＞）の中に入ります。＜ごみ箱＞（または＜削除済みアイテム＞）からもメールを削除すると、メールが削除されます。

1 メールを削除する

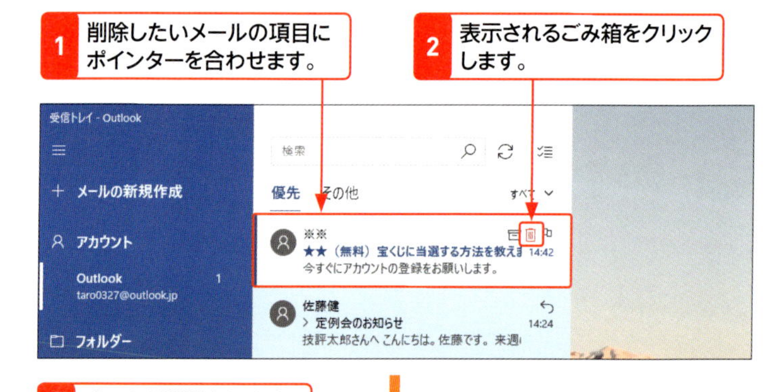

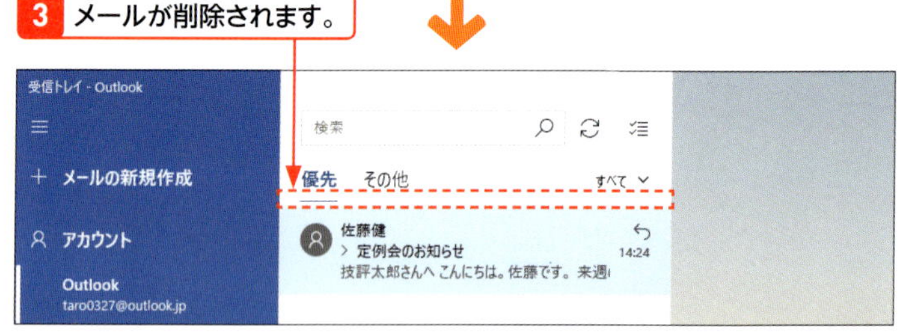

メモ メールを削除する

メールを削除するには、削除したいメールの項目に表示されるごみ箱をクリックします。または、メールの項目をクリックして Delete を押します。

ヒント 削除をキャンセルする

メールを削除した直後、メッセージリストの下に赤いメッセージが表示されます。メッセージ内の＜元に戻す＞をクリックすると、メールを削除する操作がキャンセルされます。

2 ごみ箱からも削除する

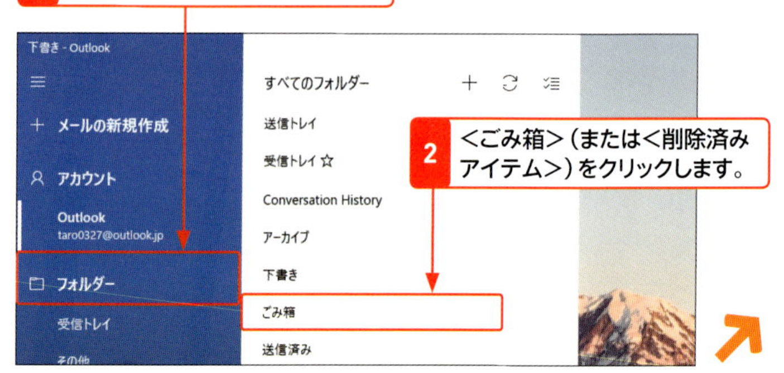

ヒント ＜ごみ箱＞（または＜削除済みアイテム＞）からメールを取り戻す

メールを間違って削除してしまった場合、＜ごみ箱＞（または＜削除済みアイテム＞）からメールを取り戻すこともできます。それには、＜ごみ箱＞（または＜削除済みアイテム＞）で対象のメールの項目を右クリックして、＜移動＞をクリックします。続いて表示される画面で移動先のフォルダーをクリックします。

3 <ごみ箱>(または<削除済みアイテム>)の中身が表示されます。

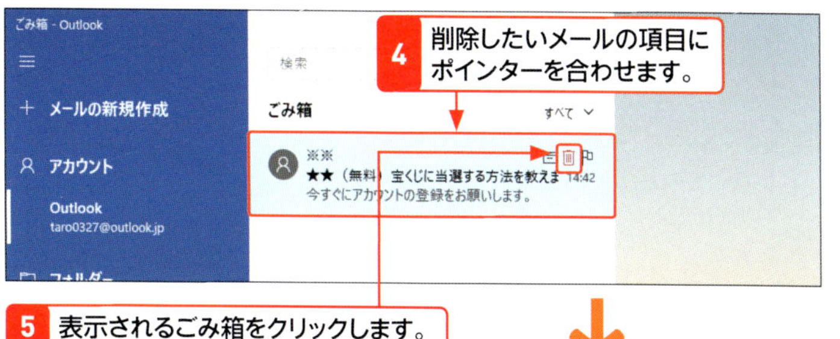

4 削除したいメールの項目にポインターを合わせます。

5 表示されるごみ箱をクリックします。

6 <ごみ箱>(または<削除済みアイテム>)からメールが削除されます。

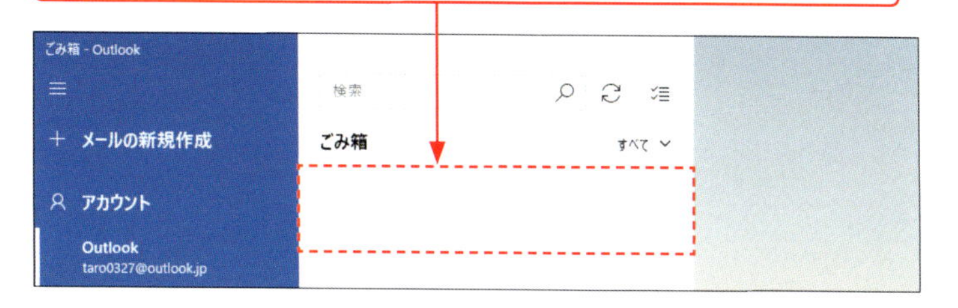

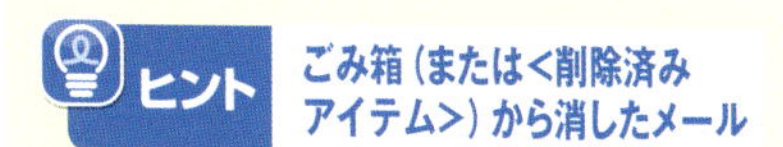

ヒント ごみ箱(または<削除済みアイテム>)から消したメール

ごみ箱(または<削除済みアイテム>)から削除したメールは、元に戻せませんので注意しましょう。

ヒント メールが表示されない

メールを削除していないのにメールが表示されない場合は、メールのダウンロードする期間を確認しましょう。<設定>をクリックして<アカウントの管理>をクリックします。続いて設定をするアカウントをクリックし、表示される画面で<メールボックスの同期の設定を変更>をクリックし、<メールをダウンロードする期間>をクリックしてダウンロードするメールの期間を指定します。

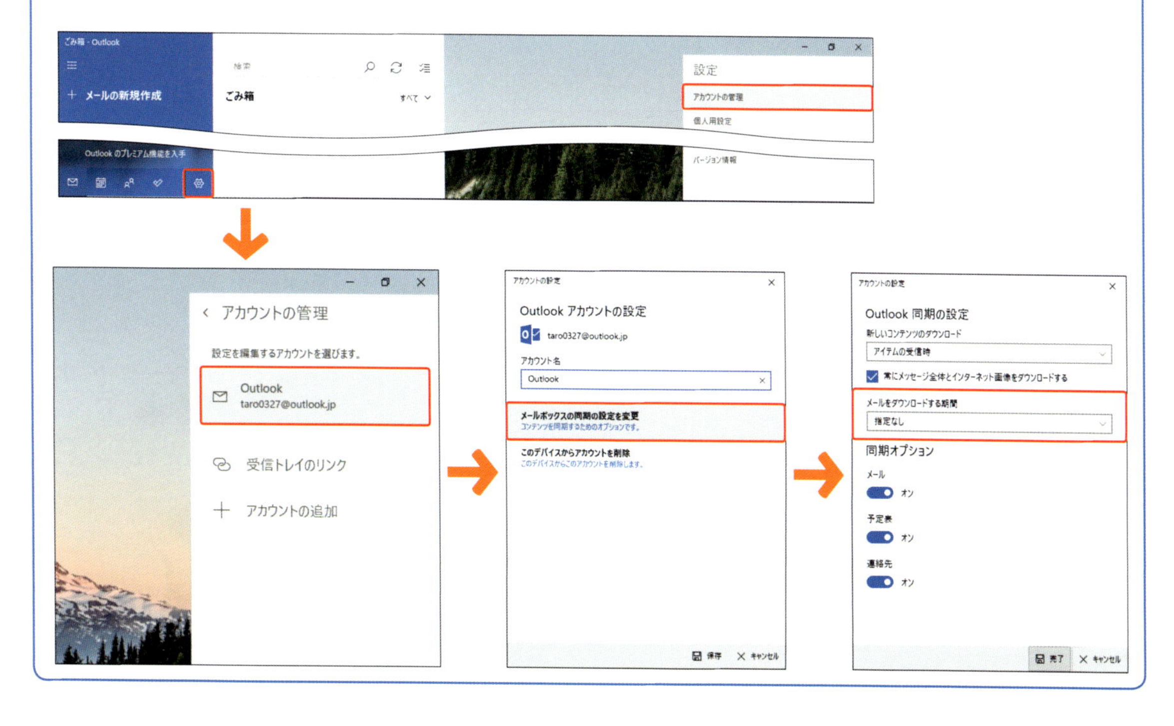

Section 42

ファイルを添付して送信しよう

覚えておきたいキーワード
- 添付ファイル
- 写真
- ファイルサイズ

メールには、パソコンで作成したファイルを添付して送信できます。ここでは例として、7章で作成するワードのファイルをメールに添付して送信する方法を紹介しています。メールの作成画面からファイルを添付する画面を表示して、ファイルの保存先や添付するファイルを選択します。

1 ファイルを添付する準備をする

メモ ファイルを添付する

「Excel」や「Word」などで作成したファイルを添付する場合は、<ファイルの添付>をクリックして、添付するファイルを選択します。メールの本文に写真を貼る方法は、P.109を参照してください。

1 新しいメールを作成しておきます（P.102参照）。

2 <挿入>タブをクリックし、

3 <ファイル>をクリックします。

4 添付ファイルの保存場所を指定します。

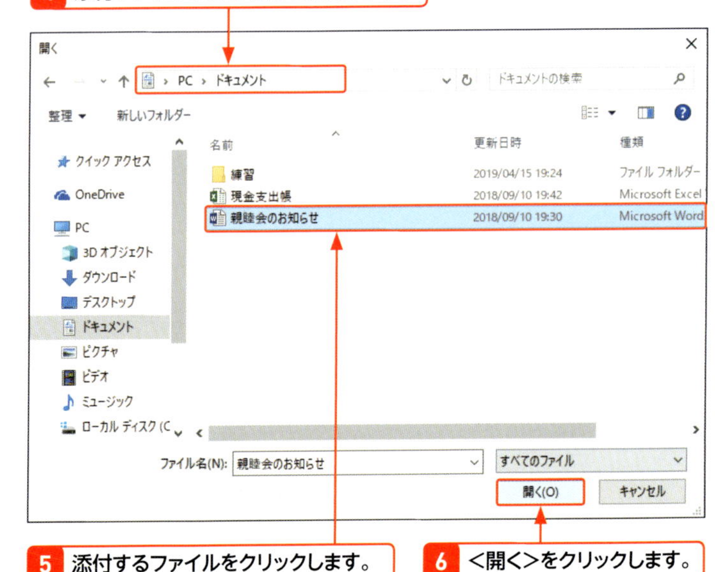

5 添付するファイルをクリックします。

6 <開く>をクリックします。

ヒント ファイルサイズに注意する

添付ファイルのファイルサイズが大きすぎると、メールの送信や受信に時間がかかったり、送信や受信ができなくなったりする場合もありますので、注意が必要です。必要に応じてファイルを圧縮するなどして、数メガバイト程度に抑えておくとよいでしょう。

2 メールを送信する

1 ファイルが添付されます。

2 <送信>をクリックします。

3 添付ファイル付きのメールが送信されます。

ヒント 添付ファイルを削除する

ファイルを添付したあとに、添付ファイルを削除したい場合は、添付ファイルのアイコンの横に表示される<×>の<添付ファイルの削除>をクリックします。

ヒント 写真をメール本文に貼る

メールに写真ファイルを添付して送るときは、メール内に写真を貼り付けることもできます。それには、写真を添付する場所を選択して<挿入>タブの<画像>をクリックします❶。続いて、ファイルの保存先とファイル名を指定して写真を挿入します❷。追加した写真は、写真の外枠をドラッグして大きさを変更できます。また、写真を選択し、<画像>タブに表示されるボタンを使用して写真を加工することもできます。なお、本文に貼り付けた写真ファイルはファイルサイズが自動的に小さく調整されます。

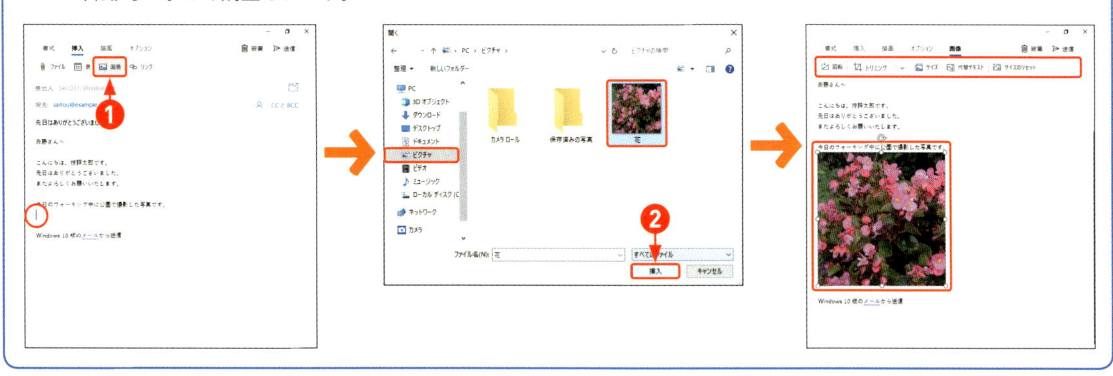

Section 43 添付ファイルを受け取ろう

覚えておきたいキーワード
- ☑ 添付ファイル
- ☑ 写真
- ☑ 保存

メールに添付されている添付ファイルを開いてみてみましょう。ここでは、写真ファイルが添付されたメールを開いて、写真を表示してみましょう。添付ファイルを開くと、添付ファイルを開くアプリが自動的に起動して内容が表示されます。

1 添付ファイル付きのメールを開く

メモ 添付ファイルの付いたメール

添付ファイルの付いたメールの項目には、📎が表示されます。添付ファイルがあるかどうかがひと目でわかります。

ヒント 知らない人からの添付ファイルは開かない

迷惑メールの中には、添付されたファイルを開くとパソコンのウイルスに感染するしくみになっているものがあります。そのため、知らない人から届いたメールに添付ファイルがある場合は、メールを見ずに削除しましょう。

2 添付ファイルを表示する

1 添付ファイルをクリックします。

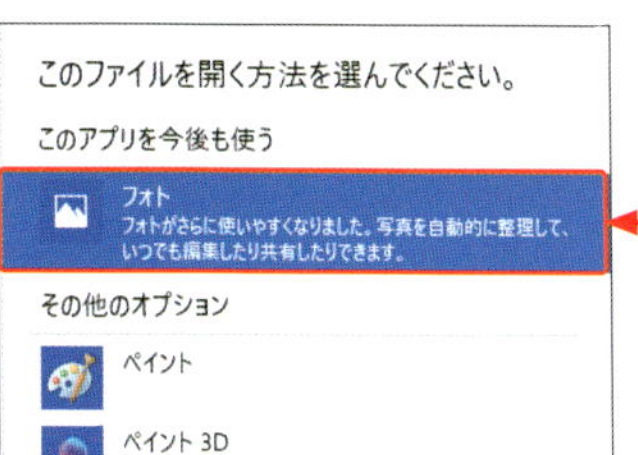

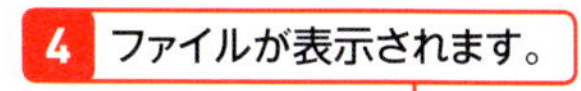

2 次の画面が表示された場合は、添付ファイルを開くアプリ（ここでは「フォト」）を選択します。

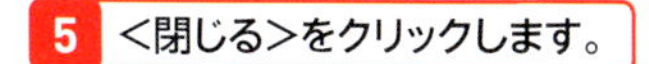

3 <OK>をクリックします。

4 ファイルが表示されます。

5 <閉じる>をクリックします。

ヒント 「フォト」アプリ

「フォト」アプリは、Windows 10に付属するアプリです。写真を閲覧したり、写真を編集したり写真を管理するためのアプリです。詳しくは、第5章で紹介しています。

ヒント 本文中に写真が表示される場合もある

メールを送信するときに、メールの本文に写真を貼っている場合は、「メール」アプリ側で、受信メールの本文中に写真が表示されます。

ステップアップ 添付ファイルを保存する

添付ファイルをパソコンに保存するには、添付ファイルを右クリックし、<保存>をクリックします。そうすると、ファイルを保存する画面が表示されます。ファイルの保存先やファイル名を指定して保存できます。

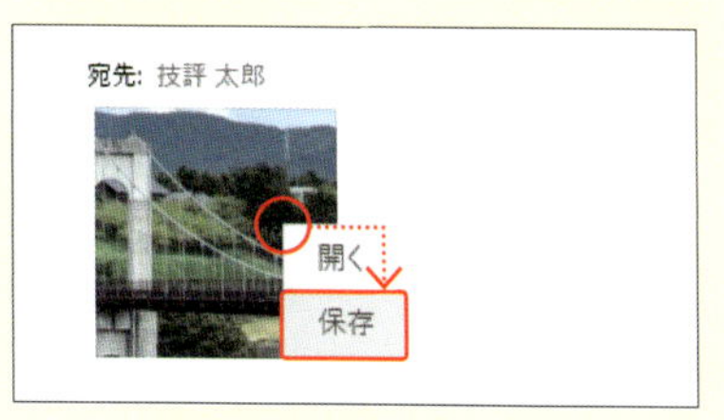

Section 44 メールを検索しよう

覚えておきたいキーワード
- 検索
- 未読
- フラグ

前に受け取ったメールの中から見たいメールが見つからない場合は、メールに含まれるキーワードなどを指定してメールを検索できます。ここでは、受信したメールから、「定例会」が含まれるメールを検索します。検索されたメールを表示すると、検索キーワードに一致する箇所が強調されます。

1 メールを検索する

メモ メールを検索する

メールを検索するには、検索キーワードを入力します。メールの本文や件名に含まれる文字を入力して検索を実行します。

ヒント 未読メールだけを表示する

未読メールだけを絞り込んで表示するには、メッセージリスト上部の<すべて>をクリックし、<未読>をクリックします。

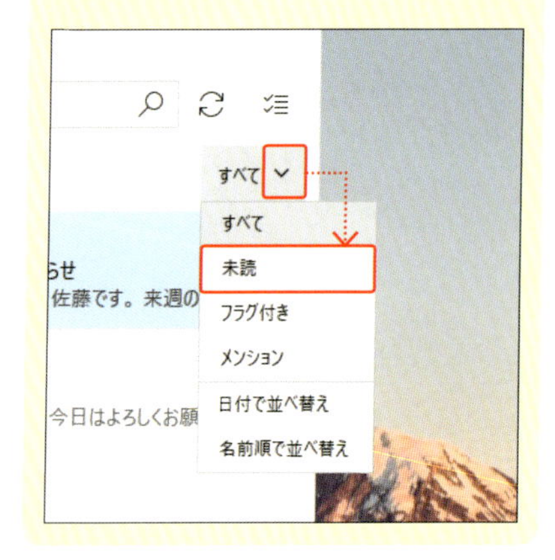

1 <受信トレイ>をクリックします。

2 メッセージリストの上部の<検索>をクリックします。

3 検索するキーワードを入力する。

4 ここをクリックします。

2 検索結果を確認する

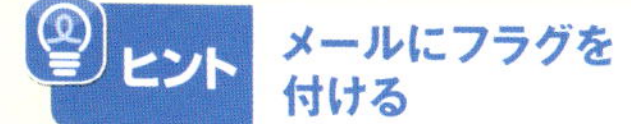

ヒント メールにフラグを付ける

重要なメールなどは、フラグを付けて区別できます。フラグを付けるには、メールの項目にポインターを合わせて、<アイテムにフラグを設定する>をクリックします。

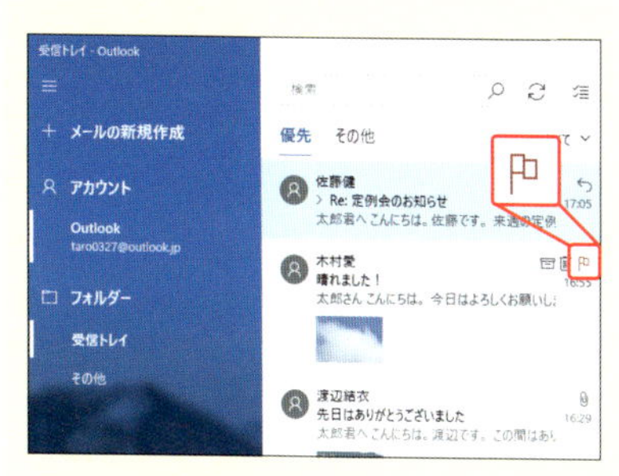

ヒント フラグの付いたメールだけを表示する

フラグの付いたメールは色が付いて強調されます。また、<すべて>をクリックし、<フラグ付き>をクリックすると、フラグの付いたメールだけを絞り込んで表示できます。

ヒント メール内を検索する

メールの本文を表示して、メール内の文章に指定したキーワードがあるか順番に確認するには、メールを表示して<アクション>をクリックし、<検索>をクリックします。そうすると、メールの上部に検索欄が表示されます。キーワードを入力すると、検索を実行できます。<閉じる>をクリックすると検索欄が閉じます。

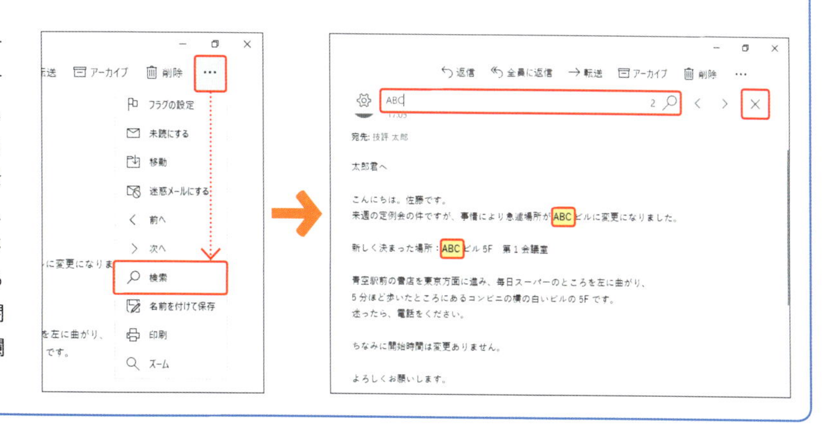

Section 45 メールを印刷しよう

覚えておきたいキーワード
- アクション
- メール
- 印刷

メールの内容を紙に印刷して持ち歩けるように、メールを印刷する方法を知っておきましょう。印刷するメールを表示してから印刷の画面を開きます。印刷画面には、メールを印刷したときのイメージが表示されます。イメージを確認してから印刷を実行します。

1 メールを印刷する

メモ メールを印刷する

メールの印刷画面には、印刷イメージが表示されます。また、印刷画面の左側ではプリンターを選択したりできます。設定を確認して<印刷>をクリックします。

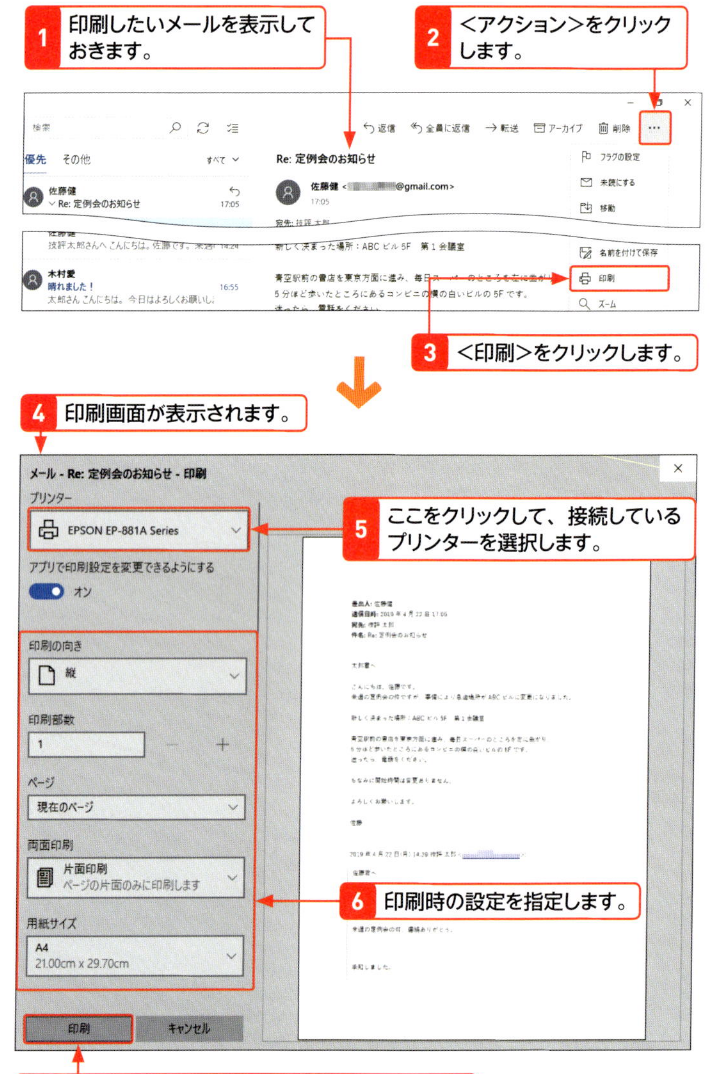

Chapter 05

第5章

写真や音楽を楽しもう

Section 46

「フォト」アプリを起動しよう

覚えておきたいキーワード
- スタートメニュー
- フォト
- 写真

Windows 10で、写真をパソコンに取り込んだり、取り込んだ写真を閲覧したり写真を編集したりするには、「フォト」アプリを使用すると便利です。まずは、スタートメニューから「フォト」アプリを起動してみましょう。「フォト」アプリの画面構成も確認します。

1 「フォト」アプリを起動する

ヒント 写真が表示される

スタートメニューの「フォト」アプリのタイルには、<ピクチャ>フォルダーなどに保存されている写真が順番に表示される場合があります(P.29参照)。写真が表示されないようにするには、タイルを右クリックして、<その他>→<ライブタイルをオフにする>をクリックします。

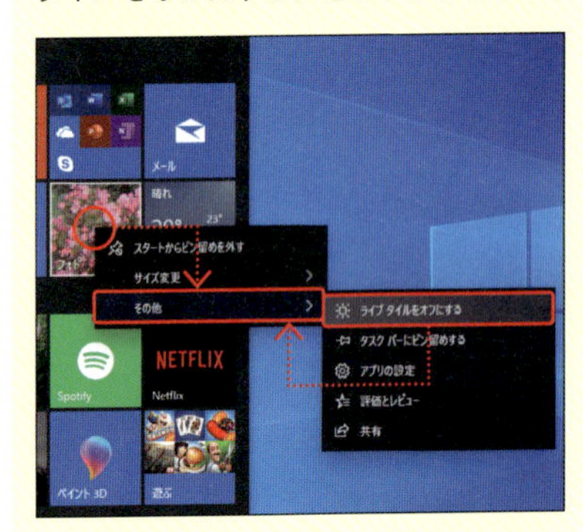

キーワード 「フォト」アプリ

「フォト」アプリは、Windows 10に付属するアプリです。写真を見たり編集したりするときに使います。写真を印刷したりすることもできます。

1 <スタート>ボタンをクリックします。

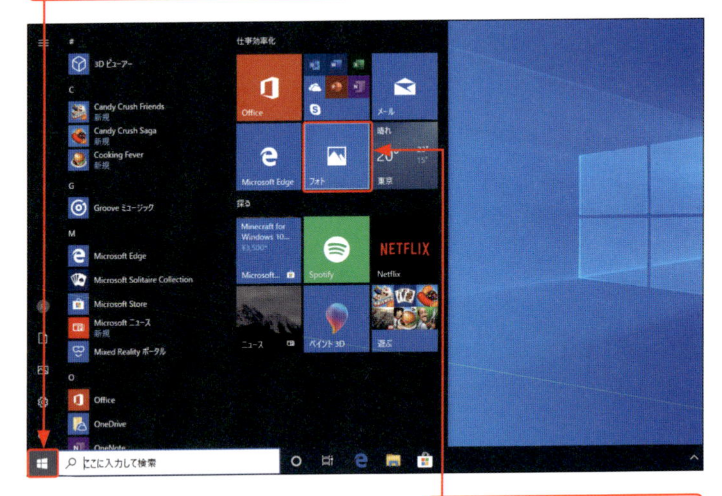

2 「フォト」をクリックします。

3 「フォト」アプリが起動します。

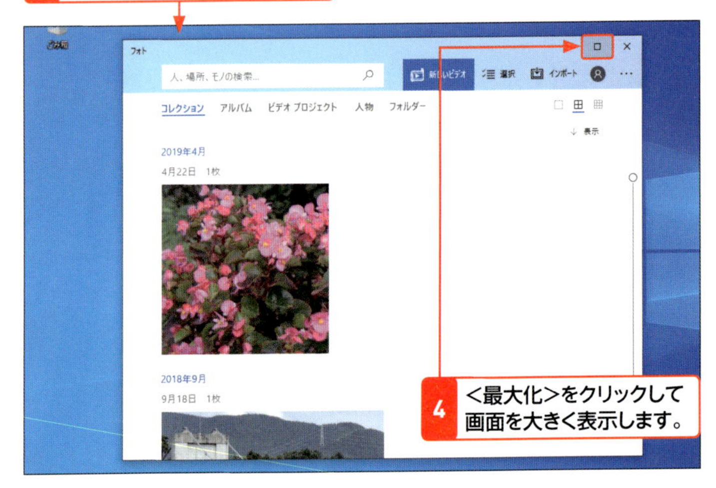

4 <最大化>をクリックして画面を大きく表示します。

第5章 写真や音楽を楽しもう

2 「フォト」アプリの各部名称と役割

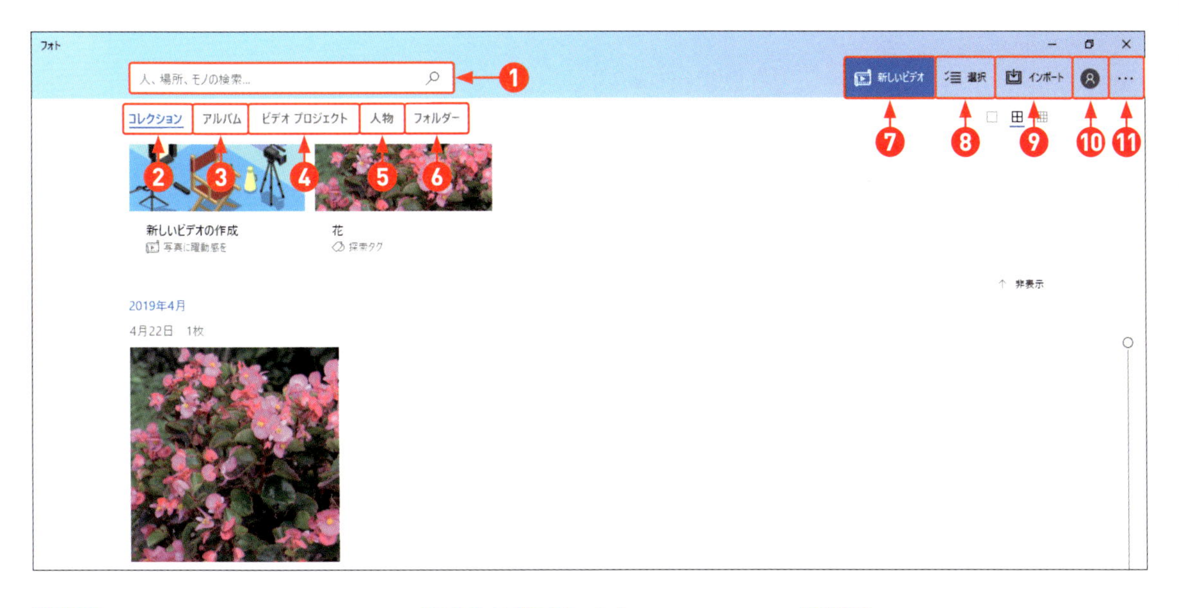

❶検索
日付などから写真を検索するときに使用します。

❷コレクション
写真のコレクションを表示します。写真は、日付や期間ごとにまとまって表示されます。最初は＜ピクチャ＞フォルダーにある写真が表示されます。

❸アルバム
コレクションにある写真をテーマごとのアルバムにまとめて表示したりするときに使用します。

❹ビデオプロジェクト
動画を編集するときなどに使用します。

❺人物
写真に写っている人ごとに写真を見たりするときに使用します。

❻フォルダー
コレクションに表示する写真の保存先を追加したりするときに使用します。

❼作成
新しいアルバムを作成したりするときに使用します。

❽選択
複数の写真を選択して操作するときなどに使用します。

❾インポート
写真をデジカメからインポートするときに使用します。

❿サインイン
Microsoftアカウントでサインインしたりするときに使用します。

⓫もっと見る
「フォト」アプリの設定を確認・変更したりします。

ヒント そのほかの項目を見る

「フォト」アプリの画面の右上の＜もっと見る＞をクリックすると、ほかの項目が表示されます。ここから、アプリの設定を変更したりできます。

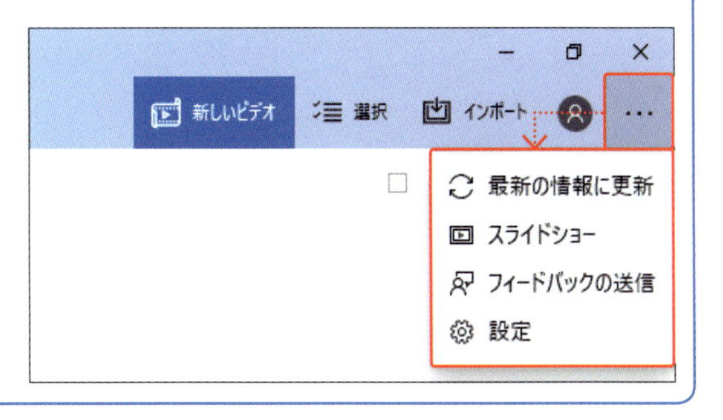

Section 47

デジカメから写真を取り込もう

覚えておきたいキーワード
- インポート
- デジカメ
- <ピクチャ>フォルダー

デジカメで撮影した写真をパソコンに取り込みます。パソコンとデジカメを接続して操作しましょう。「フォト」アプリの<インポート>からかんたんに写真を取り込むことができます。インポートされた写真ファイルは、<ピクチャ>フォルダーに保存されます。

1 デジカメとパソコンを接続する

1 デジカメとパソコンを接続します。

2 デジカメの電源をオンにします。

3 メッセージが表示されたらここをクリックします。

4 P.116の方法で「フォト」アプリを起動します。

5 <インポート>をクリックします。

メモ　デジカメとパソコンを接続する

デジカメとパソコンをUSBケーブルなどで接続します。デジカメを購入したときにパソコンと接続するためのケーブルが付属している場合は、そのケーブルを使用しましょう。

ヒント　SDカードから写真を取り込む

デジカメの写真を取り込むには、デジカメからSDカードを取り出して、パソコンのSDカードスロットに差し込む方法もあります。SDカードスロットがパソコンにない場合は、Windows 10対応の外付けのSDカードリーダーを購入して使用することもできます。なお、SDカードは、大きさや容量の違いによって、いくつかの種類があるため注意してください。

2 インポートする

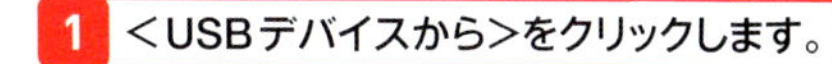

2 インポートする写真が表示されます。

3 インポートする写真のチェックがオンになっていることを確認します。

5 写真がインポートされます。

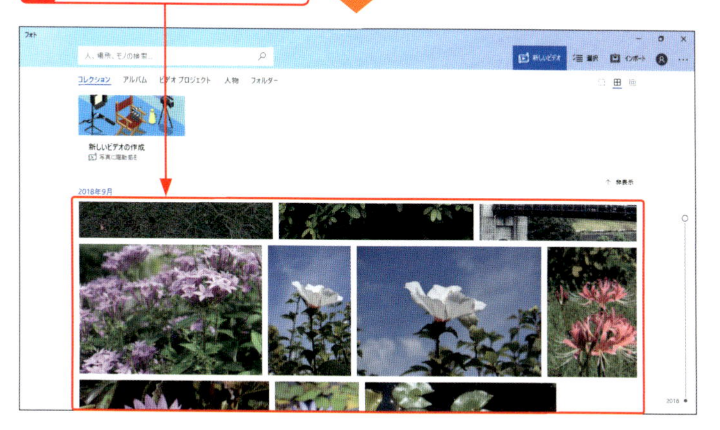

キーワード <ピクチャ>フォルダー

<ピクチャ>フォルダーは、Windows 10にあらかじめ作成されているフォルダーの1つです。写真を保存して利用するのに便利です。「フォト」アプリでは、特に指定しない限り<ピクチャ>フォルダーにある写真の一覧がコレクションに表示されます。

3 スマホから写真をインポートする

ヒント スマホから写真を取り込む

スマホで撮影した写真をパソコンに取り込む場合も、スマホとパソコンをUSBケーブルなどで接続します。iPhoneの場合は、充電用のLightningケーブルを使用して接続します。スマホ側に、パソコンが写真やビデオにアクセスすることを許可するかどうかを問うメッセージが表示された場合、アクセスを許可します。そうすると、「フォト」アプリで写真を取り込めます。

ヒント Androidの場合

Androidの場合、スマホとパソコンを接続したときに、スマホにメッセージが表示された場合は、＜ファイルの転送(MTP)＞をクリックして、手順3の操作に進みます。表示されるメッセージは、スマホの機種などによって異なる場合があります。

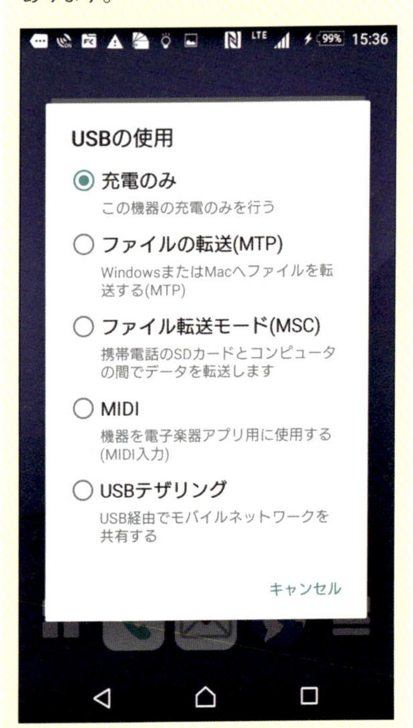

1 スマホとパソコンを接続します。

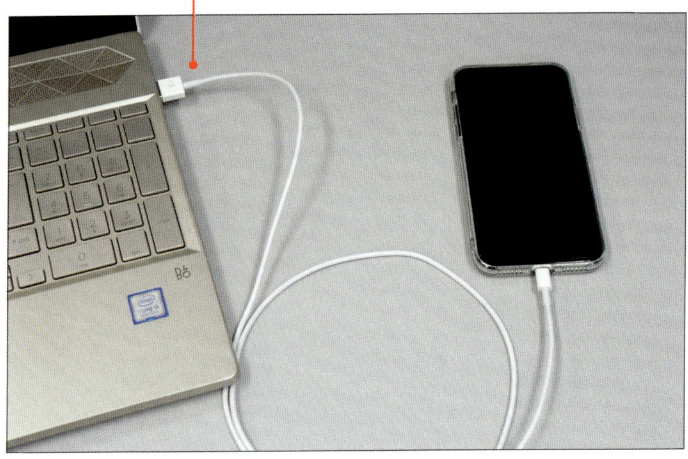

2 iPhoneの場合、次のメッセージが表示された場合は、＜許可＞をタップします(Androidの場合は、左のヒントを参照してください)。

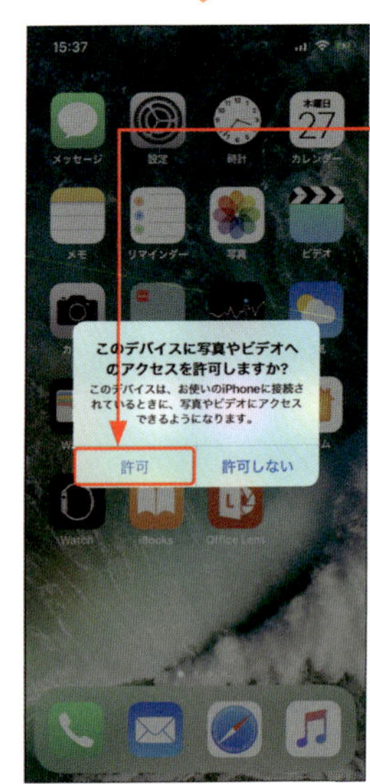

3 パソコンの画面にメッセージが表示されたらここをクリックします。

4 P.116の方法でフォトを起動します。

5 <インポート>→<USBデバイスから>をクリックします。

6 このあとは、P.119の手順2以降の方法で写真をインポートします。

ヒント スマホを接続したときの操作を指定する

手順3のメッセージをクリックすると、スマホをパソコンに接続したときの動作を選択できます。ここで操作を選択した場合は、スマホをパソコンに接続したときは、次回以降も同じ操作が自動的に行われます。

4 「エクスプローラー」で写真を見る

1 スマホやデジカメなどをパソコンに接続したあと、「エクスプローラー」を起動します。

2 スマホやデジカメの項目をクリックします。

3 ダブルクリックします。

4 ファイルの場所を選択していくと、写真が表示されます。

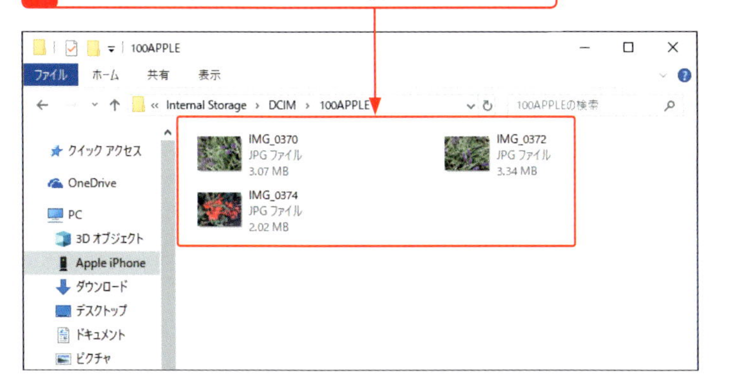

メモ 「エクスプローラー」で確認する

スマホやデジカメをパソコンに接続して、パソコンがそれらの機器を認識すると、「エクスプローラー」の画面にスマホやデジカメの項目が表示されます。スマホの場合は、パソコンが写真やビデオにアクセスすることを許可するかどうかを問うメッセージが表示される場合があります。アクセスを許可すると（左ページ参照）、写真を確認できます。

ヒント 写真の保存場所

写真が保存されている場所は、機器によって異なります。iPhoneの場合は、<Internal Storage>→<DCIM>→<XXXApple>フォルダーなど、Androidの場合は、<内部ストレージ>→<DCIM>→<XXX ANDRO（またはCamera）>フォルダーなど、デジカメでは、<リムーバブル記憶域>→<DCIM>→<XXX（品番）>などのフォルダーに保存されます。ただし、保存先は機種などによって異なりますので、見つからない場合は、お使いの機器の操作説明書などをご確認ください。

Section 48

「フォト」アプリで写真を閲覧しよう

覚えておきたいキーワード
- コレクション
- スライドショー
- 写真の閲覧

「フォト」アプリで写真を大きく拡大して表示しましょう。写真を1枚ずつ順に切り替えて表示できます。また、写真を自動的に切り替えて順番に表示する<スライドショー>を実行することもできます。写真を見たあとは、写真の一覧表示に戻ります。

1 写真を大きく表示する

メモ 表示する写真をクリックする

画面をスクロールして見たい写真を探します。写真をクリックすると、写真が大きく表示されます。

1 <コレクション>をクリックします。

2 写真の一覧が表示されます。

3 ここをドラッグして見たい写真を探します。

4 大きく表示したい写真をクリックします。

ヒント 写真の向きが違う場合

写真の向きが違う場合は、写真を大きく表示して、<回転>をクリックして向きを変更します。クリックするごとに90度ずつ写真が回転します。<回転>が表示されていない場合は、写真の上をクリックします。

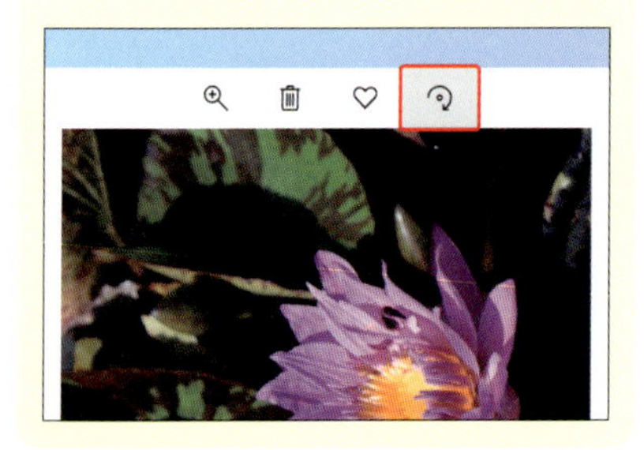

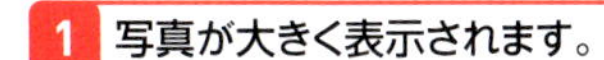

2 写真を順番に表示する

1 写真が大きく表示されます。

3 次の写真が表示されます。

5 前の写真に戻ります。

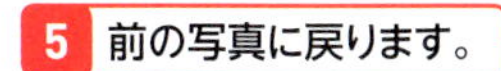

7 <コレクション>の表示に戻ります。

ステップアップ 自動的に切り替える

写真を自動的に切り替えて順番に表示するには、写真の上をクリックして<もっと見る>－<スライドショー>をクリックします。そうすると、写真が順番に表示されます。スライドショーを終了するには、写真の上をクリックします。

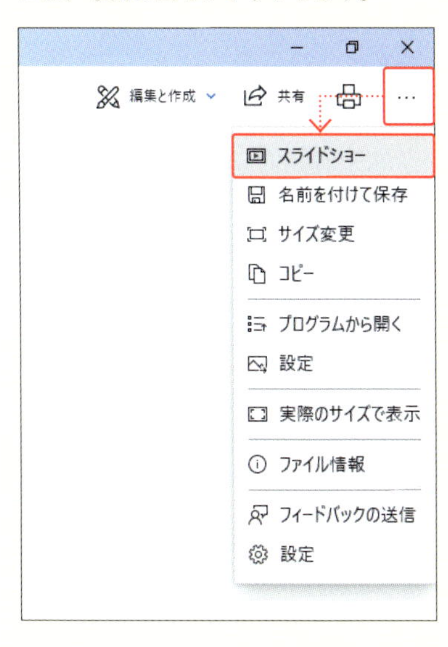

Section 49

写真をきれいに加工しよう

覚えておきたいキーワード
- 編集
- クロップ
- ライト

「フォト」アプリでは、写真をきれいに加工するためのさまざまな編集機能があります。ここでは、その一部を紹介します。写真の不要な部分を取り除いて必要なところだけを残したり、写真の色合いを調整したりしてみましょう。編集したあとの写真は保存することもできます。

1 写真を編集する準備をする

ヒント 画面上部にボタンがない

<編集>が表示されていない場合は、写真の上をクリックします。そうすると、写真を操作する複数のボタンが表示されます。

ヒント 編集機能の分類を選ぶ

写真を編集する画面では、まず、右側から編集機能の分類を選択します。たとえば、<トリミングと回転>を選択すると、写真を回転させる機能や、写真の必要なところのみを残すトリミング機能を使用できます。

1 Sec.48の方法で写真を大きく表示します。

2 <編集と作成>をクリックします。

3 <編集>をクリックします。

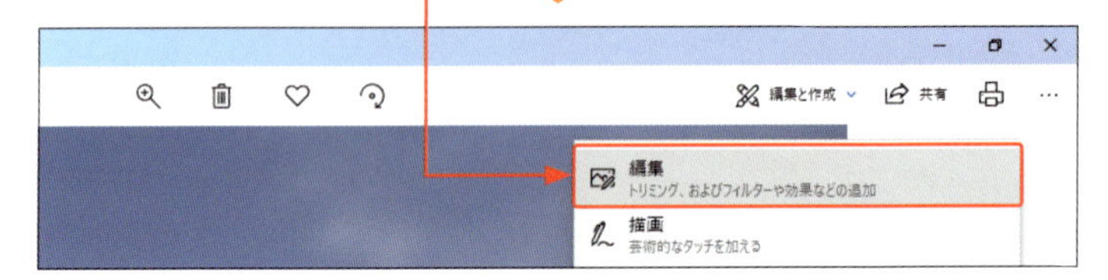

2 必要な部分のみを残す

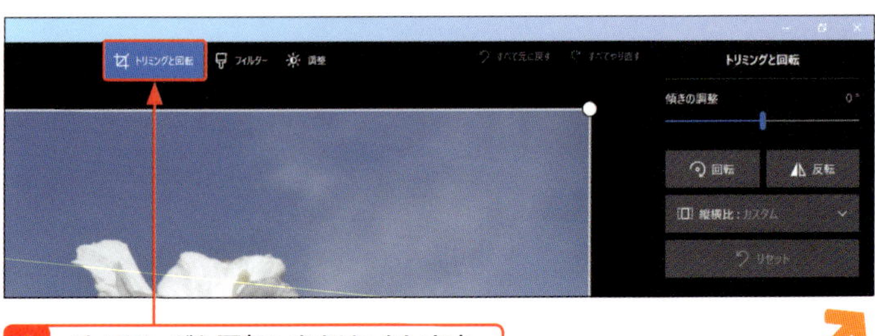

1 <トリミングと回転>をクリックします。

2 写真に枠が表示されます。

3 枠の四隅をドラッグすると枠の大きさを変更できます。

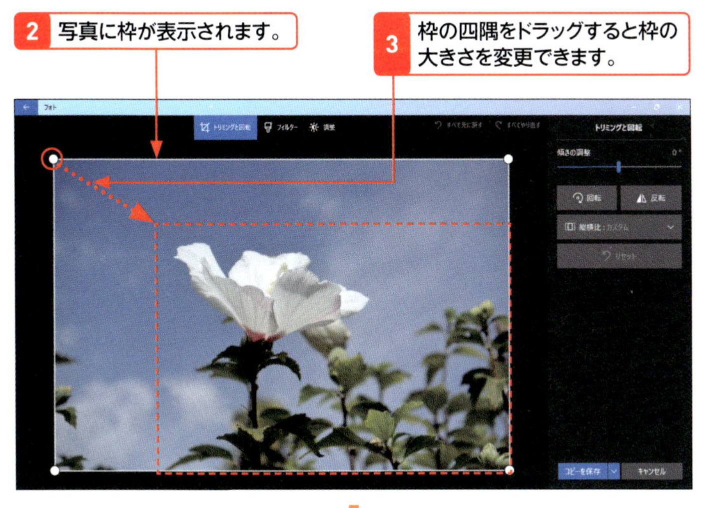

4 写真をドラッグすると、写真をずらせます。

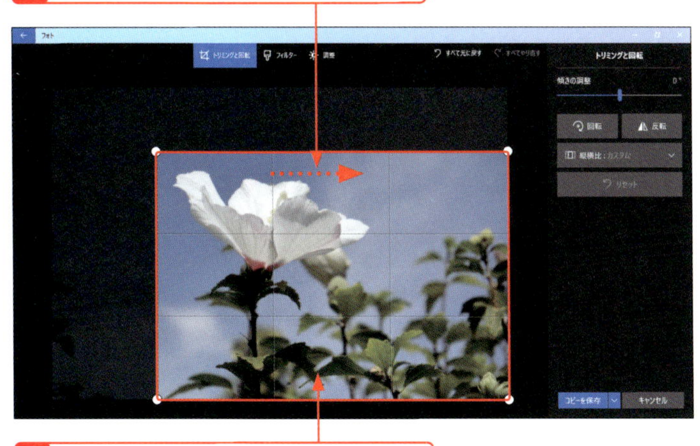

5 写真の残したい部分を枠の中に入れます。

6 変更後の写真が表示されます。

メモ　必要な部分を枠内に入れる

＜トリミングと回転＞をクリックすると、写真の中に枠が表示されます。枠の大きさを変更し、枠内に写真の残したい部分が入るようにしましょう。写真をドラッグすると写真の位置をずらせます。

ヒント　編集をやめて元に戻す

編集した内容をキャンセルして元に戻すには＜リセット＞をクリックします。そうすると、元の状態に戻ります。

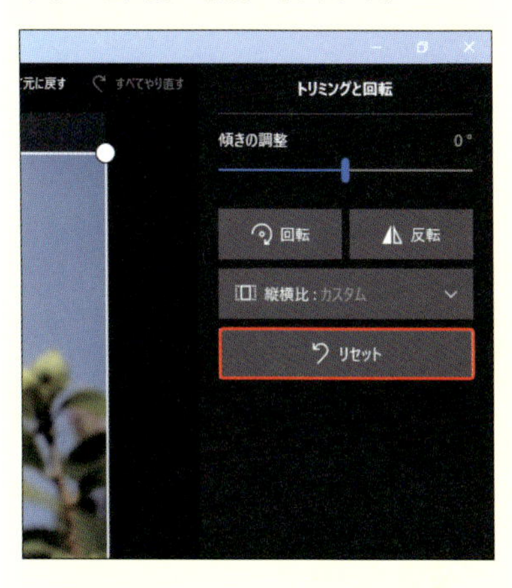

ヒント　写真を正方形の形に切り取る

写真を正方形の形に切り取るには、手順**1**の操作のあと、＜縦横比＞をクリックして切り取る形を指定します。そのあとは、写真をずらして残したい場所を枠内に合わせます。

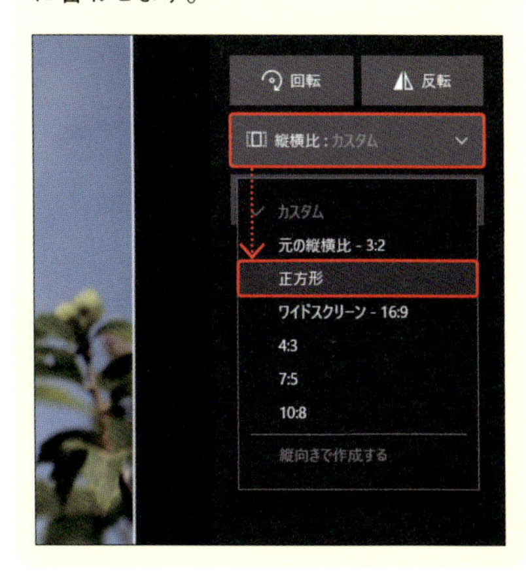

3 写真の雰囲気を調整する準備をする

ヒント フィルター加工

写真の雰囲気をかんたんに加工するには、フィルターを適用する方法があります。<フィルター>の<フィルターの選択>から加工方法をクリックすると変更後の写真を確認できます。上のつまみをドラッグしてフィルターの強度を調整できます。

ヒント ライトを非表示にする

<ライト>を展開すると表示されるコントラストやハイライトなどの表示を非表示にするには、もう一度<ライト>の項目をクリックします。

ヒント 編集内容を元に戻す

写真を保存する前なら、編集した内容をすべて元に戻すこともできます。それには、<すべて元に戻す>をクリックします。

1 <調整>をクリックします。

2 <ライト>をクリックします。

4 変更した写真を保存する

1 ここをドラッグしてライトの調整をします。

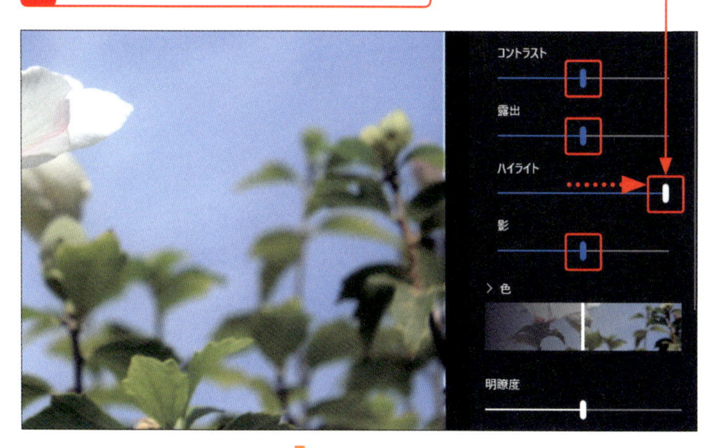

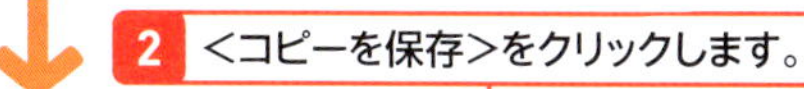

2 <コピーを保存>をクリックします。

3 写真のコピーが保存されます。

4 <←>をクリックします。

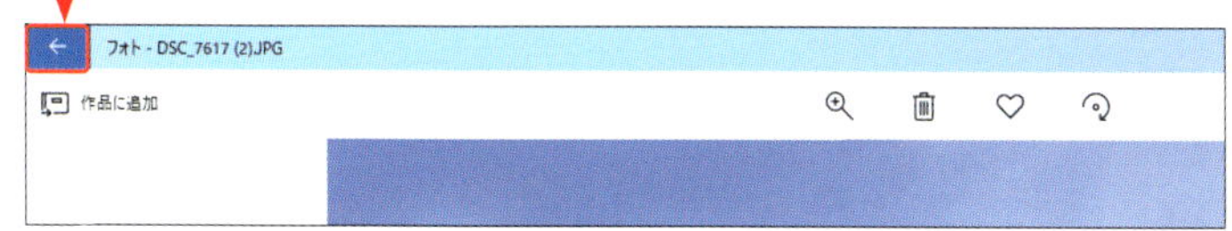

5 <コレクション>の表示に戻ります。

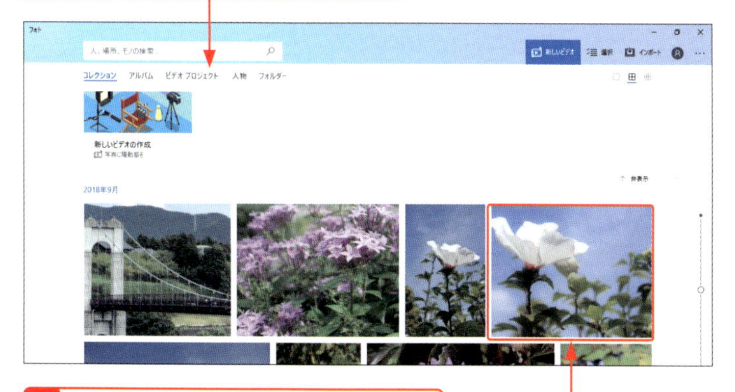

6 コピーして保存した写真も表示されます。

メモ コントラストやハイライトなどを調整する

コントラストやハイライトなどを調整します。編集画面で<ライト>をクリックし、表示されるつまみをドラッグします。

ヒント 変更をリセットする

コントラストやハイライトなどを変更したあと、変更をリセットするには、<ライト>の右に表示される<リセット>をクリックします。

メモ 写真を保存する

編集した写真を保存します。ここでは、写真のコピーを保存します。元の写真を変更して上書き保存する場合は<保存>をクリックします。

Section 50

写真を削除しよう

覚えておきたいキーワード
- 選択
- 削除
- ごみ箱

「フォト」アプリからも写真を削除できます。不用な写真を削除して整理しましょう。複数の写真をまとめて削除することもできます。なお、「フォト」アプリから削除した写真ファイルは、ごみ箱に入ります。ごみ箱については、P.66を参照してください。

1 写真を削除する

メモ 閲覧中の写真を削除する

写真を大きく表示して閲覧しているとき、表示中の写真を削除するには、<削除>をクリックします。確認メッセージが表示されますので削除する場合は<削除>、削除しない場合は<キャンセル>をクリックします。

ヒント ショートカットメニューから削除する

写真の上で右クリックすると、ショートカットメニューが表示されます。<削除>をクリックすると写真を削除できます。

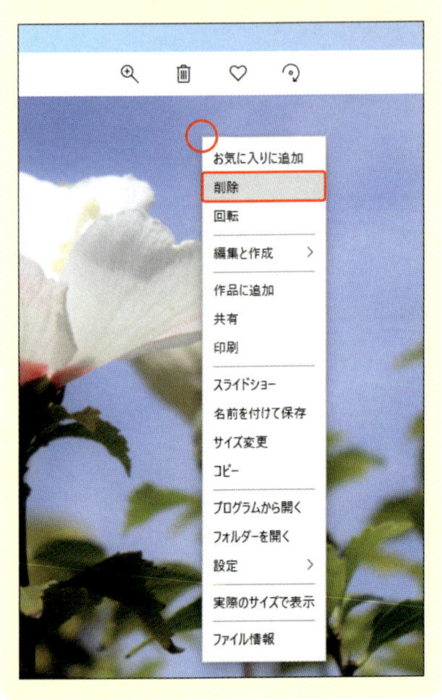

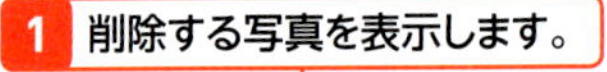

1 削除する写真を表示します。

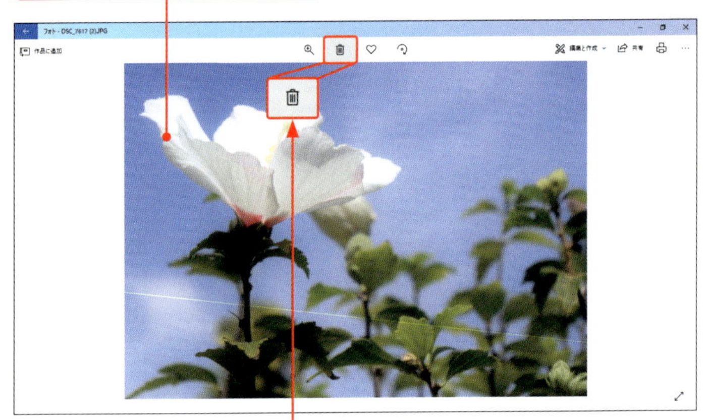

2 <削除>をクリックします。

3 メッセージが表示されます。

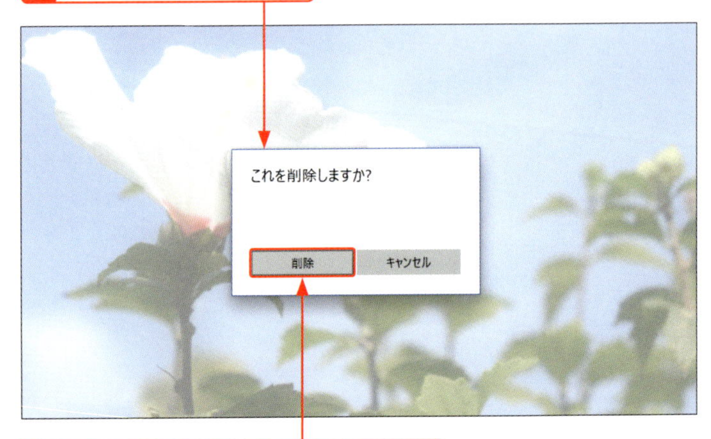

4 削除する場合は<削除>をクリックします。

2 複数の写真を削除する

1 <コレクション>をクリックします。

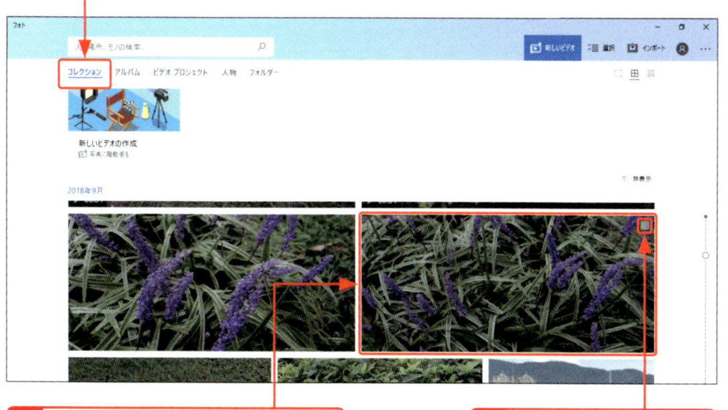

2 削除したい写真にポインターを合わせます。

3 写真を選択する□が表示されます。

4 □をクリックして写真を選択します。

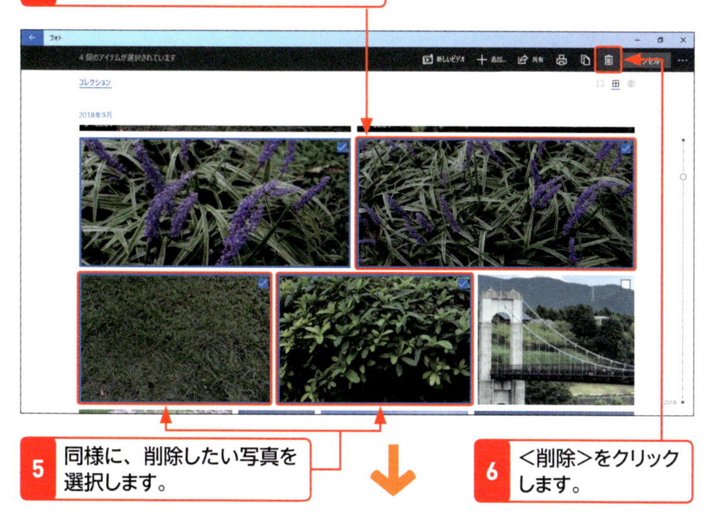

5 同様に、削除したい写真を選択します。

6 <削除>をクリックします。

7 確認メッセージが表示されます。

8 削除する場合は<削除>をクリックします。

メモ 複数の写真をまとめて削除する

複数の写真をまとめて削除するには、まず削除する複数の写真を選択します。続いて、<削除>をクリックします。

ステップアップ 選択用の□を表示する

写真を選択する□を常に表示するには、<選択>をクリックします。そうすると、すべての写真に□が表示されます。また、日付の横の<すべての○を選択する>をクリックすると、指定した日付の写真がすべて選択されます。複数ファイルの選択を解除するには、<キャンセル>をクリックします。

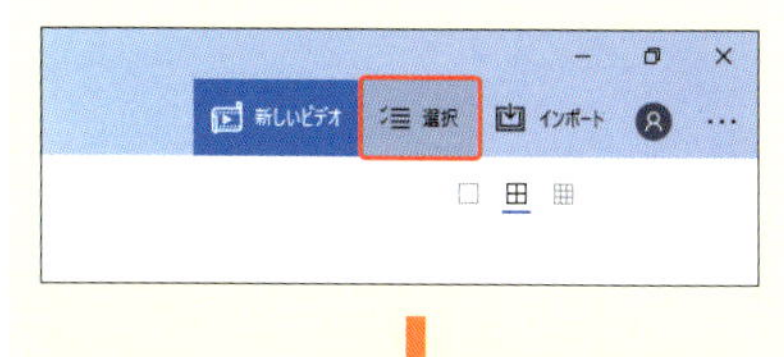

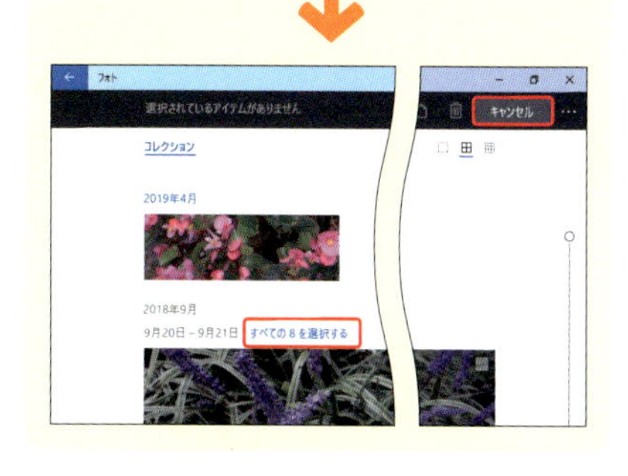

Section 51

写真を印刷しよう

覚えておきたいキーワード
- 写真
- 印刷
- 用紙

「フォト」アプリでは、写真を印刷することもできます。ここでは、気に入った写真を印刷してみましょう。印刷前には、印刷する用紙を確認して、印刷の向きや用紙サイズ、用紙の種類などを指定します。印刷イメージを確認してから印刷します。

1 写真を印刷する準備をする

メモ 写真を印刷する

写真を印刷するには、印刷したい写真を大きく表示して印刷画面を開きます。写真を表示する方法は、Sec.48を参照してください。

1 印刷する写真を表示します。

2 <印刷>をクリックします。

3 印刷の画面が表示されます。

ヒント プリンターに接続しておく

写真の印刷画面を表示する前に、プリンターの準備をしておきましょう。プリンターによって印刷時に設定できる項目の内容は異なります。

2 写真を印刷する

1 印刷イメージが表示されます。

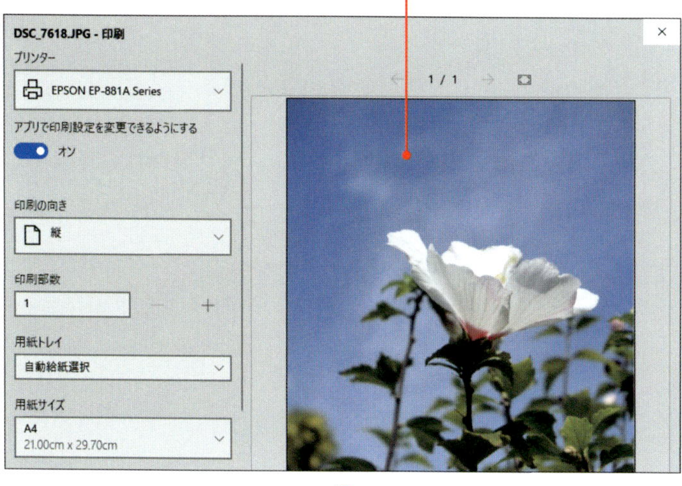

2 印刷時の設定を指定します。

3 <印刷>をクリックすると、印刷が実行されます。

メモ 印刷時の設定を行う

印刷をする前に印刷画面の左側で、印刷時の設定を行います。<印刷の向き>や<用紙サイズ>、必要に応じて<給紙方法>などを指定します。また、写真を綺麗に印刷するには、写真を印刷するのに適した専用の紙を使うとよいでしょう。その場合は、<用紙の種類>も指定します。なお、選択しているプリンターによって、指定できる内容は異なります。

ヒント そのほかの設定を行う

印刷画面の下に表示される<その他の設定>をクリックすると、印刷画面に表示されていない項目などを指定できます。詳細の設定を行う場合は、クリックして設定を行いましょう。<OK>をクリックすると、元の印刷画面に戻ります。

Section 52

CDやDVDに写真を保存しよう

覚えておきたいキーワード
- エクスプローラー
- ディスク
- 書き込み

大事な写真を、CD-RやDVD-Rなどのディスクに保存する方法を紹介します。ここでは、ファイルを管理する「エクスプローラー」を使用して操作します。「エクスプローラー」を開き、保存したい写真ファイルを選択して写真ファイルをディスクに書き込みます。

1 ディスクをセットする

メモ CD-RやDVD-R、BD-Rなどを準備する

Windows 10ではCD-RやCD-RW、DVD-R、DVD-RW、DVD-RAM、DVD+R、DVD+RW、BD-R、BD-REなどのディスクに書き込みができます。ただし、それらのディスクへファイルを書き込めるドライブが必要です（P.17参照）。

ヒント メッセージが表示される

CD-RやDVD-R、BD-Rなどのディスクをドライブにセットしたり、周辺機器をパソコンに接続したりすると、認識された機器を使って何をするか選択するメッセージが表示される場合があります。メッセージをクリックするとメニューが表示されます。ここでは、右上の<→>をクリックしてメッセージを閉じておきます。

1 CD-RやDVD-R、BD-Rなどのディスクをドライブにセットします。

2 メッセージが表示された場合は<→>をクリックします。

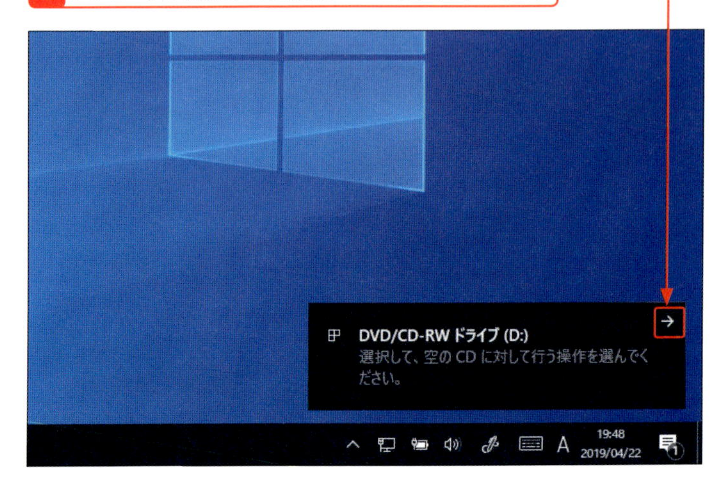

第5章 写真や音楽を楽しもう

2 保存する写真を選択する

1 タスクバーの<エクスプローラー>をクリックします。

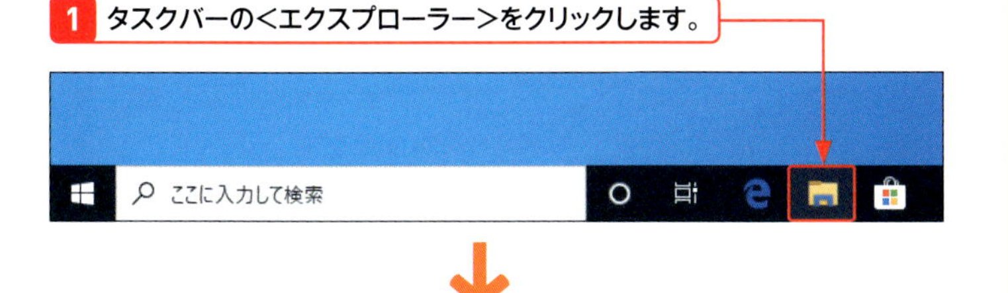

2 <PC>の< >をクリックします。

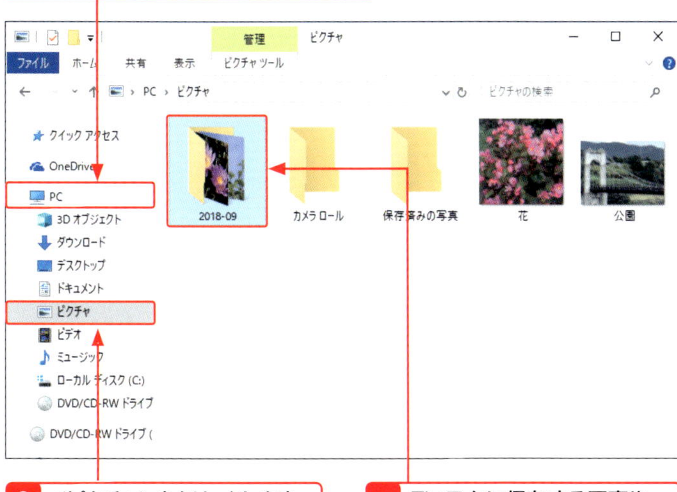

3 <ピクチャ>をクリックします。

4 ディスクに保存する写真やフォルダーをクリックします。

5 Ctrl を押しながら2つ目以降のファイルやフォルダーを順にクリックします。

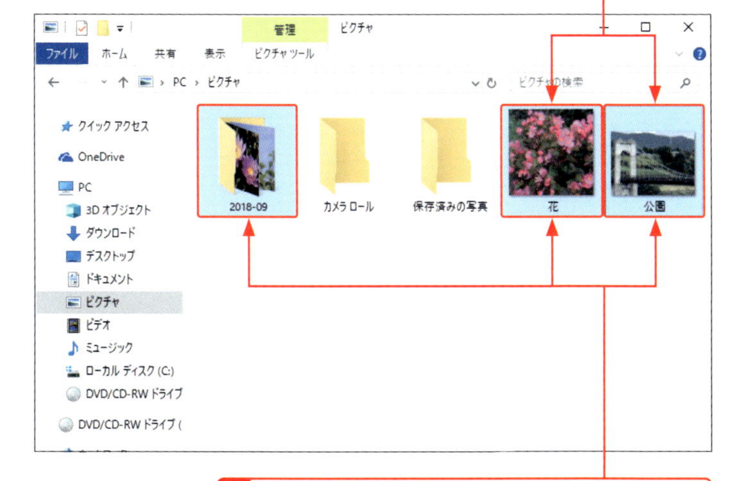

6 保存するファイルやフォルダーをすべて選択します。

メモ ファイルを書き込む準備をする

「エクスプローラー」は、ファイルを管理するアプリです。ここでは、「エクスプローラー」を表示してCD-RやDVD-Rなどのディスクに書き込むファイルを選択してから書き込みの操作を行います。

ヒント 複数ファイルを選択する

複数のファイルを同時に選択するには、1つめのファイルをクリックしたあと、Ctrl を押しながら同時に選択するファイルを次々とクリックして選択します。

ヒント 端から端まで選択する

複数のファイルを同時に選択するとき、ここからここまでのファイルをまとめて選択するには、端のファイルをクリックしたあと、Shift を押しながらもう一方の端のファイルをクリックして選択します。

3 写真を保存する

メモ ファイルを送る

選択したファイルをディスクに書き込みます。手順2では、送り先を選択します。送り先の＜DWD-RW ドライブ＞などの項目名は、パソコンによって異なります。

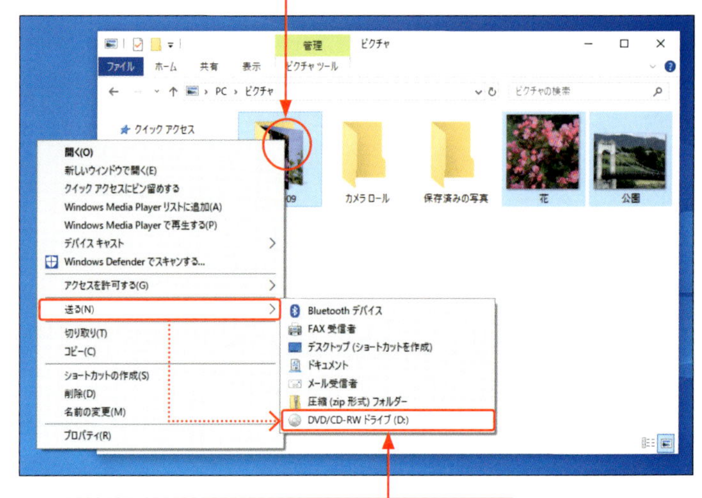

ヒント ファイルの書き込み方法

ファイルの書き込み方法には、＜USBフラッシュドライブと同じように使用する＞＜CD/DVDプレーヤーで使用する＞の2つの方法があります。ここでは、Windows XPというバージョンのWindows以降のパソコンで使用できる＜USBフラッシュドライブと同じように使用する＞の方法で書き込みを行っています。＜CD/DVDプレーヤーで使用する＞の方法で書き込むには、＜CD/DVDプレーヤーで使用する＞をクリックして書き込みます。

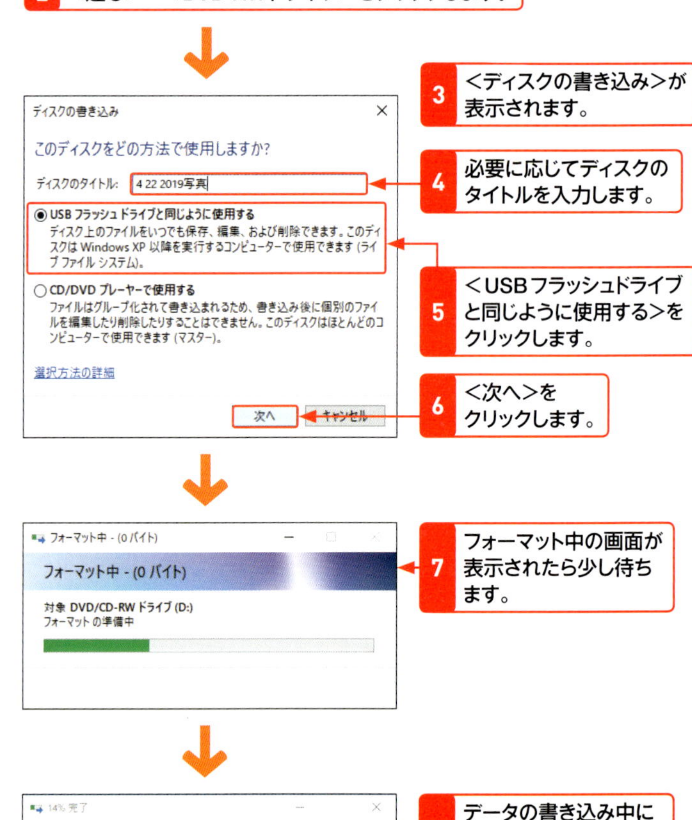

ヒント フォーマット画面が表示されない

ディスクにデータを書き込む準備をすることをフォーマットといいます。一度フォーマットしたディスクの場合、データの書き込み時にフォーマット画面は表示されません。

4 写真の保存を確認する

1 <PC>の< >をクリックし、

2 <DVD RWドライブ>をクリックします。

3 ディスクに保存されているファイルやフォルダーが表示されます。

4 <閉じる>をクリックします。

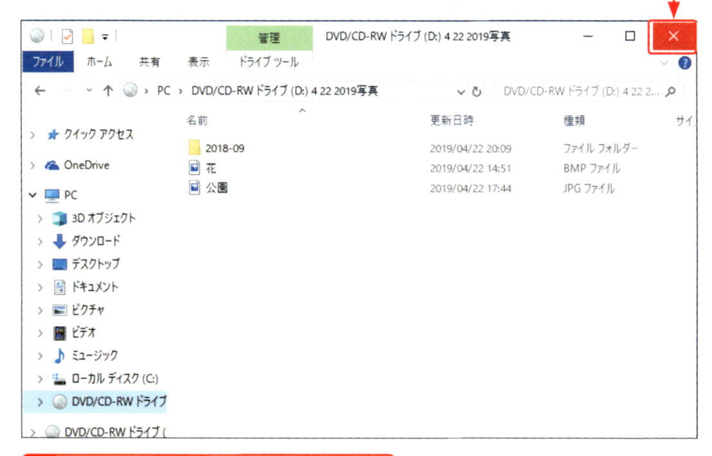

5 ディスクをドライブから取り出します。

メモ ファイルを書き込む

データの書き込みには、少し時間がかかります。書き込みが完了するまで少し待ちましょう。

ヒント ファイルを確認する

ディスクにファイルを書き込んだあとは、ファイルを確認しましょう。なお、手順2で表示される<DVD RWドライブ>などの項目名は、パソコンによって異なります。

ヒント フォルダーの中を見る

フォルダーの中を表示するには、フォルダーのアイコンをダブルクリックします(P.65参照)。

Section 53

音楽CDを再生しよう

覚えておきたいキーワード
- CD
- 音楽
- Windows Media Player

Windows 10には、音楽を聴いたり動画を見たり、音楽や動画を取り込んで楽しむことのできる「Windows Media Player」アプリが付いています。ここでは、「Windows Media Player」アプリを利用して音楽用のCDを聴いてみましょう。音楽を聴きながらパソコンの操作をすることもできます。

1 音楽CDをセットする

メモ CDをセットする

音楽CDをパソコンにセットします。CDをセットするドライブがパソコンに付いていない場合は、外付けのドライブを用意する方法があります（Sec.52参照）。

ヒント 音楽CDをセットしたときの動作を指定する

手順2の画面でメッセージをクリックすると、音楽CDがパソコンにセットされた場合の動作を指定する画面が表示されます。操作を選択すると、次回以降も、音楽CDがセットされた場合に指定した操作が実行されます。

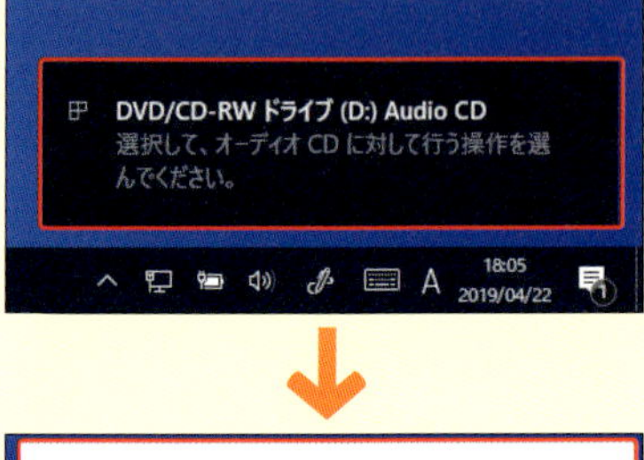

1 音楽CDをドライブにセットします。

2 メッセージが表示された場合、ここをクリックします。

3 P.60の方法で「エクスプローラー」を起動します。

4 <PC>の< > >をクリックします。

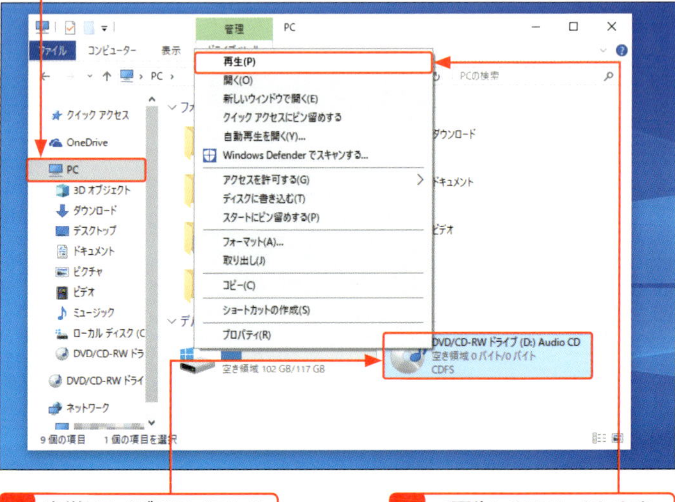

5 光学ドライブのアイコンを右クリックします。

6 <再生>をクリックします。

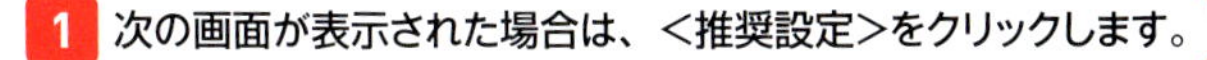

2 音楽を聴く

1 次の画面が表示された場合は、<推奨設定>をクリックします。

2 <完了>をクリックします。

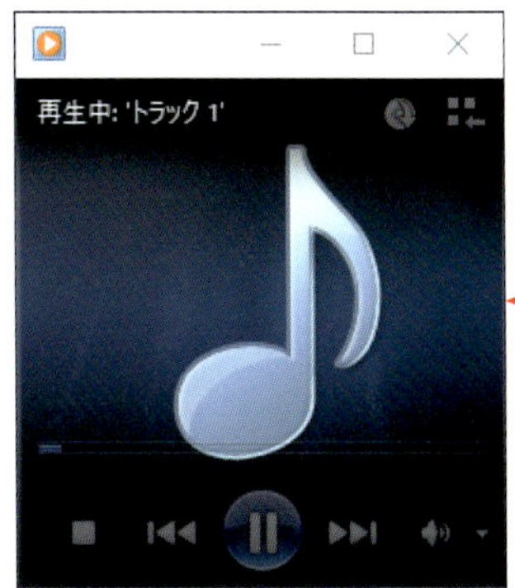

3 「Windows Media Player」アプリが起動して音楽が再生されます。

4 ポインターをウィンドウ内に移動します。

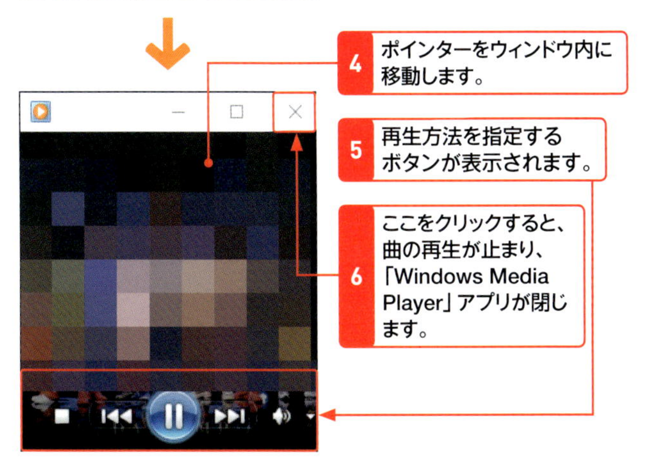

5 再生方法を指定するボタンが表示されます。

6 ここをクリックすると、曲の再生が止まり、「Windows Media Player」アプリが閉じます。

メモ ようこその画面が表示されない

<Windows Media Playerへようこそ>の画面は、「Windows Media Player」アプリを最初に起動したときに表示されます。次回からは表示されません。

ヒント 曲を進める／停止する

画面の下に表示されるボタンを使用して、曲を進めたり前の曲に戻ったりできます。ボタンをクリックするたびに曲が変わります。また、中央のボタンをクリックすると一時停止、左端のボタンをクリックすると曲の再生が停止します。

ヒント 音量を調整する

音量を調整するには、🔊の横の▾をクリックすると表示されるつまみをドラッグします。🔊をクリックすると、音が消えます。

Section 54

音楽CDから曲を取り込もう

覚えておきたいキーワード
- CDの取り込み
- 音楽
- Windows Media Player

「Windows Media Player」アプリを利用すると、パソコンで音楽や動画を楽しめます。また、音楽CDの曲をパソコンに取り込むことなどもできます。曲を取り込んだあとは、音楽CDをパソコンにセットしなくても、曲を聴くことができます。ここでは、CDから曲を取り込む方法を紹介します。

1 「Windows Media Player」アプリを起動する

1 音楽CDをパソコンにセットしておきます（P.132参照）。

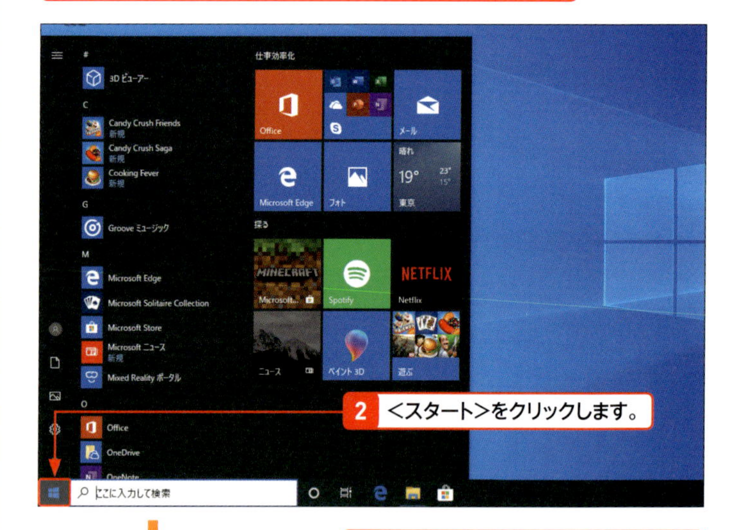

3 スタートメニューのここをドラッグし、

4 <Windowsアクセサリ>をクリックします。

5 <Windows Media Player>をクリックします。

ヒント 音楽CDをセットする

音楽CDをセットしたときに下のような画面が表示された場合は、<→>をクリックします。

ヒント <ようこそ>画面が表示された場合は

「Windows Media Player」アプリを起動したときに、<Windows Media Playerへようこそ>画面が表示された場合は、P.137のように<推奨設定>をクリックし、<完了>をクリックします。

ヒント 「Windows Media Player」がない場合

「Windows Media Player」は、スタートメニューの一覧の中にある場合もあります。

2 「Windows Media Player」アプリの各部名称と役割

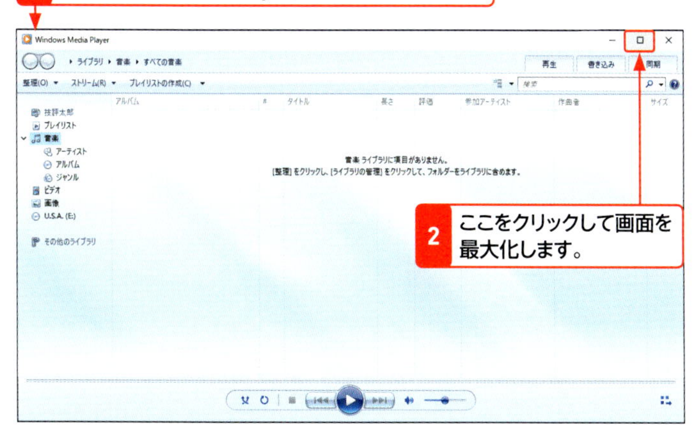
1 「Windows Media Player」アプリが起動します。
2 ここをクリックして画面を最大化します。

キーワード 「Windows Media Player」アプリ

「Windows Media Player」アプリは、パソコンで音楽や動画を再生したりできるアプリです。音楽CDからパソコンに音楽を取り込むこともできます。「Windows Media Player」アプリの画面の左側には、音楽や動画の表示を切り替える画面が表示されます。また、曲や動画の再生時は、下のボタンを使用して再生方法を指定できます。

「Windows Media Player」アプリの画面

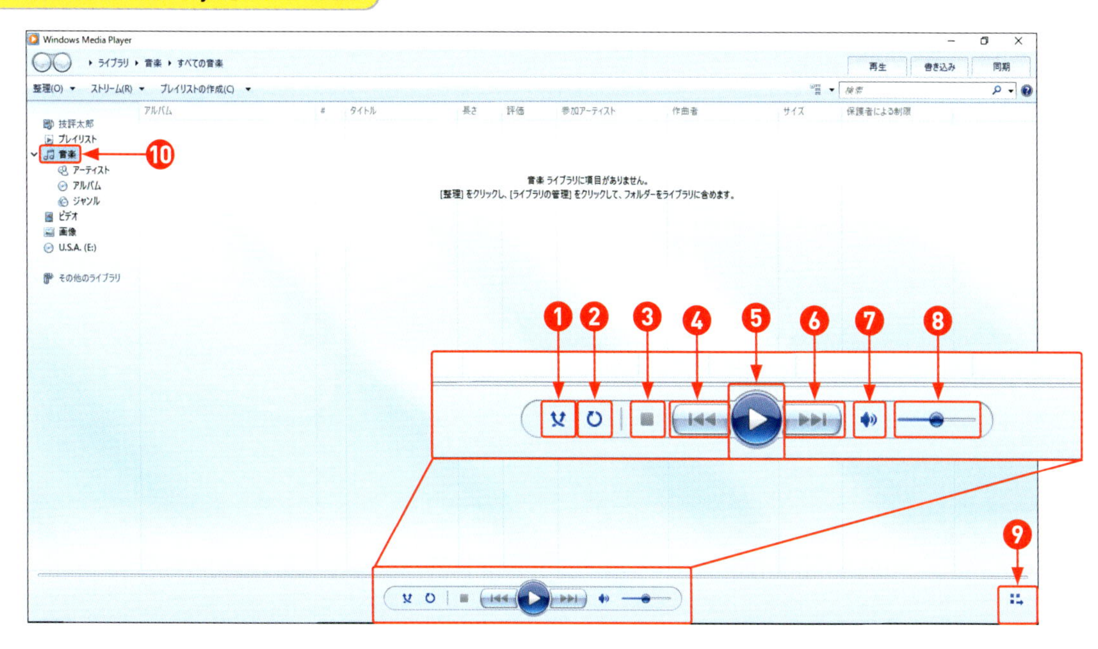

❶**ランダム再生をオンにします。**
曲を再生するとき、ランダムに再生します。

❷**連続再生をオンにします。**
曲を再生するとき、連続再生します。

❸**停止**
曲の再生を停止します。

❹**前へ**
前の曲を再生します。

❺**再生**
曲を再生します。

❻**次へ**
次の曲を再生します。

❼**ミュート**
音を消します。

❽**音量**
つまみをドラッグして音量を調整します。

❾**プレイビューに切り替え**
「Windows Media Player」アプリを小さな画面のプレイビューで表示します。

❿**音楽**
曲の一覧を表示します。

3 音楽を取り込む準備をする

メモ CDを選択する

CDの項目をクリックして選択します。CDの項目が表示されない場合は、CDが入っているか確認しましょう。また、ここには、CDのタイトルが表示されますので、表示される文字は、CDによって異なります。

ヒント 音楽を取り込まずに曲を聴く

パソコンに曲を取り込まなくても音楽を聴くことはできます（Sec.53参照）。「Windows Media Player」アプリが起動している場合は、手順2の操作のあとで聴きたい曲をダブルクリックします。

ヒント 「取り込みオプション」画面

CDの曲を初めて取り込むときは、「取り込みオプション」画面が表示されます。次回、曲を取り込むときは表示されません。

1 CDの項目をクリックします。

2 曲が表示されます。

3 <CDの取り込み>をクリックします。

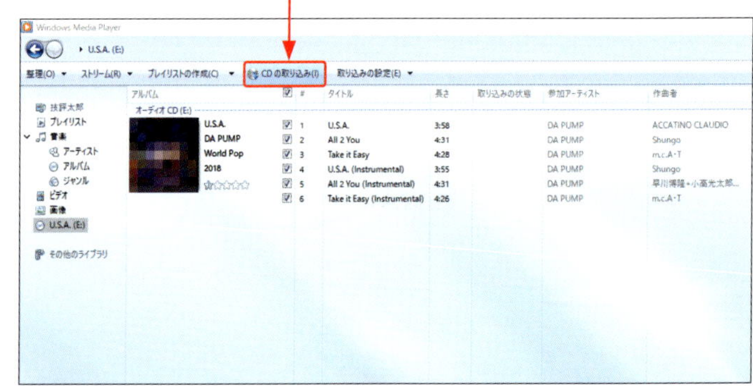

4 <取り込みオプション>が表示された場合は、<取り込んだ音楽にコピー防止を追加しない>をクリックします。

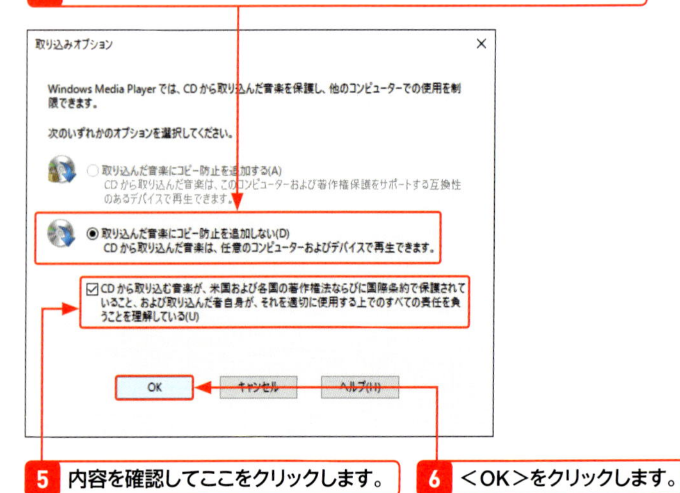

5 内容を確認してここをクリックします。

6 <OK>をクリックします。

4 音楽を取り込む

1 音楽の取り込みがはじまります。

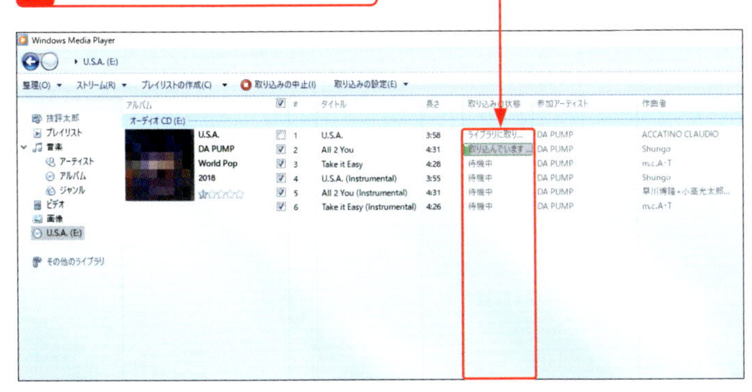

2 取り込みが終わるまで少し待ちます。

3 取り込みが終わります。

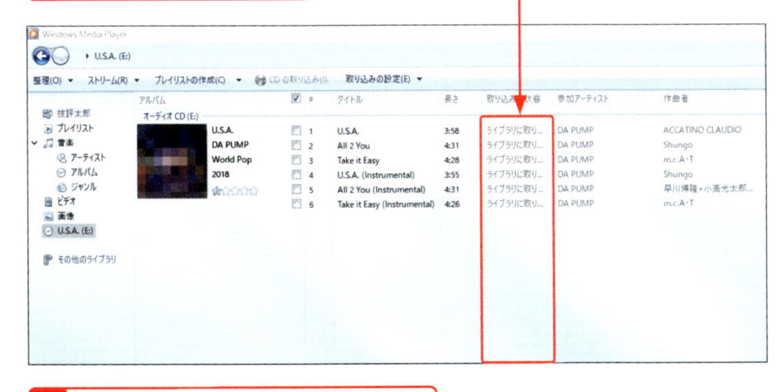

4 音楽CDをドライブから取り出します。

メモ 音楽を取り込む

音楽の取り込みには少し時間がかかります。進捗状況は画面に表示されます。取り込みが終わるまで待ちましょう。

ステップアップ 取り込みの設定をする

＜取り込みの設定＞をクリックすると、取り込み方法を指定することもできます。たとえば、曲の取り込み後に音楽CDのドライブを自動で開けるには、＜取り込み後にCDを取り出す＞をクリックします。

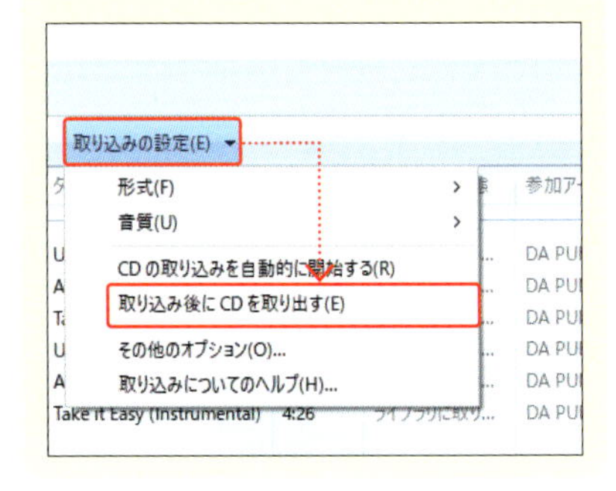

ヒント プレイビューとライブラリ

「Windows Media Player」アプリでは、曲を再生するときはプレイビュー、音楽を取り込んで確認したりするときはライブラリという異なる画面で操作できます。Sec.53の方法で音楽を再生したときはプレイビューで表示されます。＜プレイビューに切り替え＞や＜ライブラリに切り替え＞をクリックするとビューを交互に切り替えられます。

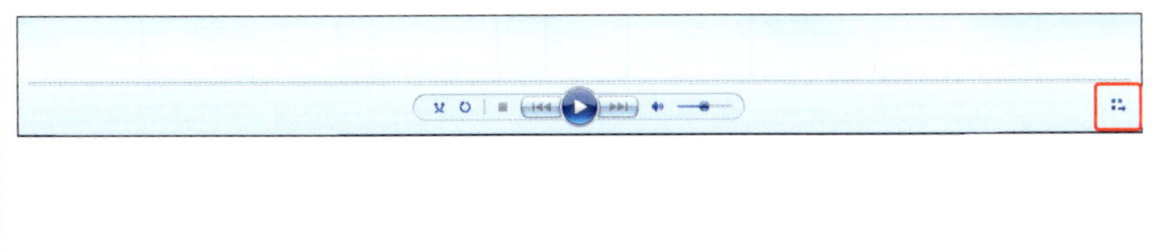

Section 55

取り込んだ曲を再生しよう

覚えておきたいキーワード
- ☑ 音楽
- ☑ 再生
- ☑ Windows Media Player

音楽CDからパソコンに曲を取り込んだあとは、CDをパソコンにセットしなくても、聴きたい曲を再生できます。ここでは、Sec.54で取り込んだ曲を再生してみましょう。パソコンに取り込んだ曲の一覧を表示して、再生する曲を選択します。

1 曲を再生する

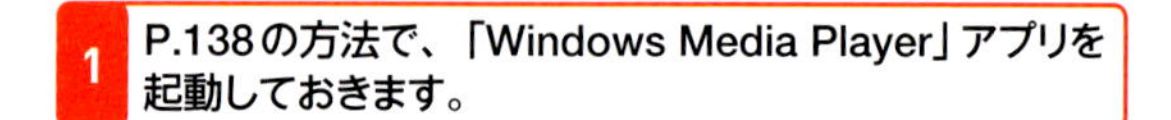
1 P.138の方法で、「Windows Media Player」アプリを起動しておきます。

2 ＜音楽＞をクリックします。

3 曲が表示されます。

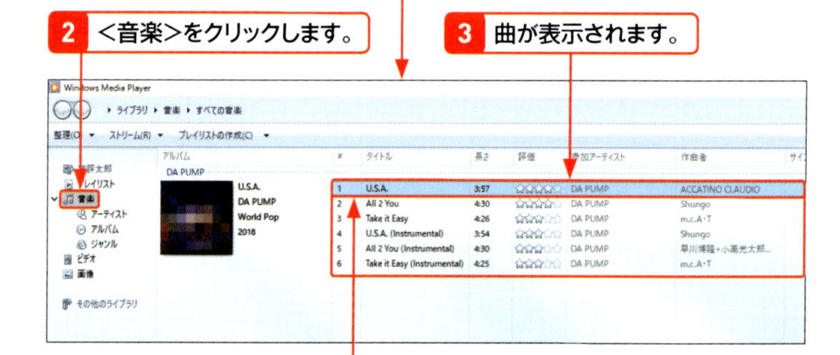

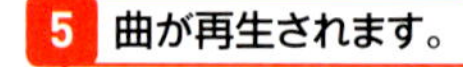
4 聴きたい曲をダブルクリックします。

5 曲が再生されます。

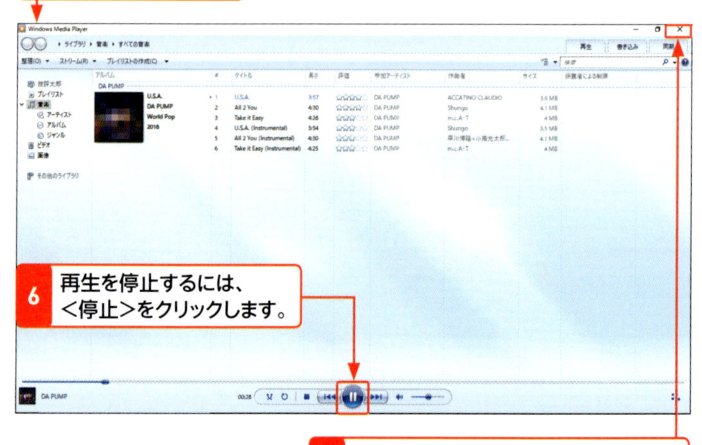

6 再生を停止するには、＜停止＞をクリックします。

7 ＜閉じる＞をクリックすると、「Windows Media Player」アプリが終了します。

ヒント 曲を聴くには

取り込んだ音楽の一覧を表示して曲を聴いてみましょう。音量を調整するなど、曲の再生方法についてはP.139の画面を確認してください。

ヒント 曲の途中に移動する

曲の再生中に曲を進めるには、下に表示される＜位置＞のつまみをドラッグします。

ヒント アルバムやジャンルを見る

アーティスト名やアルバム名、ジャンルなどを確認するには、＜音楽＞の＜アーティスト＞＜アルバム＞＜ジャンル＞の項目をクリックします。表示されたアルバムなどをダブルクリックすると、詳細が表示されます。

Chapter 06

第6章

「Word」で お知らせ文書を作成しよう

Section 56

「Word」を起動しよう

覚えておきたいキーワード
- Word
- 文書ウィンドウ
- カーソル

「Word」とは、「Microsoft Office」というアプリに含まれているアプリで、さまざまな文書を作成できます。多くのノートパソコンには、あらかじめ「Microsoft Office」が入っています。この章では、お知らせ文書を作成しながら「Word」の基本を紹介します。

1 「Word」を起動する

ヒント 「Word」のバージョン

「Word」の最新バージョンは、2019年5月時点でWord 2019です。Word 2016／Word 2013は、以前のバージョンの「Word」ですが、本書で紹介するほとんどの操作は、古いバージョンのWord 2016／Word 2013でも同様に操作できます。

キーワード Office Premium

「Office Premium」とは、パソコンにあらかじめ入っているタイプの「Microsoft Office」です。パソコンに「Office Premium」がインストールされている場合は、新しいバージョンの「Microsoft Office」に更新できます。インストールの方法については、お使いのパソコンのメーカーやMicrosoftのホームページで確認してください。

ヒント 「Word」がない場合

購入したパソコンに「Microsoft Office」が含まれているはずなのに「Word」の項目がない場合、スタートメニューのアプリ一覧から「Microsoft Office」のインストールが必要な場合があります。お使いのパソコンの操作説明書をご確認ください。

1 ＜スタート＞ボタンをクリックします。

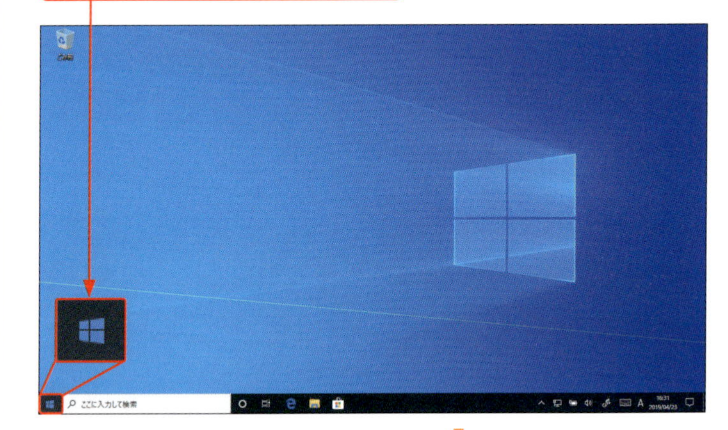

2 スタートメニューのここをドラッグし、

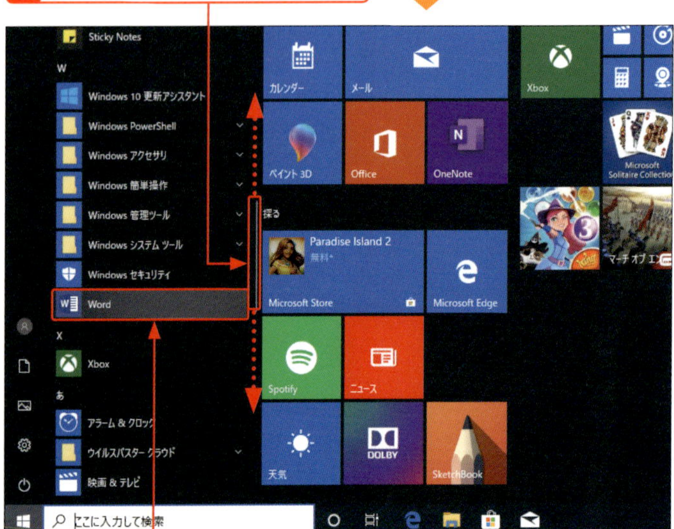

3 ＜Word＞をクリックします。

2 新しい文書を用意する

1 <白紙の文書>>をクリックします。

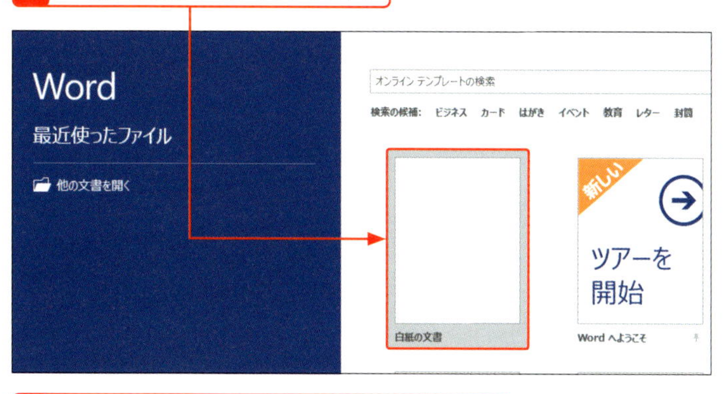

2 「Word」が起動して白紙の文書が表示されます。

タッチ <タッチ>タブ

タッチパネル対応のパソコンでは、<タッチ>タブが表示される場合があります。<タッチ>タブには、画面をタッチして手書き文字を書いたりするときに使用するボタンなどが表示されます。

「Word」の画面

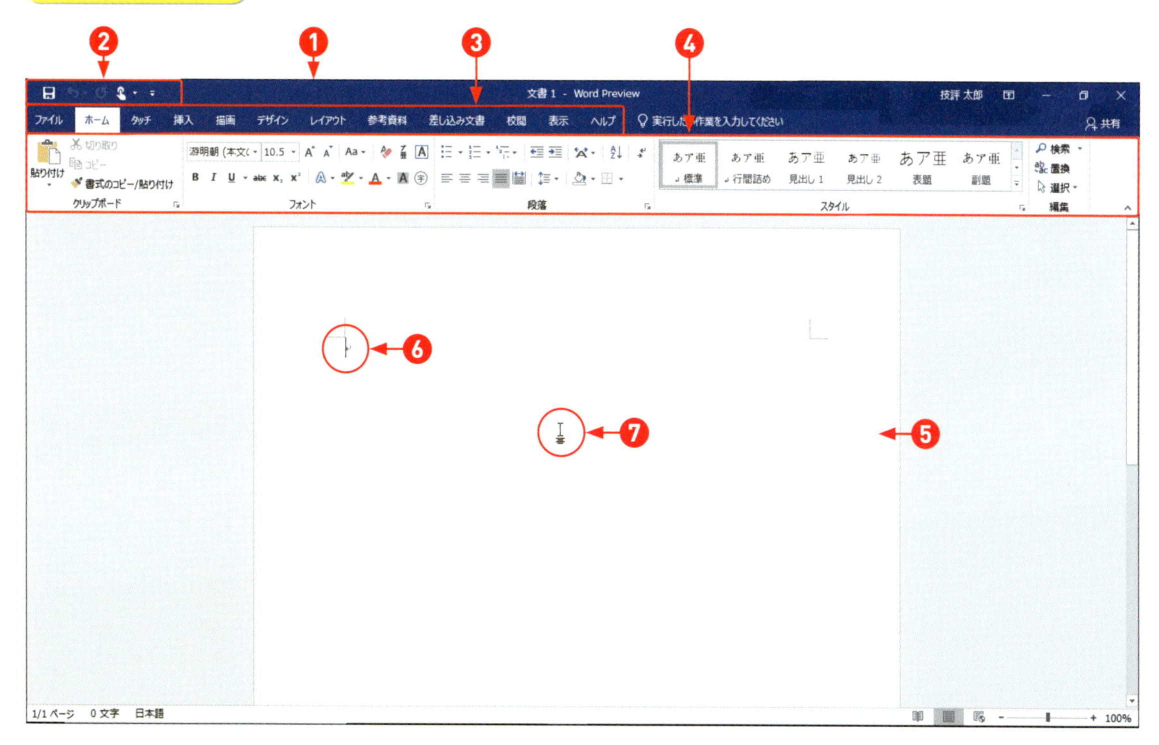

❶タイトルバー
アプリの名前や開いているファイル名などが表示されます。

❷クイックアクセスツールバー
よく使う機能のボタンが並んでいるところです。

❸タブ／❹リボン
「Word」の機能は、タブごとに分類されています。タブをクリックすると、リボンの内容が切り替わります。

❺文書ウィンドウ
文書を作成する用紙の部分です。

❻カーソル
文字が入力される位置を示します。

❼ポインター
マウスの操作対象の位置を示します。ポインターの形は、その位置によってことなります。

Section 57

日付と名前を入力しよう

覚えておきたいキーワード
- カーソル
- 日付
- 改行

「Word」でお知らせ文書を作成します。第2章では、「メモ帳」アプリを使用して文字の入力を紹介しましたが、「Word」でも同様に文字を入力できます。まずは、日付や差出人などの情報を入力してみましょう。「Word」では、文字の入力中に入力を支援するさまざまな機能が働きます。

1 日付を入力する

メモ 日付を自動で入力する

今日は西暦何年か、または、今の元号などを「2019年」「令和」などと入力して Enter を押すと、今日の日付が自動的に表示されます。Enter を押すと、日付が入力されます。

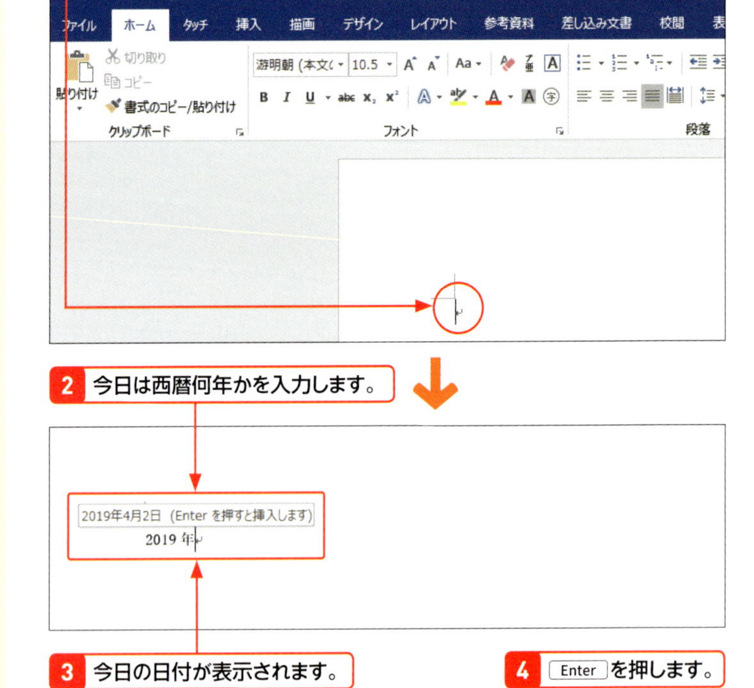

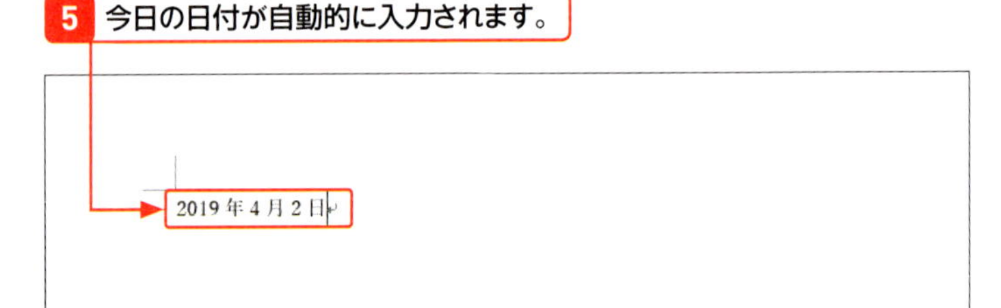

ヒント 日本語が入力できない場合

日本語が入力できない場合は、半角/全角 を押して日本語入力モードをオンにします。P.44 を参照してください。

2 宛名や差出人を入力する

1 文末にカーソルがあることを確認します。

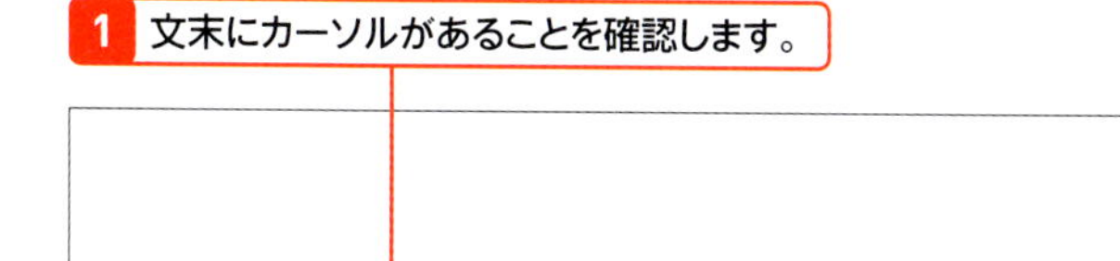

2 Enter を押します。

3 次のように文書の宛名を入力します。

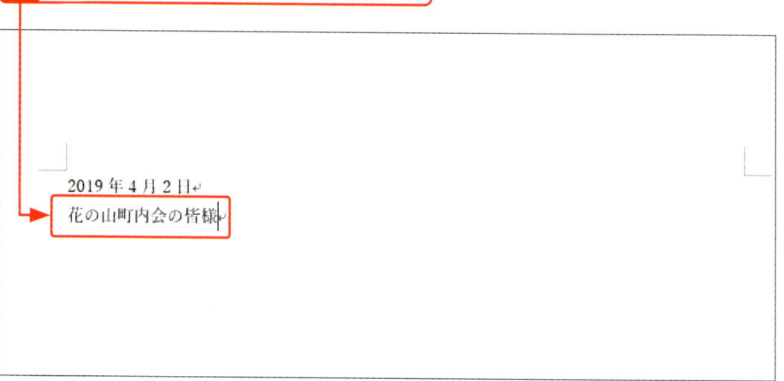

4 Enter を押します。

5 次のように差出人を入力します。

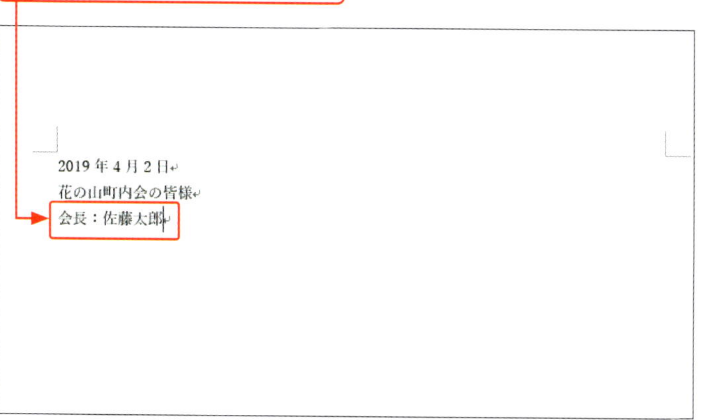

6 Enter を2回押します。

メモ 文字の入力方法

文字入力の基本操作は、2章で紹介しています。2章では、「メモ帳」アプリに入力する方法を紹介していますが、どのアプリでも同じように入力できます。

メモ 改行する

文末で改行して次の行から入力するには、文末で Enter を押します。

ヒント カーソルを移動する

カーソルを移動するには、移動先をクリックします。また、方向キー↓↑←→を押しても移動できます。

Section 58

件名と本文を入力しよう

覚えておきたいキーワード
- 頭語
- 結語
- 入力オートフォーマット

お知らせ文書の本文を入力します。本文の冒頭、「拝啓」と入力して スペース を押すと自動的に「敬具」の文字が入ります。「Word」では、文字の入力中にさまざまな入力支援機能が働きます。入力支援機能を確認しながら文字を入力しましょう。

1 タイトルを入力する

1 カーソルの位置を確認します。

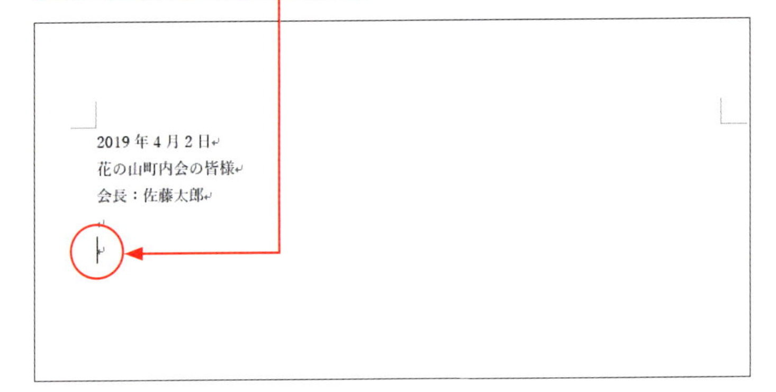

2 タイトルを入力します。

3 Enter を2回押します。

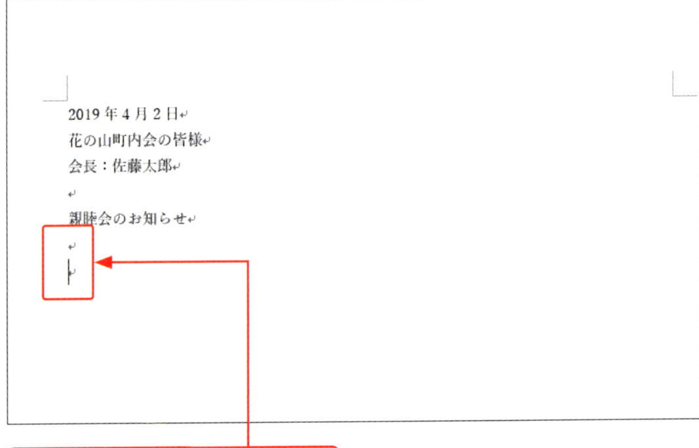

4 改行して空白行が入りました。

ヒント 文字を修正するには

間違った文字を入力した場合は、消したい文字の右側にカーソルを移動して BackSpace を押して文字を削除します。続いて、正しい文字を入力します。また、消したい文字の左側にカーソルを移動して Delete を押しても文字を削除できます。

ヒント ↵段落記号

「Word」では、↵から↵までを段落という単位で扱います。↵の記号を削除すると、改行が解除されます。

2 本文を入力する

1 「拝啓」と入力します。

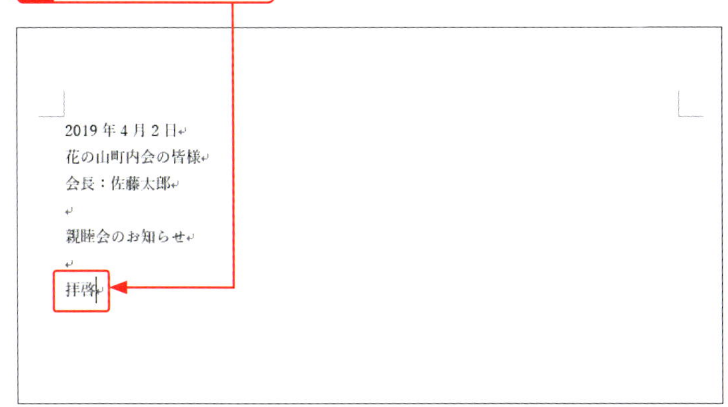

2019年4月2日
花の山町内会の皆様
会長：佐藤太郎

親睦会のお知らせ

拝啓

2 スペース を押します。

3 「敬具」が自動的に入力されます。

2019年4月2日
花の山町内会の皆様
会長：佐藤太郎

親睦会のお知らせ

拝啓

敬具

4 続きの内容を入力します。

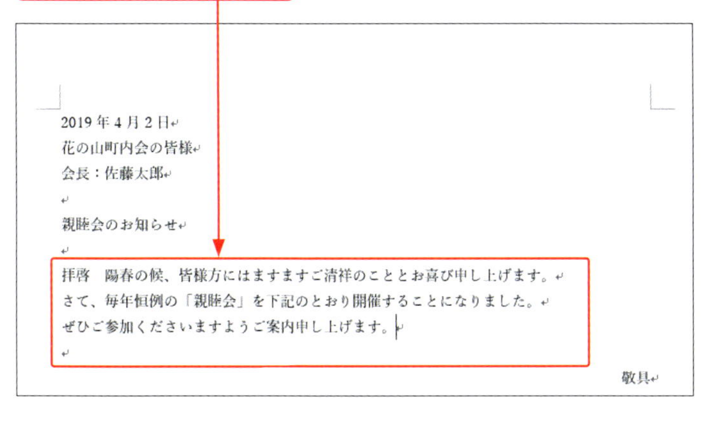

2019年4月2日
花の山町内会の皆様
会長：佐藤太郎

親睦会のお知らせ

拝啓　陽春の候、皆様方にはますますご清祥のこととお喜び申し上げます。
さて、毎年恒例の「親睦会」を下記のとおり開催することになりました。
ぜひご参加くださいますようご案内申し上げます。

敬具

キーワード　入力オートフォーマット

「Word」では文字の入力中、入力を支援する入力オートフォーマットという機能が働く場合があります。たとえば、「拝啓」と入力して スペース を押すと、「敬具」の文字が入ります。「前略」と入力して スペース を押すと、「草々」の文字が入ります。また、箇条書きの行頭の記号を自動で入力したりすることもあります。

ヒント　間違えて改行してしまった場合

カーソルの前の文字を消すには、 BackSpace を押します。たとえば、 Enter を1回押すところを2回押してしまったとき、 BackSpace を押すと、改行の指示が解除されます。

Section 59

別記を入力しよう

覚えておきたいキーワード
- 箇条書き
- オートコレクトのオプション
- 入力オートフォーマット

別記事項を箇条書きで入力します。「Word」では、文字の入力中に、文字の入力作業を軽減させる入力支援機能が働きます。入力支援機能の1つに入力オートフォーマット機能があります。ここでは、入力オートフォーマット機能を確認しながら文字を入力していきます。

1 「記」を入力する

メモ 「以上」が自動的に入る

「記」と入力して Enter を押すと、入力オートフォーマット機能が働いて「以上」の文字が自動的に入力されます。また、「記」の文字が中央に、「以上」の文字が右に配置されますので、文字の配置も自動的に調整されます。

1 ここをクリックします。

2 「記」と入力します。

3 Enter を押します。

4 「以上」が自動的に入力されます。

ヒント 入力オートフォーマット機能をキャンセルする

入力オートフォーマット機能が働いたとき、自動的に入力された内容などを削除して元の状態に戻すには、BackSpace を押します。たとえば、「記」と入力して Enter を押したあとに BackSpace を押すと、「記」を入力した直後の状態に戻ります。

2 箇条書きを入力する

1 「･」と入力します。

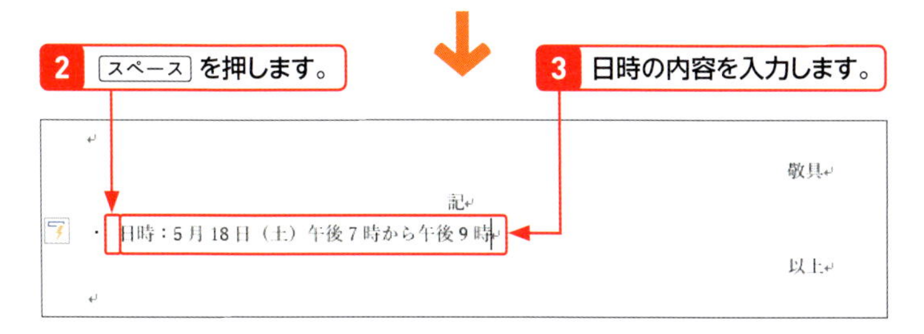

2 スペース を押します。

3 日時の内容を入力します。

4 Enter を押します。

5 次の行の行頭に「・」が自動的に表示されます。

6 会費の内容を入力して Enter を押します。

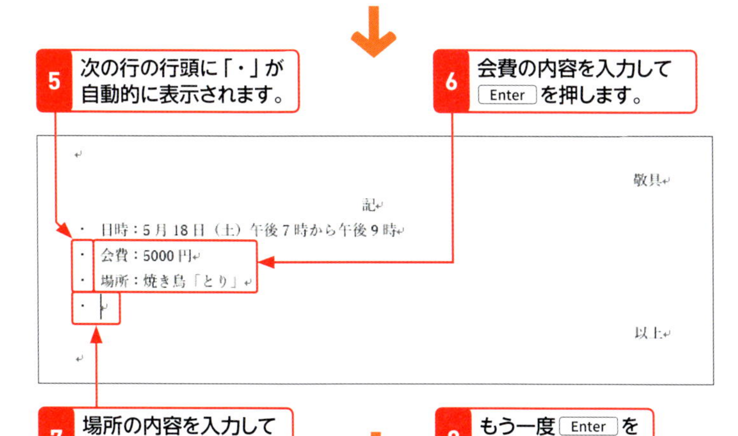

7 場所の内容を入力して Enter を押します。

8 もう一度 Enter を押します。

9 箇条書きの行頭の記号が消えます。

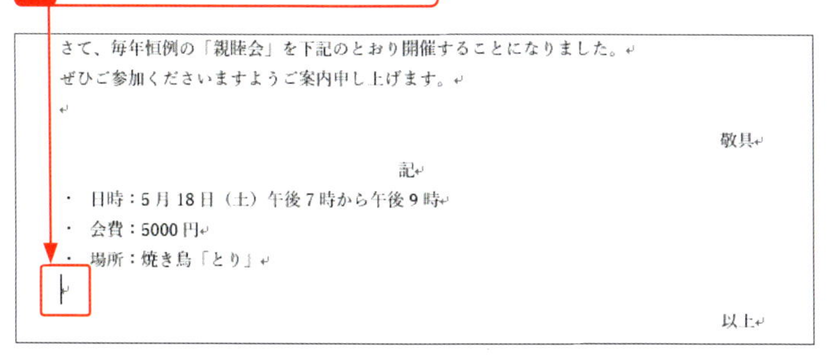

メモ　箇条書きの記号が自動的に表示される

行頭に「・」などの記号を入力して スペース を押すと、入力オートフォーマット機能が働き、自動的に箇条書きの書式が設定されます。項目を入力して Enter を押すと、次の行の行頭にも同じ記号が表示されます。箇条書きの記述をやめるには、最後の項目を入力したあとに Enter を押し、もう一度 Enter を押します。

ステップアップ　入力オートフォーマット機能をオフにする

入力オートフォーマット機能が働いて箇条書きの設定などが自動的に行われると、<オートコレクトのオプション>が表示されます。<オートコレクトのオプション>をクリックして<元に戻す>をクリックすると、箇条書きの設定が元に戻ります。<箇条書きを自動的に作成しない>を選択すると、箇条書きが自動的に設定される機能がオフになります。<オートフォーマットオプションの設定>をクリックすると、オートフォーマットの機能を使用するかどうかを指定する設定画面が表示されます。

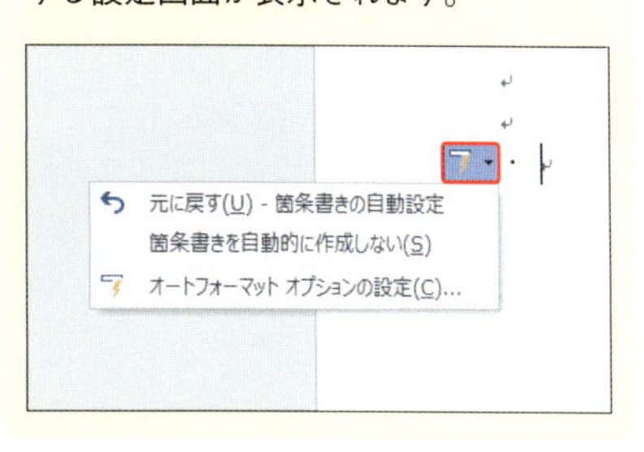

Section 60 文字をコピーして貼り付けよう

覚えておきたいキーワード
- コピー
- 切り取り
- 貼り付け

すでに入力した文字と同じ内容を入力するときは、文字をコピーして貼り付けます。また、文字を別の場所に移動するときは、文字を切り取って貼り付けます。文字のコピーや移動などの操作は頻繁に使用しますので、ショートカットキーも覚えておくと便利です。

1 文字をコピーする

メモ 文字をコピー／移動する

コピーするには、コピーする文字を選択して<ホーム>タブの<コピー>をクリックします。続いて、コピー先を選択して<ホーム>タブの<貼り付け>をクリックします。文字を移動するには、移動する文字を選択して<ホーム>タブの<切り取り>をクリックします。続いて、移動先を選択して<ホーム>タブの<貼り付け>をクリックします。

ヒント ショートカットキーで操作する

文字のコピーをショートカットキーで行うには、文字を選択して Ctrl ＋ C を押します。続いて、貼り付け先を選択して Ctrl ＋ V を押します。」また、文字の移動をショートカットキーで行うには、文字を選択して Ctrl ＋ X を押します。続いて、貼り付け先を選択して Ctrl ＋ V を押します。

1 コピーする文字をドラッグして選択します。

2019 年 4 月 2 日
花の山町内会の皆様
会長：佐藤太郎

親睦会のお知らせ

拝啓　陽春の候、皆様方にはますますご清祥のこととお喜び申し上げます。
さて、毎年恒例の「親睦会」を下記のとおり開催することになりました。
ぜひご参加くださいますようご案内申し上げます。

2 <ホーム>タブをクリックし、

3 <コピー>をクリックします。

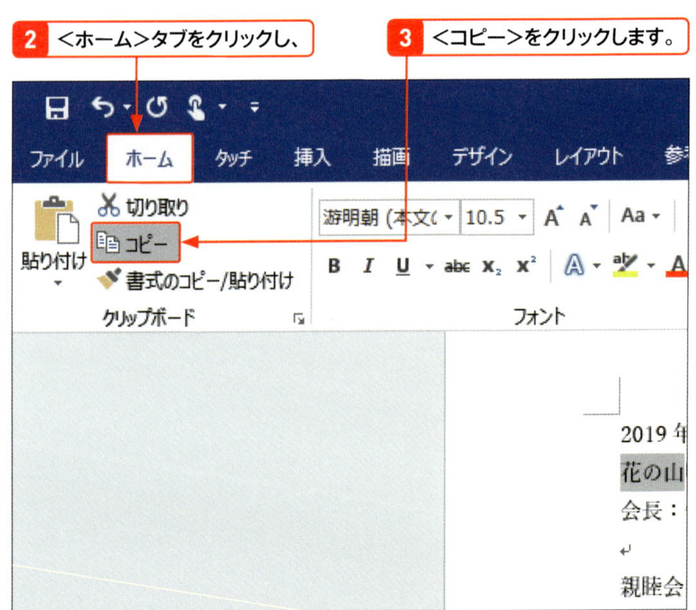

2 文字を貼り付ける

1 コピー先をクリックします。

2019年4月2日
花の山町内会の皆様
会長：佐藤太郎

親睦会のお知らせ

拝啓　陽春の候、皆様方にはますますご清祥のこととお喜び申し
さて、毎年恒例の「親睦会」を下記のとおり開催することになり
ぜひご参加くださいますようご案内申し上げます。

記
・日時：5月18日（土）午後7時から午後9時
・会費：5000円
・場所：焼き鳥「とり」

2 ＜ホーム＞タブをクリックし、

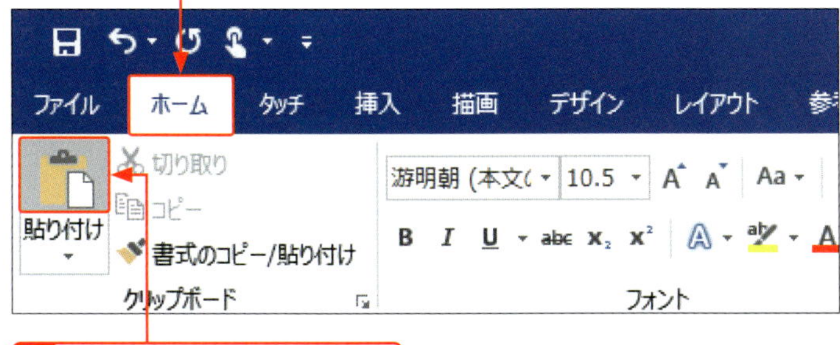

3 ＜貼り付け＞をクリックします。

4 文字がコピーされました。

5 文字を追加して修正します。

記
・日時：5月18日（土）午後7時から午後9時
・会費：5000円
・場所：焼き鳥「とり」花の山駅ビル2F

ヒント　ドラッグで操作する

文字のコピーをドラッグ操作で行うには、文字を選択したあと、選択した文字を、Ctrl を押しながらドラッグします。また、文字の移動をドラッグ操作で行うには、文字を選択したあと、選択した文字を移動先へドラッグします。

ステップアップ　切り取りやコピーした文字を貯めて利用する

＜ホーム＞タブの＜クリップボード＞の＜ダイアログボックス起動ツール＞をクリックすると❶、＜クリップボード＞作業ウィンドウが表示されます。この状態で文字をコピーしたり切り取ったりすると＜クリップボード＞作業ウィンドウにコピーしたりした内容が表示されます。これらの文字を貼り付けるには、貼り付け先を選択したあと❷、＜クリップボード＞作業ウィンドウに表示されている項目をクリックします❸。

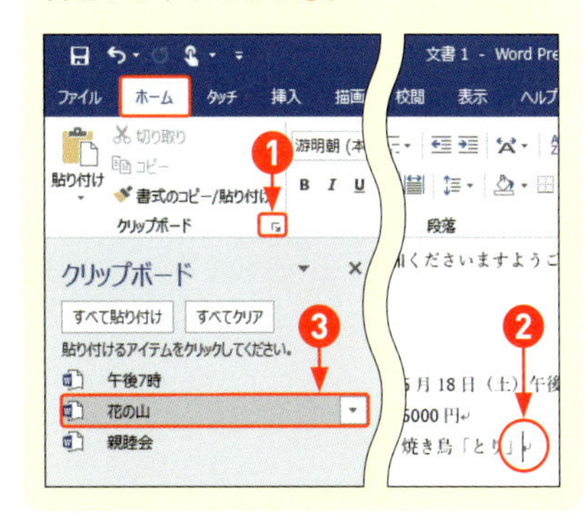

Section 61 中央揃え・右揃えに配置しよう

覚えておきたいキーワード
- 段落
- 右揃え
- 中央揃え

日付や差出人の名前を右に揃えたり、タイトルを中央に揃えたりして、文字の配置を整えましょう。文字の配置は、段落ごとに決められます。配置を整えたい段落内をクリックし、<ホーム>タブのボタンで配置する位置を指定します。

1 文字を中央揃えにする

メモ タイトルを中央揃えにする

文字の配置は、段落ごとに指定できます。ここでは、タイトルの段落を中央に揃えます。タイトルの段落内をクリックして、配置を指定します。

1 タイトルが入力されている段落内をクリックします。

2 <ホーム>タブをクリックします。

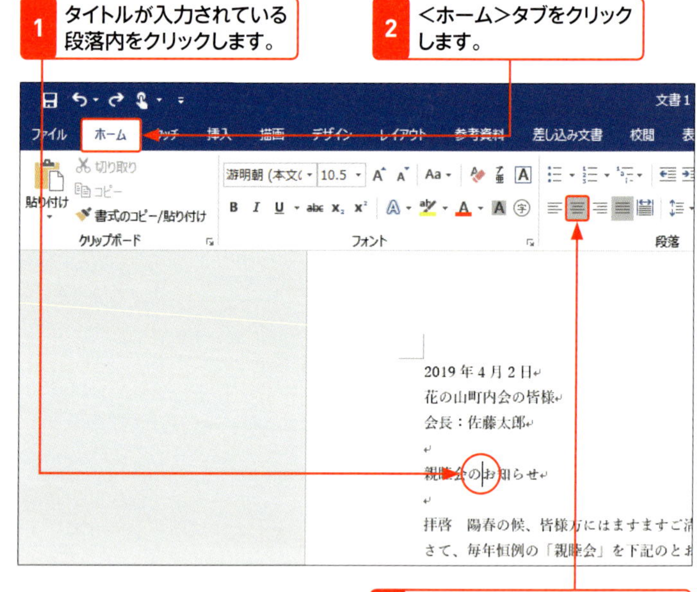

3 <中央揃え>をクリックします。

4 タイトルが中央揃えになりました。

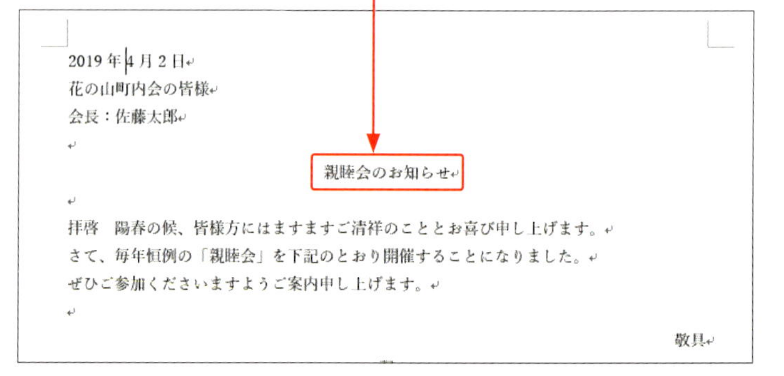
2019年4月2日
花の山町内会の皆様
会長：佐藤太郎

親睦会のお知らせ

拝啓　陽春の候、皆様方にはますますご清祥のこととお喜び申し上げます。
さて、毎年恒例の「親睦会」を下記のとおり開催することになりました。
ぜひご参加くださいますようご案内申し上げます。

敬具

ヒント 操作を元に戻すには

「Word」で文書を編集しているとき、操作をキャンセルして元に戻すには、クイックアクセスツールバーの↶をクリックします。クリックするたびに操作をさかのぼって戻すことができます。

2 日付や差出人を左揃えにする

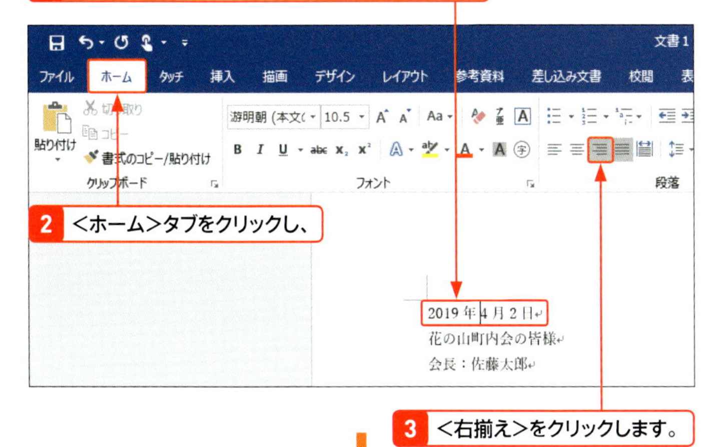
1 日付が入力されている段落内をクリックします。
2 <ホーム>タブをクリックし、

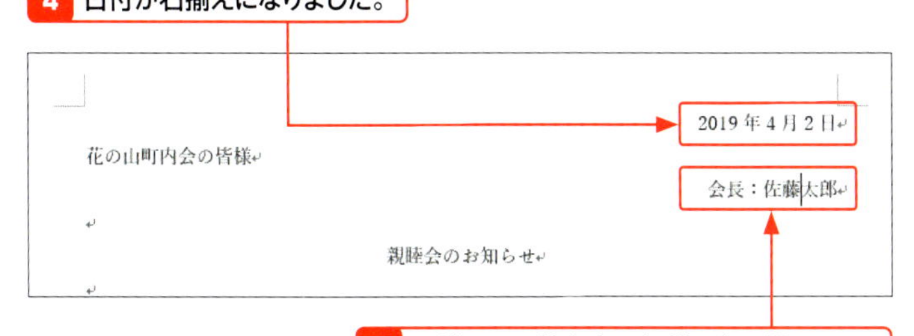
3 <右揃え>をクリックします。
4 日付が右揃えになりました。
2019 年 4 月 2 日
花の山町内会の皆様
会長：佐藤太郎
親睦会のお知らせ

5 同様にして差出人の段落を右に揃えます。

ヒント 配置を元に戻す

文字を入力するときの既定の配置は両端揃えです。文字の配置を元に戻すには、段落をクリックし、<ホーム>タブの<両端揃え>をクリックします。

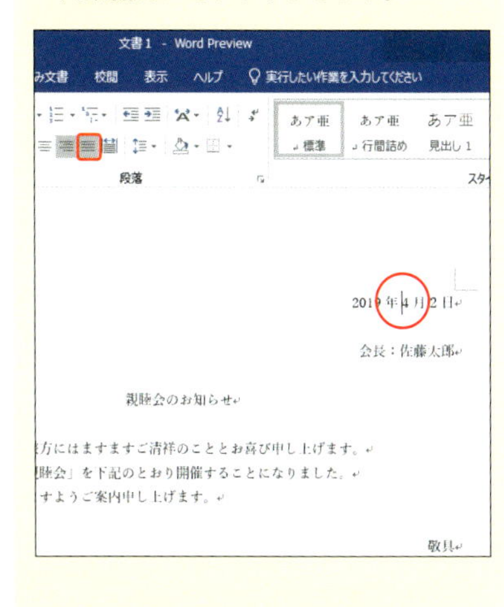

ステップアップ 段落の先頭位置を右にずらす

文字の配置を変更するときに、文字の先頭位置を1文字ずつずらすには、段落を選択したあと❶、<インデントを増やす>をクリックします❷。クリックするたびに1文字ずつ位置をずらせます。<インデントを減らす>をクリックすると、1文字ずつ文字が左にずれます❸。

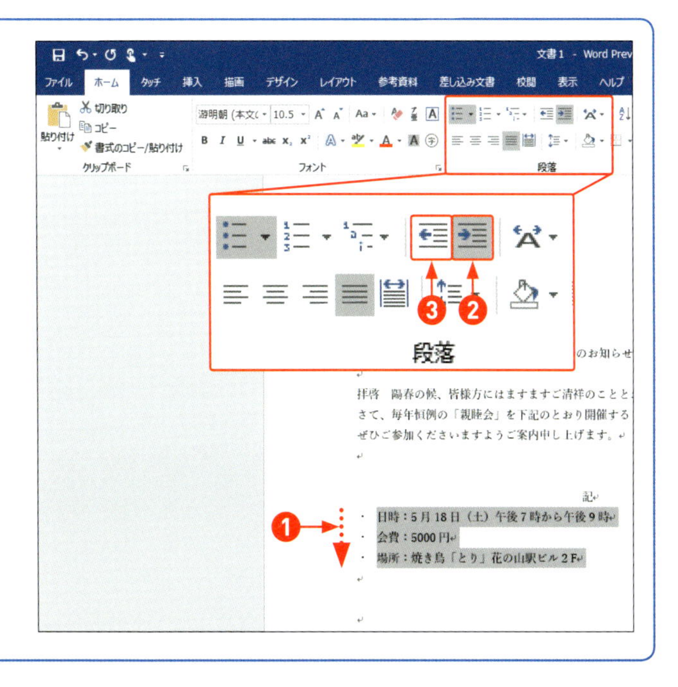
段落

Section 62

太字にして文字サイズを変更しよう

覚えておきたいキーワード
- 太字
- フォントサイズ
- フォント

タイトルの文字を太字にしたり文字の大きさを変えたりして目立たせます。文字に飾りを付けるには、最初に対象の文字を選択します。続いて文字の飾りを選びます。<ホーム>タブの<フォント>には、文字にさまざまな飾りを設定するボタンが用意されています。

1 文字を太字にする

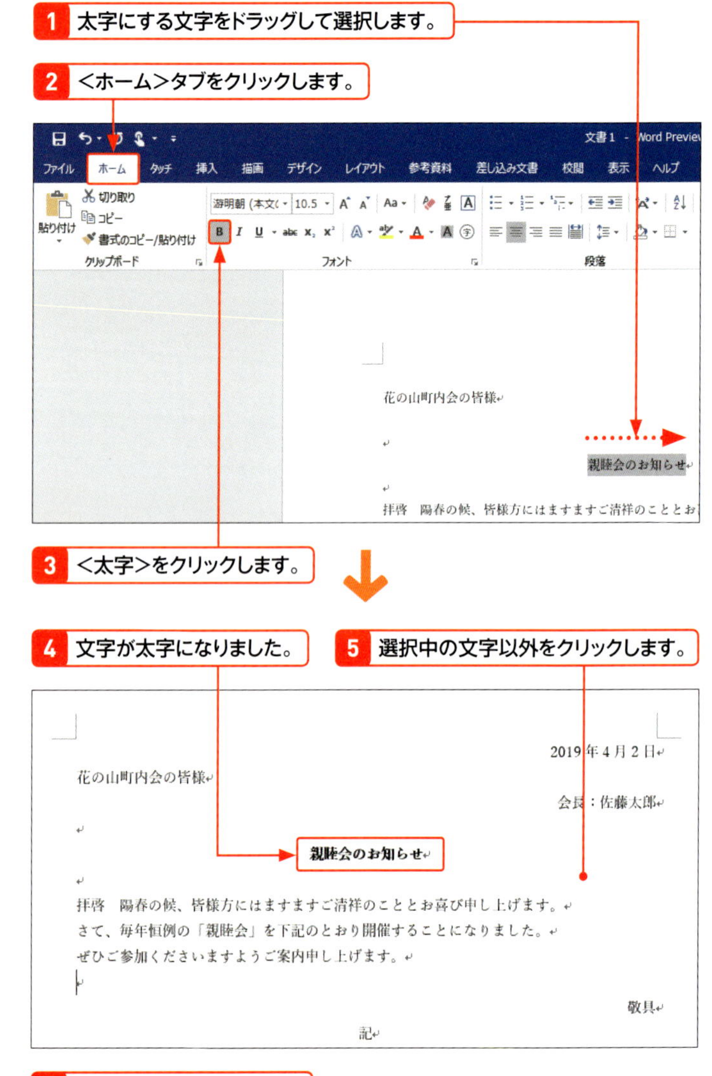

メモ 太字や斜体の飾りを付ける

文字を太字にするには、Bをクリックします。斜体にするときは、Iをクリックします。下線を付けるにはUをクリックします。いずれも飾りを付ける文字を選択してからボタンをクリックします。

ヒント ショートカットキーで操作する

文字に太字／斜体／下線の飾りを付けるには、ショートカットキーで操作することもできます。それには、文字を選択したあとにショートカットキーを押します。太字はCtrl＋B、斜体はCtrl＋I、下線はCtrl＋Uです。ボタンに表記されている文字と同じですので、かんたんに覚えられます。

2 文字の大きさを変更する

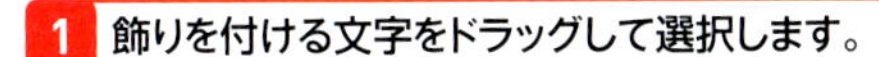

1 飾りを付ける文字をドラッグして選択します。

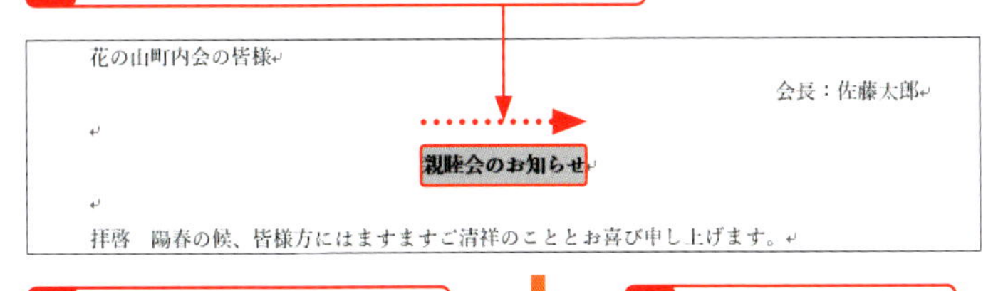

2 <ホーム>タブをクリックし、

3 <フォントサイズ>の<▼>をクリックし、

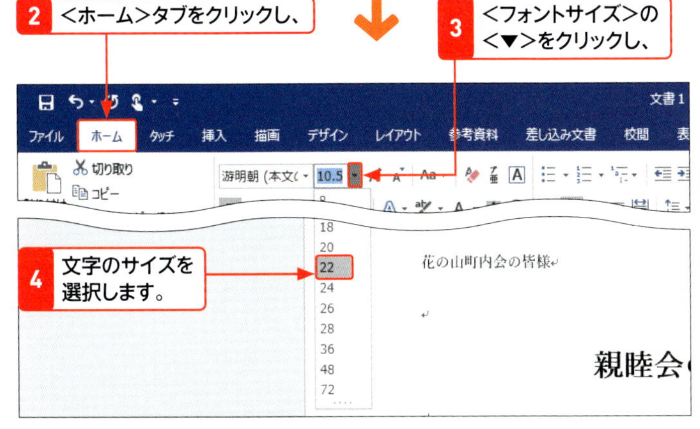

4 文字のサイズを選択します。

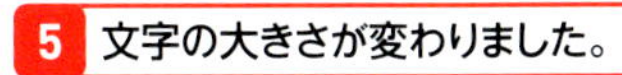

5 文字の大きさが変わりました。

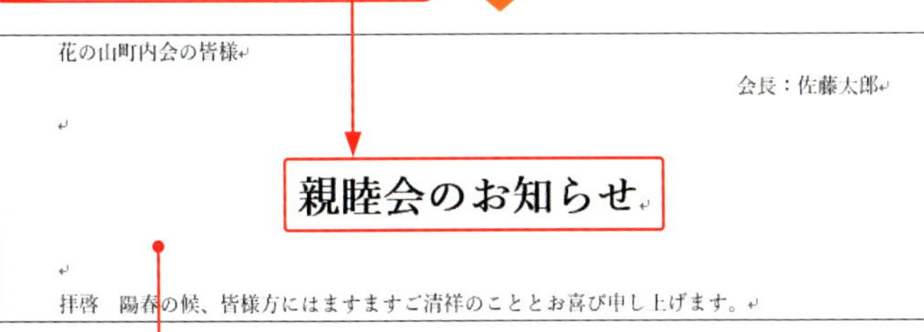

6 選択中の文字以外をクリックします。

7 選択範囲が解除されます。

ヒント 文字の大きさをひと回り大きくする

文字のサイズを変更するとき、ひと回りずつ大きくしたり小さくしたりするには、<ホーム>タブの<フォントサイズの拡大>や<フォントサイズの縮小>をクリックします。クリックするたびに文字を大きくしたり小さくしたりできます。

ヒント 書式を削除する

文字や段落に設定した書式を削除するには、対象となる箇所を選択して<ホーム>タブの<すべての書式をクリア>をクリックします。そうすると、選択した箇所の書式をまとめて削除できます。

ヒント 文字のフォントを変更する

文字の形を変更するには、文字を選択し、<ホーム>タブの<フォント>の<▼>をクリックします。表示されるフォント一覧からフォントを選び、クリックします。

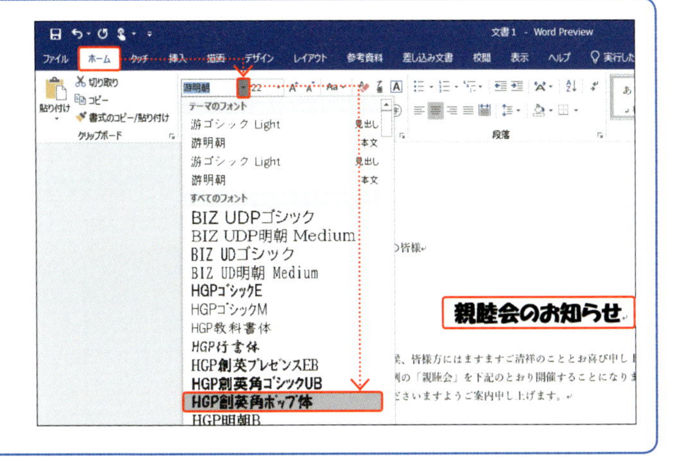

Section 63

お知らせ文書を印刷しよう

覚えておきたいキーワード
- <ファイル>タブ
- 印刷設定
- 印刷

作成した文書を印刷してみましょう。<ファイル>タブの<印刷>をクリックすると、画面の右側に印刷イメージが表示され、画面の左側に印刷時の設定を行う項目が表示されます。印刷時の設定を変更すると、右側の印刷イメージに反映されます。

1 印刷イメージを確認する

メモ　プリンターを接続しておく

文書を印刷する前に、パソコンとプリンターを接続してプリンターの電源をオンにします。印刷イメージを確認してから印刷を実行します。

ヒント　<ページレイアウト>タブで印刷時の設定ができる

<ページレイアウト>タブの<ページ設定>で、用紙のサイズや印刷の向きなどを指定できます。また、印刷イメージを確認する画面でも、印刷時の設定を行えます。

1 印刷する文書を開いておきます。

2 <ファイル>タブをクリックします。

3 <印刷>をクリックします。

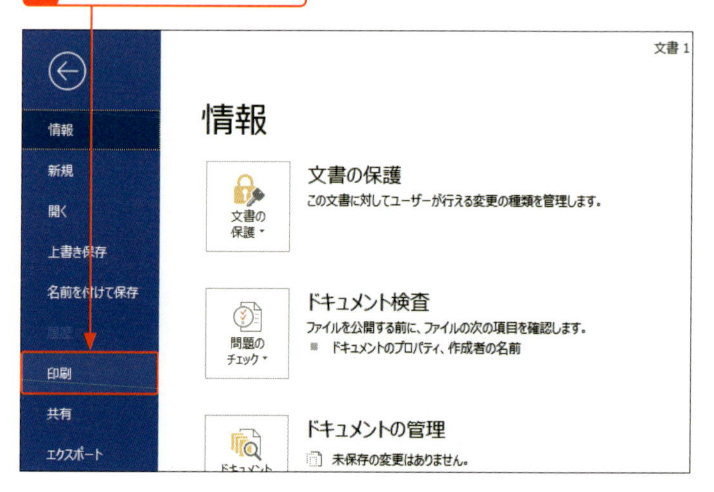

2 印刷する

1 印刷イメージを確認します。

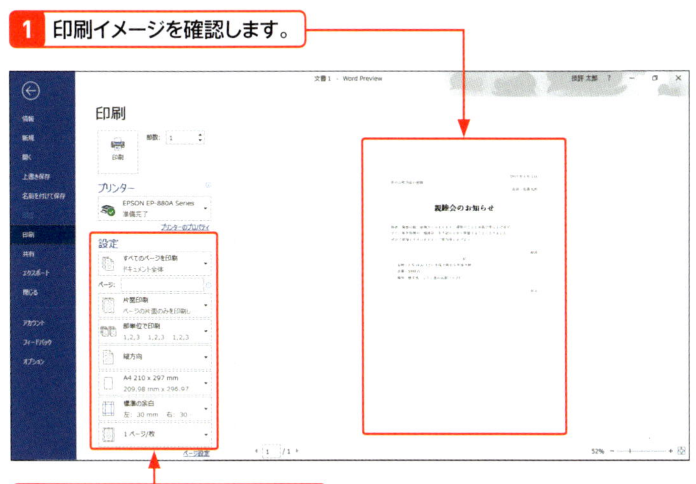

2 必要に応じて用紙の向きなどを変更します。

3 接続しているプリンターが表示されていることを確認します。

4 <部数>を指定します。

5 <印刷>をクリックすると印刷が実行されます。

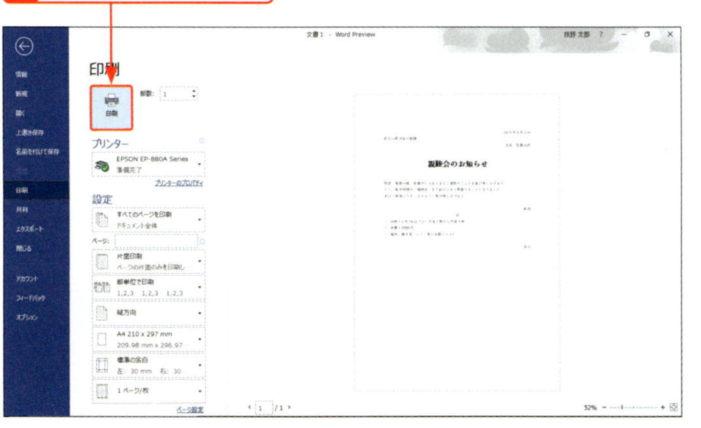

メモ 印刷時の設定を行う

印刷イメージを確認する画面では、左側で用紙の向きや余白などを指定できます。必要に応じて設定を変更しましょう。また、<ページ設定>をクリックすると、さまざまな設定をまとめて行える画面が表示されます。

ヒント オフラインと表示される場合

プリンターの欄にプリンター名が表示されていても<オフライン>と表示されているときは、印刷ができません。パソコンとプリンターが接続されているか、プリンターの電源が入っているかどうかを確認しましょう。

Section 64

お知らせ文書を保存しよう

覚えておきたいキーワード
- 保存
- 上書き保存
- ファイル

作成した文書をあとでまた使用する場合は、ファイルを保存しておきましょう。ファイルを保存するときは、ファイルの保存先とファイル名を指定します。ここでは、<ドキュメント>フォルダーに「親睦会のお知らせ」という名前でファイルを保存します。

1 ファイルを保存する

ヒント ファイルを上書き保存する

一度保存したファイルを編集したあとに、更新して保存するときもクイックアクセスツールバーの<上書き保存>をクリックします。そうすると、画面は変わりませんが、上書き保存されます。

ヒント 「Word」を終了する

「Word」を終了するには、ウィンドウの右上の<閉じる>をクリックします(P.59参照)。

ヒント 保存したファイルを開く

保存したファイルを開くには、<ファイル>タブの<開く>をクリックします。<このPC>をクリックして<参照>をクリックすると、ファイルを開く画面が表示されます。ファイルの保存先を指定してファイルをクリックして<開く>をクリックします。

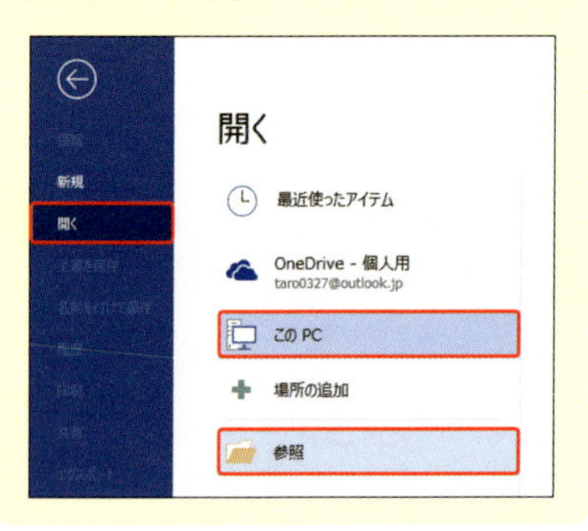

1 クイックアクセスツールバーの<上書き保存>をクリックします。

2 <名前を付けて保存>の画面が表示されます。

3 <このPC>をクリックします。

4 <参照>をクリックします。

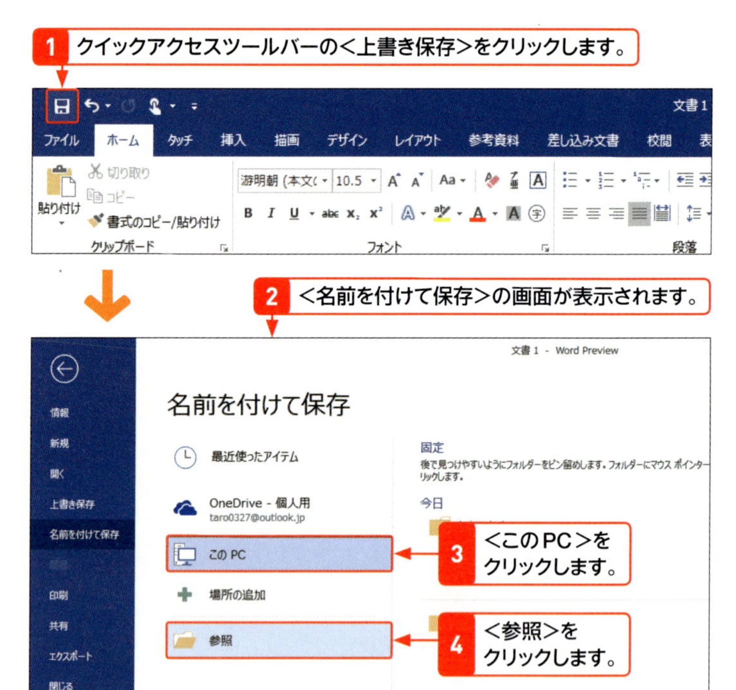

5 このあとは、Sec.18を参考に、ファイルの保存先とファイル名を指定して保存します。

Chapter 07

第7章

「Excel」で支出帳を作成しよう

Section 65

「Excel」を起動しよう

覚えておきたいキーワード
- Excel
- ワークシート
- セル

「Excel」とは、「Microsoft Office」というアプリに含まれているアプリで、計算表やグラフを作成することができます。多くのノートパソコンには、あらかじめ「Microsoft Office」が入っています。この章では「Excel」の基本操作を紹介します。

1 「Excel」を起動する

ヒント 「Excel」のバージョン

「Excel」の最新バージョンは、2019年5月時点でExcel 2019です。Excel 2016／Excel 2013は、以前のバージョンの「Excel」ですが、本書で紹介するほとんどの操作は、古いバージョンのExcel 2016／Excel 2013でも同様に操作できます。

キーワード Office Premium

「Office Premium」とは、パソコンにあらかじめ入っているタイプの「Microsoft Office」です。パソコンに「Office Premium」がインストールされている場合は、新しいバージョンの「Microsoft Office」に更新できます。インストールの方法については、お使いのパソコンのメーカーやMicrosoftのホームページで確認してください。

ヒント 「Excel」がない場合

購入したパソコンに「Microsoft Office」が含まれているはずなのに「Excel」の項目がない場合、スタートメニューのアプリ一覧から「Microsoft Office」のインストールが必要な場合があります。お使いのパソコンの操作説明書をご確認ください。

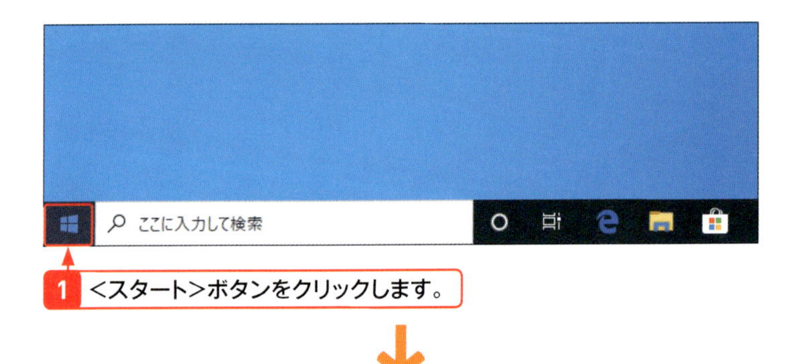

1 <スタート>ボタンをクリックします。

2 スタートメニューのここをドラッグして、

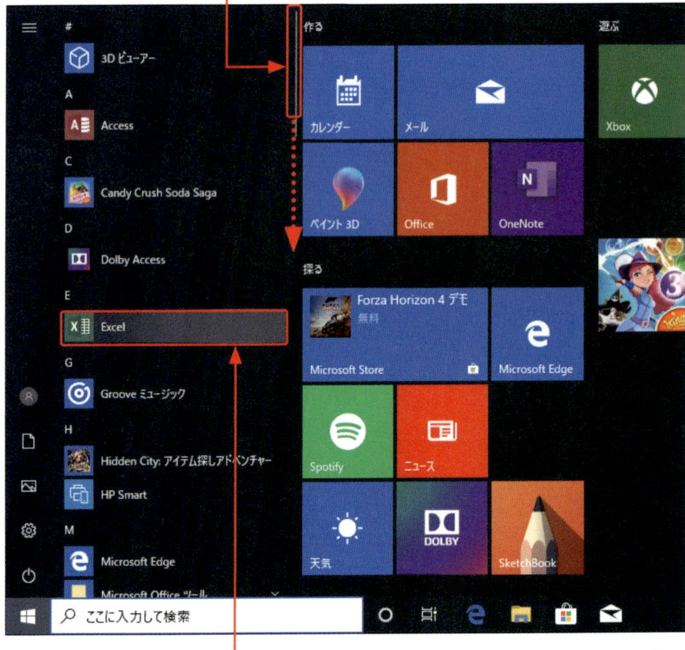

3 <Excel>をクリックします。

2 新しいブックを用意する

1 <空白のブック>をクリックします。

2 「Excel」が起動してワークシートが表示されます。

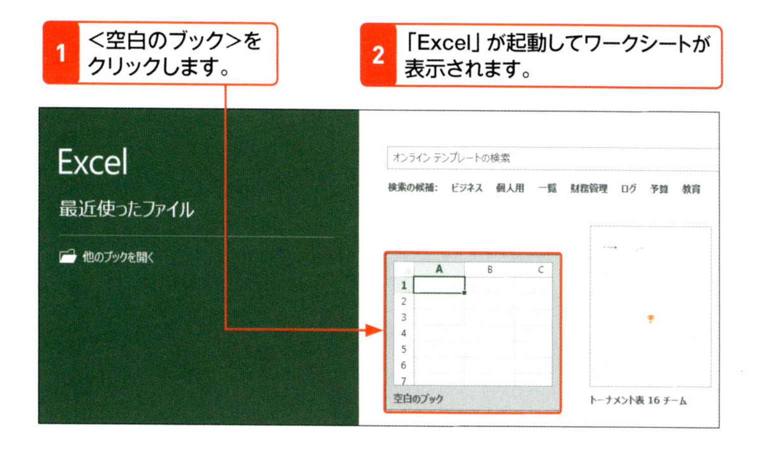

タッチ <タッチ>タブ

タッチパネル対応のパソコンでは、<タッチ>タブが表示される場合があります。<タッチ>タブには、画面をタッチして手書き文字を書いたりするときに使用するボタンなどが表示されます。

「Excel」の画面

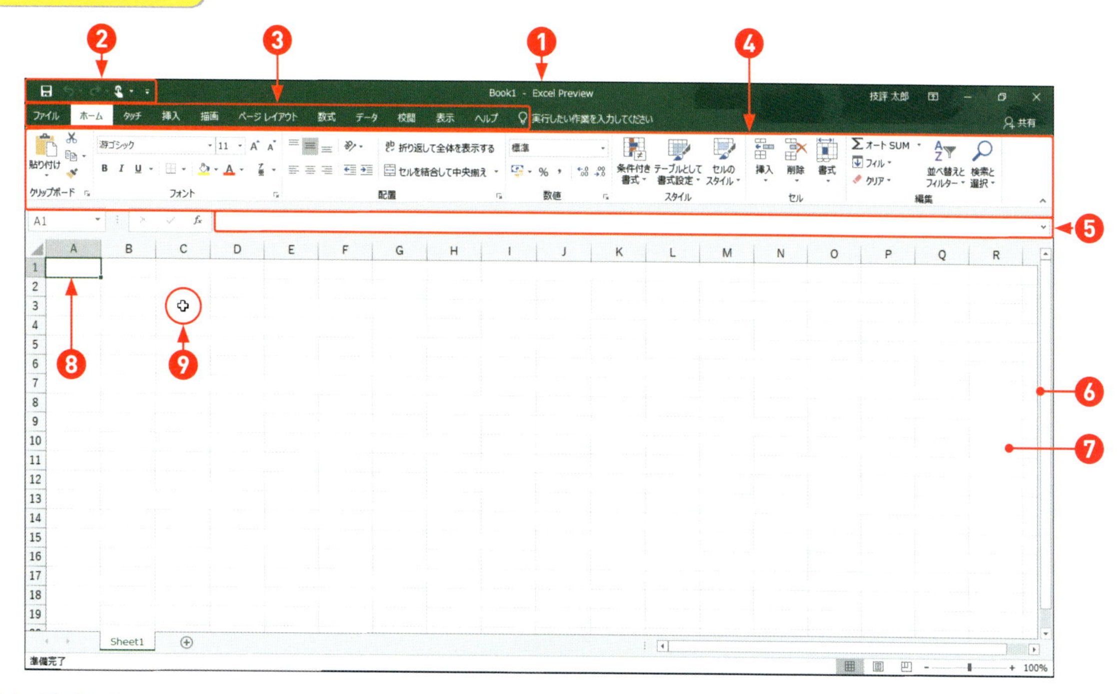

❶**タイトルバー**
アプリの名前や開いているファイル名などが表示されます。

❷**クイックアクセスツールバー**
よく使う機能のボタンが並んでいるところです。

❸**タブ**／❹**リボン**
「Excel」の機能は、タブごとに分類されています。タブをクリックすると、リボンの内容が切り替わります。

❺**数式バー**
アクティブセルの内容が表示されるところです。

❻**ワークシート**
表を作成したりする作業用のシートです。

❼**セル**
文字や日付などの項目、数値、計算式などを入力するところです。

❽**アクティブセル**
作業対象のセルです。セルが太枠で囲まれます。

❾**ポインター**
マウスの操作対象の位置を示します。ポインターの形は、その位置によってことなります。

Section 66 分類名を入力しよう

覚えておきたいキーワード
- 入力
- アクティブセル
- セル

この章では、かんたんな支出帳を作成しながら「Excel」の操作の基本を紹介します。まずは、表のタイトルや項目名を入力します。タイトルや項目は、セルというマス目にそれぞれ入力します。入力するセルを選択してから文字を入力しましょう。

1 タイトルを入力する

ヒント 日本語が入力できない場合

「Excel」では、数値や日付などの値を入力することが多いので、起動した直後は日本語入力モードがオフになっています。日本語が入力できない場合は、半角/全角を押して日本語入力モードをオンにします（Sec.12参照）。

キーワード セル番地

セルの場所を区別するために、セルにはそれぞれ番地が付いています。たとえば、A列の1行目のセルは「A1」セル、C列の3行目のセルは「C3」セルといいます。

1 A列の1行目のセルをクリックします。

2 日本語入力モードをオンにします。

3 タイトルを入力します。

4 Enter を押します。

	A	B	C	D	E	F	G
1	現金支出帳						

2 項目名を入力する

1 A3セルをクリックします。

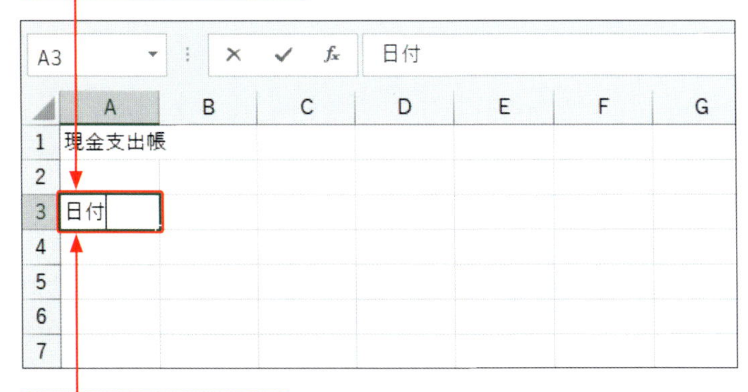

2 「日付」と入力します。

3 B3セルをクリックします。

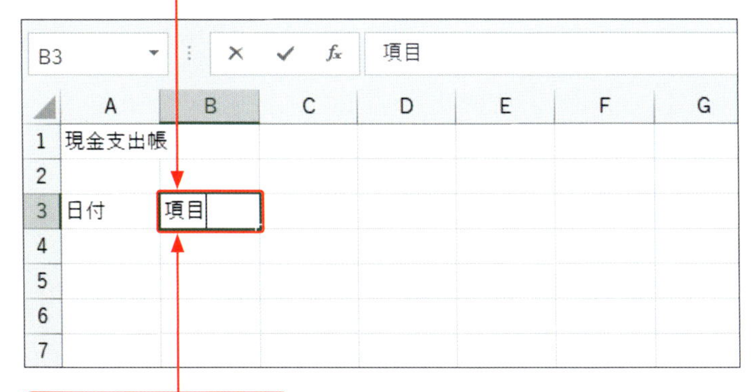

4 「項目」と入力します。

5 同様の方法で、次のように項目を入力します。

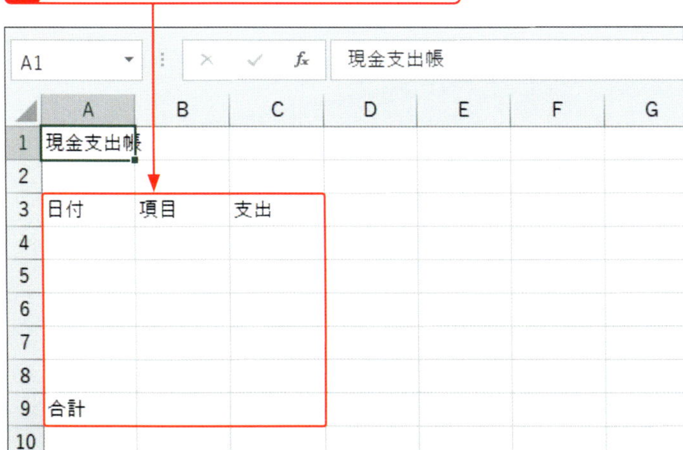

キーワード アクティブセル

セルに文字を入力するときは、入力するセルをクリックします。そうすると、セルが太い枠で囲まれます。太い枠で囲まれた作業対象のセルをアクティブセルといいます。

ヒント 文字を修正する

セルに入力した文字を入力し直すには、セルをクリックしてそのまま文字を入力します。入力した文字の一部を修正するには、文字が入っているセルをダブルクリックします。そうすると、カーソルが表示されます。また、アクティブセルの内容は、数式バーに表示されます。数式バーをクリックして文字を修正することもできます。

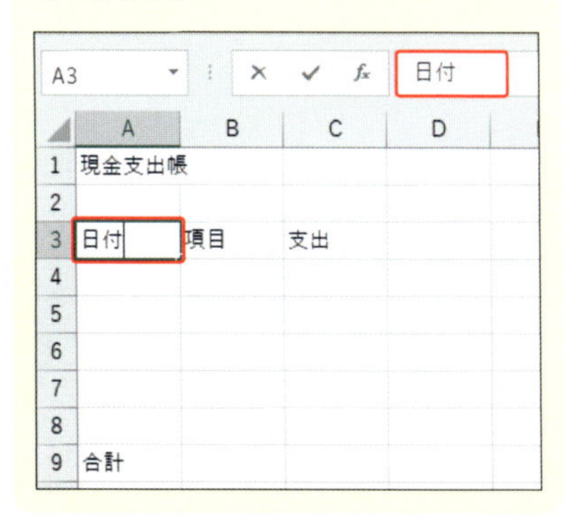

Section 67 日付と金額を入力しよう

覚えておきたいキーワード
- 入力
- アクティブセル
- 日付

表のデータを入力します。日付や数値を入力するときは、日本語入力モードをオフの状態に切り替えて入力しましょう。入力した文字を決定する手間が省けるので手早く入力できます。日付を入力するときは、月や日を「/」で区切って入力します。

1 日付を入力する

メモ 日付を入力する

日付を入力するには、「2019/5/10」のように「/」で区切って入力します。「5/10」のように入力した場合は、今年の「5/10」の日付が入力されます。

1 A4セルをクリックします。

2 日本語入力モードをオフにします。

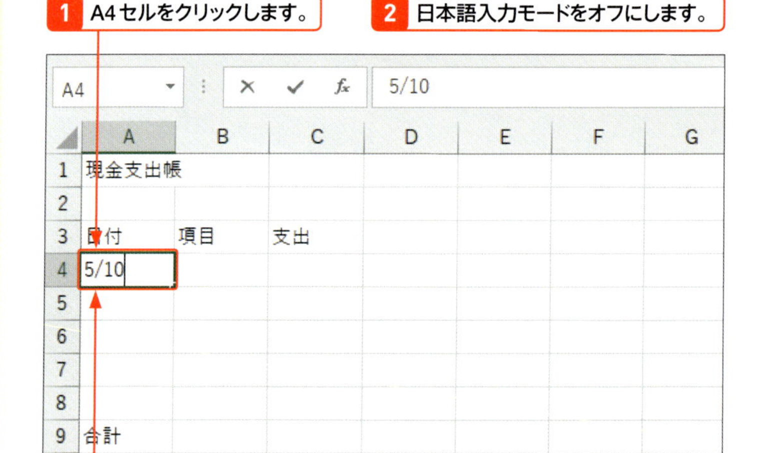

3 日付（ここでは、「5/10」）を入力します。

4 Enter を押します。

A5

	A	B	C	D	E	F	G
1	現金支出帳						
2							
3	日付	項目	支出				
4	5月10日						
5							
6							
7							

5 日付が入力されました。

ヒント 日付の表示方法

日付をどのように表示するかは、あとから変更できます。P.173を参照してください。

2 内容を入力する

1 B4セルをクリックします。

2 日本語入力モードをオンにします。

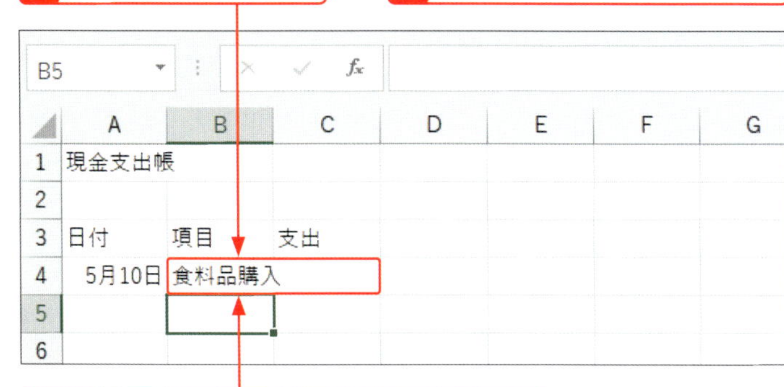

3 項目名（ここでは「食料品購入」）を入力します。

ヒント 列の幅

項目名が長い場合は、列幅を広げて表示します。列幅の調整方法は、Sec.69で紹介します。

3 金額を入力する

1 C4セルをクリックします。

2 日本語入力モードをオフにします。

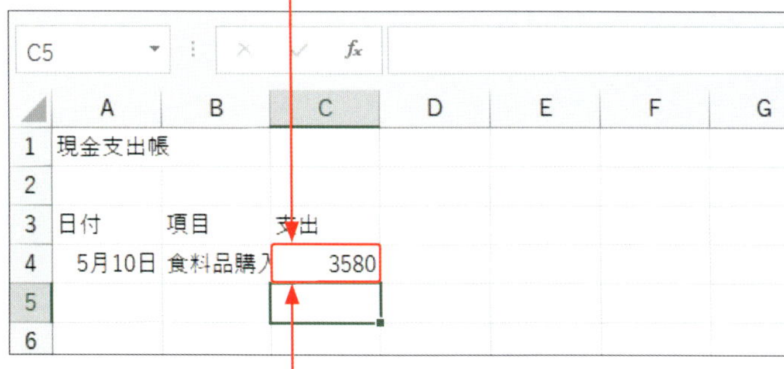

3 金額（ここでは「3580」）を入力します。

4 A5セルに「5/12」、B5セルに「プール利用料金」、C5セルに「500」と入力します。

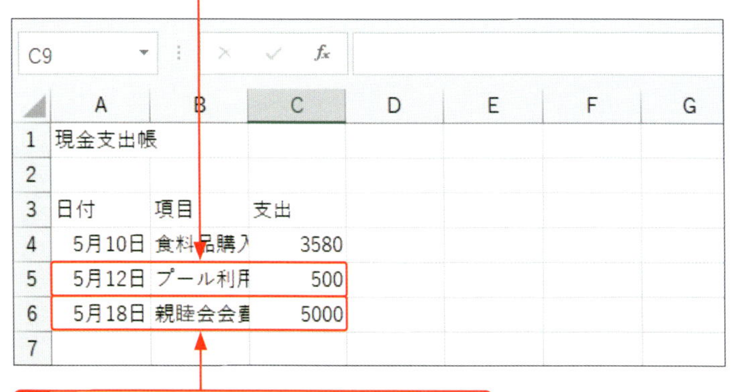

C9
A B C D E F G
1 現金支出帳
3 日付 項目 支出
4 5月10日 食料品購入 3580
5 5月12日 プール利用 500
6 5月18日 親睦会会費 5000

5 A6セルに「5/18」、B6セルに「親睦会会費」、C6セルに「5000」と入力します。

ヒント 数値の表示形式

数値に「¥」や3桁区切りの「,」を付けたいとき、それらの記号を入力する必要はありません。数値の表示形式を指定します（Sec.70参照）。

Section 68 金額を合計しよう

覚えておきたいキーワード
- 計算式
- 数式バー
- オートSUM

「Excel」は、計算が得意なアプリです。セルに入力した数値などを使用してさまざまな計算ができます。ここでは、自動的に合計を求める式を作成する方法で、支出の合計を求めます。計算結果を表示するセルを選択し、計算の元になるセル範囲を確認しながら計算式を作成します。

1 合計の式を入力する準備をする

メモ 結果を表示するセルを選択する

計算式を入力するときは、計算結果を表示したいセルを選択します。ここでは、C9セルに、C4セル～C8セルまでの値の合計を表示します。そのため、あらかじめC9セルを選択しておきます。

1 C9セルをクリックします。

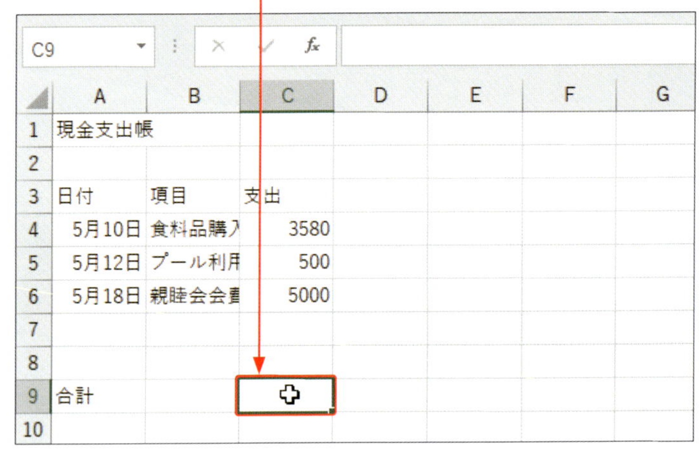

2 <ホーム>タブをクリックします。

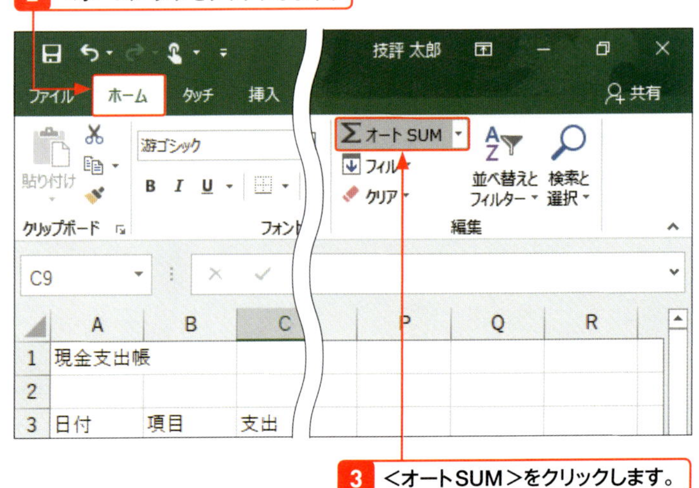

3 <オートSUM>をクリックします。

ヒント オートSUM

<オートSUM>をクリックすると、合計を求める計算式をワンクリックで入力できます。式の内容は、「=SUM(合計を求めるセル範囲)」になります。

2 合計の式を作成する

1 式の内容が表示されます。

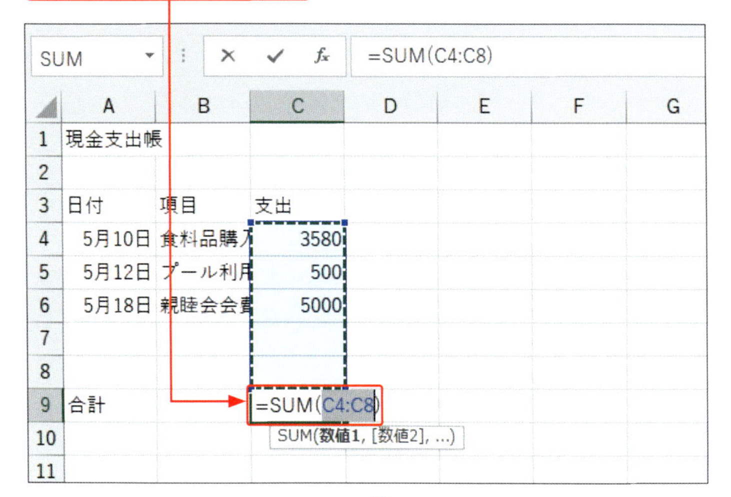

2 Enter を押します。

3 計算結果が表示されました。

	A	B	C
6	5月18日	親睦会会費	5000
7			
8			
9	合計		9080
10			
11			

4 A7セルに「5/20」、B7セルに「昼食代」、C7セルに「1000」と入力します。

C8

	A	B	C	D	E	F	G
1	現金支出帳						
2							
3	日付	項目	支出				
4	5月10日	食料品購入	3580				
5	5月12日	プール利用	500				
6	5月18日	親睦会会費	5000				
7	5月20日	昼食代	1000				
8							
9	合計		10080				

5 Enter を押します。

6 計算結果が変わります。

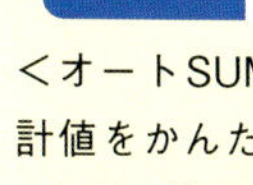

メモ 数式の内容

<オートSUM>をクリックすると、合計値をかんたんに求められます。C9セルには、「=SUM(C4:C8)」という数式が入力されました。これは、「C4セルからC8セルの値の合計を表示する」という意味です。合計を求めるセル範囲が違う場合は、セル範囲を選択して変更することもできます。

メモ 計算結果は自動的に変わる

ここでは、計算式を入力したあとに、昼食代1000円の項目を追加しました。そうすると、計算結果が「9080」から「10080」に自動的に変わります。

Section 69 列の幅を調整しよう

覚えておきたいキーワード
- 列幅
- 行の高さ
- 自動調整

表に入力した文字が列の幅に収まらない場合は、列幅を広げて調整しましょう。列幅を調整するときは、列の右側の境界線をドラッグします。たとえば、A列の幅を調整するときは、A列とB列の境界線部分をドラッグします。また、列の幅を自動調整する方法も紹介します。

1 列幅を調整する

1 ここにポインターを合わせます。

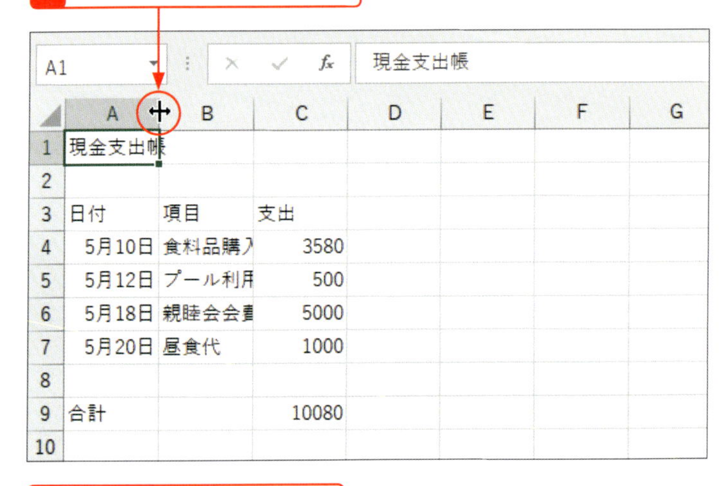

2 ポインターの形が変わります。

3 右方向にドラッグします。

4 列幅が調整されます。

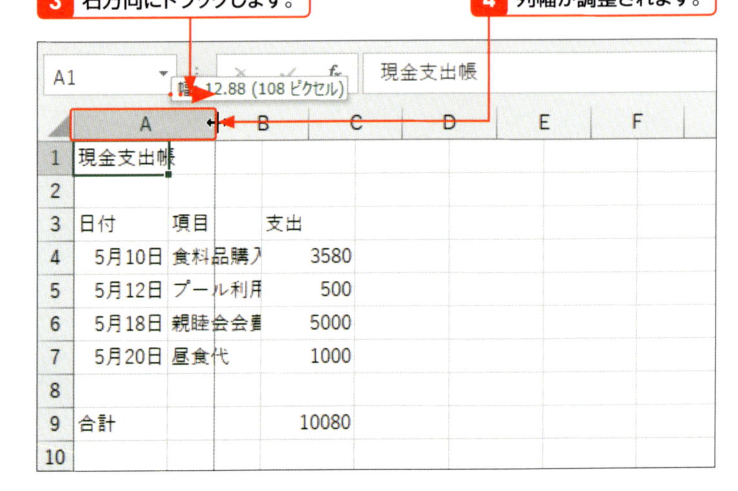

ヒント 列に「####」と表示された場合

列幅を狭くしたときなど、数値や日付の一部が隠れてしまう場合、セルに「####」と表示されます。すべての文字が表示されるように列幅を広げると、入力されている数値や日付が正しく表示されます。

	A	B	C
1	現金支出帳		
2			
3	日付	項目	支出
4	5月10日	食料品購入	##
5	5月12日	プール利用料金	500
6	5月18日	親睦会会費	##
7	5月20日	昼食代	##
8			
9	合計		##
10			
11			

ヒント 行の高さを変更する

行の高さを変更するには、行の下境界線部分を上下にドラッグします。

2 列幅を自動調整する

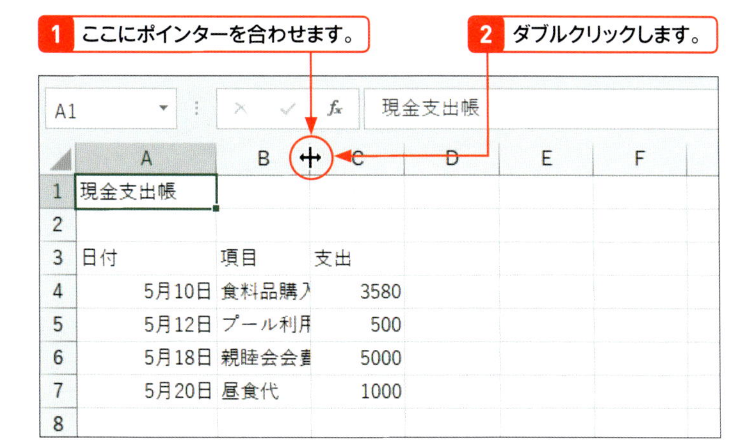

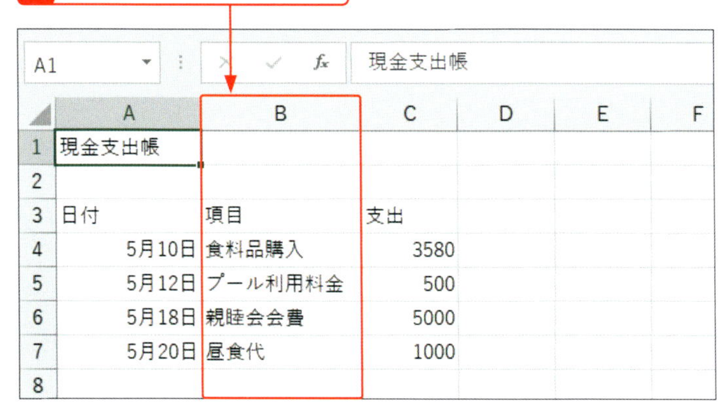

メモ 列幅を自動調整する

列に入力されている文字の長さに合わせて列幅を自動調整するには、列の右側境界線をダブルクリックします。ここでは、B列の右側境界線をダブルクリックしました。そうすると、B列に入力されている文字の長さに合わせて列幅が自動的に調整されます。

ステップアップ 複数の列幅を変更する

複数の列幅をまとめて変更するには、まず、複数の列の列番号のところをドラッグして複数列を選択します。続いて、選択しているいずれかの列の右側境界線をドラッグします。または、選択しているいずれかの列の右側境界線をダブルクリックすると、列幅が自動調整されます。

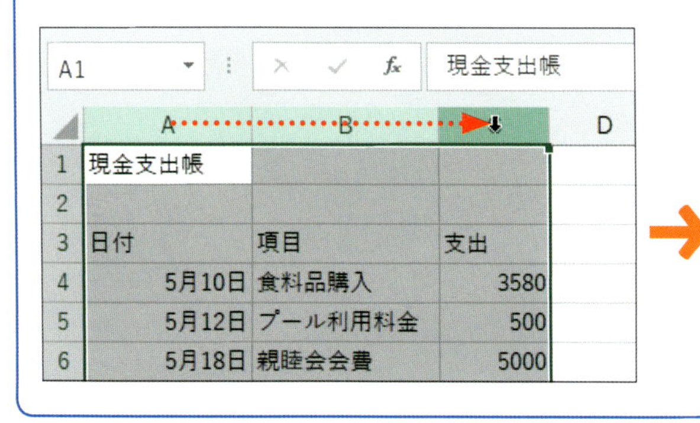

Section 70 金額に¥と桁区切りカンマを付けよう

覚えておきたいキーワード
- ☑ セル選択
- ☑ 通貨記号
- ☑ 桁区切りカンマ

「1000」という数値を「¥1,000」のように表示したいとき、数値を入力するときに通貨記号やカンマを入力する必要はありません。数値や日付をどのように表示するかは、セルの表示形式で指定します。ここでは、金額が入力されているセルを選択して表示形式を指定します。

1 セルを選択する

メモ セル範囲を選択する

ここでは、数値が入力されているセルに対して通貨やカンマを付ける書式を設定します。まずは、操作対象のセル範囲を選択します。

1 C4セルにポインターを合わせます。

A1 | 現金支出帳

	A	B	C	D	E	F
1	現金支出帳					
2						
3	日付	項目	支出			
4	5月10日	食料品購入	3580			
5	5月12日	プール利用料金	500			
6	5月18日	親睦会会費	5000			
7	5月20日	昼食代	1000			
8						
9	合計		10080			
10						

2 C4セルからC9セルをドラッグして選択します。

6R x 1C | 3580

	A	B	C	D	E	F
1	現金支出帳					
2						
3	日付	項目	支出			
4	5月10日	食料品購入	3580			
5	5月12日	プール利用料金	500			
6	5月18日	親睦会会費	5000			
7	5月20日	昼食代	1000			
8						
9	合計		10080			
10						

ヒント キー操作と組み合わせてセルを選択する

表全体のセル範囲を選択するとき、表の左上のセルを選択し、Shift を押しながら表の右下のセルをクリックすると、表全体を選択できます。表の大きさが大きい場合は、この方法を使用するとかんたんに選択できます。

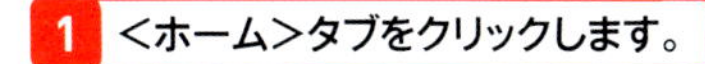

2 通貨の表示形式を指定する

1 <ホーム>タブをクリックします。

2 <通貨表示形式>をクリックします。

3 数値に通貨記号とカンマが表示されます。

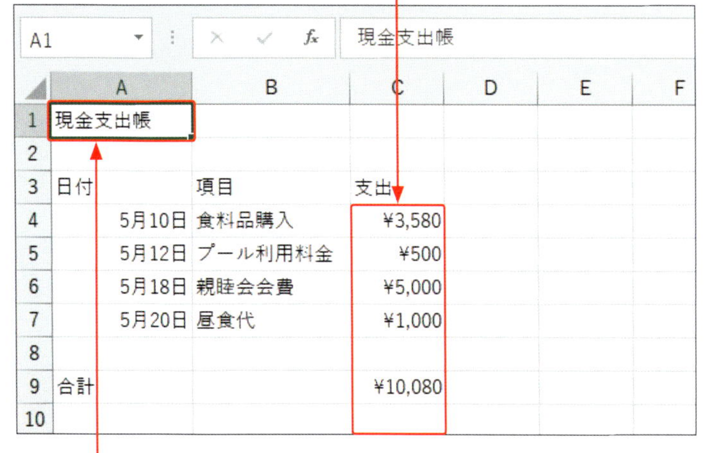

4 選択範囲以外のセルをクリックします。

5 選択範囲が解除されます。

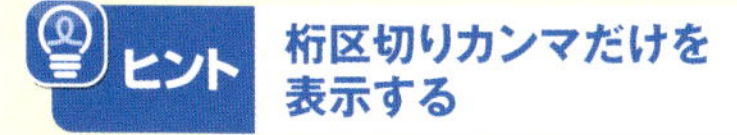

ヒント 桁区切りカンマだけを表示する

数値の表示形式を指定するとき、通貨記号を付けずに桁区切りのカンマだけを表示するには、手順❶のあと、<桁区切りスタイル>をクリックします。

ステップアップ 日付の表示形式を指定する

日付の表示形式も、指定できます。たとえば、「5月10日」を「2019/5/10」のように表示するには、日付が入力されているセル範囲を選択し❶、<ホーム>タブの<数値の書式>の<▼>をクリックし❷、<短い日付形式>をクリックします❸。

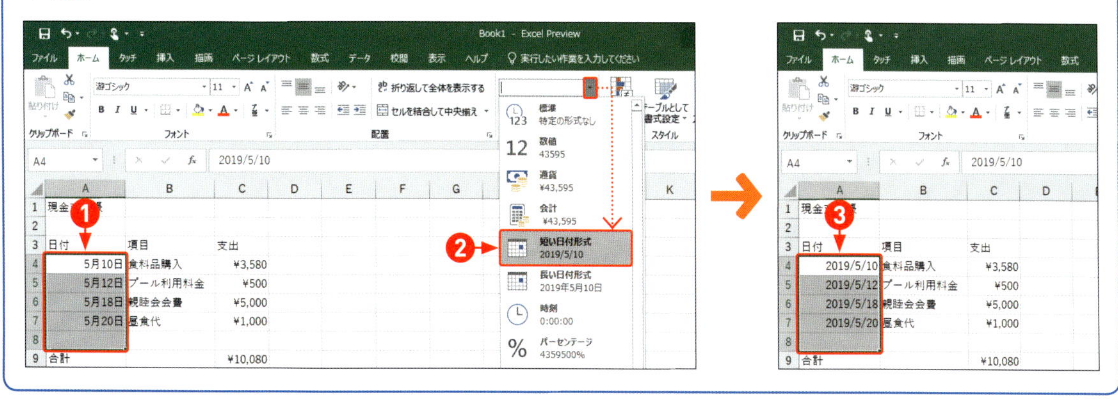

Section 71 罫線を引いて表を作ろう

覚えておきたいキーワード
- セル選択
- 罫線
- 格子

空白のブックを作成すると、セルとセルの区切りにグレーの目盛線の付いたワークシートが表示されますが、グレーの目盛線は通常は印刷されません。ここでは、表を印刷したときに、表全体に線が表示されるようにします。まずは、表全体のセル範囲を選択します。

1 セルを選択する

メモ 表全体を選択する

罫線を引くセルを選択します。ここでは、表全体に格子状の罫線を引きますので、表全体を選択します。斜め方向にドラッグしてセルを選択しましょう。

1 A3セルにポインターを合わせます。

A1 | 現金支出帳

	A	B	C	D	E	F
1	現金支出帳					
2						
3	日付	項目	支出			
4	5月10日	食料品購入	¥3,580			
5	5月12日	プール利用料金	¥500			
6	5月18日	親睦会会費	¥5,000			
7	5月20日	昼食代	¥1,000			
8						
9	合計		¥10,080			
10						

2 A3セルからC9セルをドラッグして選択します。

7R x 3C | 日付

	A	B	C	D	E	F
1	現金支出帳					
2						
3	日付	項目	支出			
4	5月10日	食料品購入	¥3,580			
5	5月12日	プール利用料金	¥500			
6	5月18日	親睦会会費	¥5,000			
7	5月20日	昼食代	¥1,000			
8						
9	合計		¥10,080			
10						
11						

ヒント セル範囲の選択をやり直す

セル範囲を選択するとき、セル範囲を間違えて選択してしまった場合は、どこかのセルをクリックしてセル範囲の選択を解除します。改めてセル範囲を選択し直しましょう。

2 格子状の線を引く

1 <ホーム>タブをクリックし、

2 <罫線>の<▼>をクリックします。

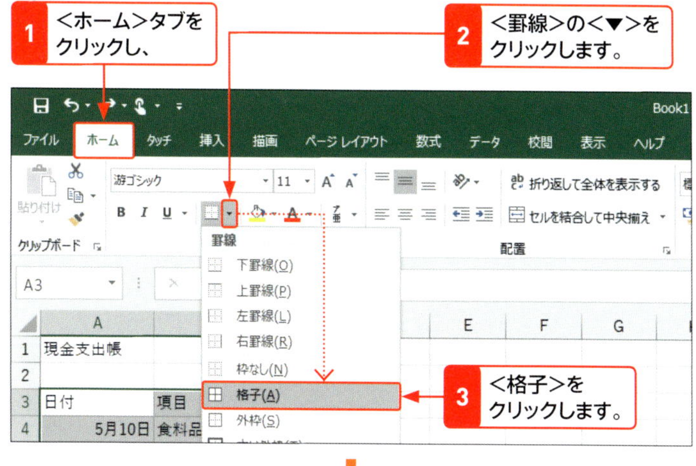

3 <格子>をクリックします。

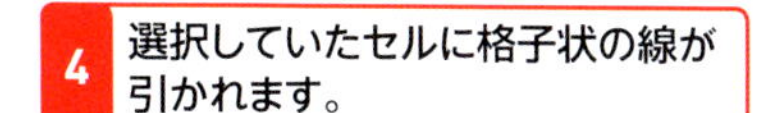

4 選択していたセルに格子状の線が引かれます。

5 選択範囲以外のセルをクリックします。

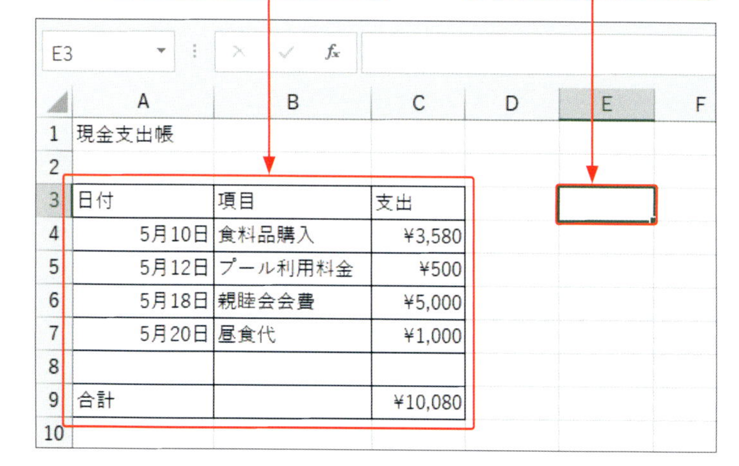

E3
現金支出帳
日付
項目
支出
5月10日
食料品購入
¥3,580
5月12日
プール利用料金
¥500
5月18日
親睦会会費
¥5,000
5月20日
昼食代
¥1,000
合計
¥10,080

6 選択範囲が解除されます。

メモ 格子状の線を引く

ここでは、表全体に格子状の線を引きます。表全体を選択したあと、<ホーム>タブの<罫線>をクリックし、罫線を引く場所を指定します。ここでは、<格子>を選択します。

ステップアップ 罫線を引くセルを選択する

罫線を引くときは、罫線を引くセル範囲を選択します。たとえば、見出しの下に二重線を引くには、見出しが入力されているA3セル～C3セルを選択し❶、<ホーム>タブの<罫線>をクリックして❷、<下二重罫線>をクリックします❸。

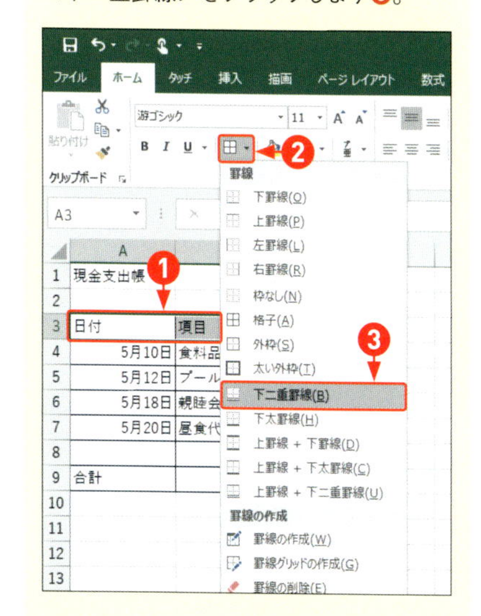

ヒント 項目の配置を変更する

表の項目を中央に配置したい場合は、セルを選択し❶、<ホーム>タブの<配置>から位置を指定します。たとえば、中央に揃えたい場合は、<中央揃え>をクリックします❷。

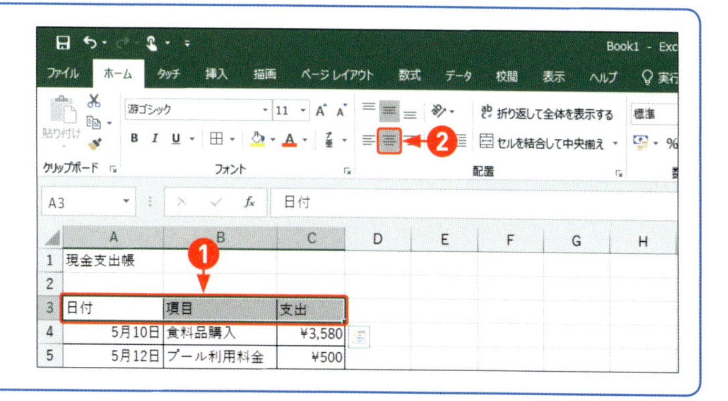

Section 72

セルの背景に色を塗ろう

覚えておきたいキーワード
- セル選択
- 塗りつぶしの色
- 文字の色

表の見栄えを整えるには、罫線を引く以外に、セルに色を付けたりする方法もあります。ここでは、表の見出しや合計の行が目立つように色を付けます。まずは、色を付けるセルを選択してから色を選択します。まずは、見出しの行のセルを選択しましょう。

1 セルを選択する

1 A3セルにポインターを合わせます。

A1 | 現金支出帳

	A	B	C	D	E	F
1	現金支出帳					
2						
3	日付	項目	支出			
4	5月10日	食料品購入	¥3,580			
5	5月12日	プール利用料金	¥500			
6	5月18日	親睦会会費	¥5,000			
7	5月20日	昼食代	¥1,000			
8						
9	合計		¥10,080			
10						

2 A3セルからC3セルをドラッグして選択します。

1R x 3C | 日付

	A	B	C	D	E	F
1	現金支出帳					
2						
3	日付	項目	支出			
4	5月10日	食料品購入	¥3,580			
5	5月12日	プール利用料金	¥500			
6	5月18日	親睦会会費	¥5,000			
7	5月20日	昼食代	¥1,000			
8						
9	合計		¥10,080			
10						

メモ セルの背景に色を付ける

セルの背景に色を付けます。ここでは、見出しの項目に色を付けます。まずは、見出しが入力されているセルを選択します。

ヒント 複数個所を同時に選択する

離れた場所にある複数のセル範囲を同時に選択するには、1つ目のセル範囲をドラッグして選択したあと❶、Ctrl を押しながら2つ目以降のセル範囲をドラッグして選択します❷。複数のセル範囲を選択した状態で色を選択すると、選択しているセルにまとめて色を付けられます。

A9 | 合計

	A	B	C
1	現金支出帳		
2			
3	日付	項目	支出
4	5月10日	食料品購入	¥3,580
5	5月12日	プール利用料金	¥500
6	5月18日	親睦会会費	¥5,000
7	5月20日	昼食代	¥1,000
8			
9	合計		¥10,080
10			

2 セルの背景に色を付ける

2 <塗りつぶし>の<▼>をクリックします。

3 色を選びクリックします。

4 セルの背景に色が付きます。

5 選択範囲以外のセルをクリックします。

6 選択範囲が解除されます。

7 A9セル〜C9セルを選択します。

8 <ホーム>タブの<塗りつぶし>の<▼>をクリックします。

9 色を選びクリックします。

10 選択していたセルに色が付きます。

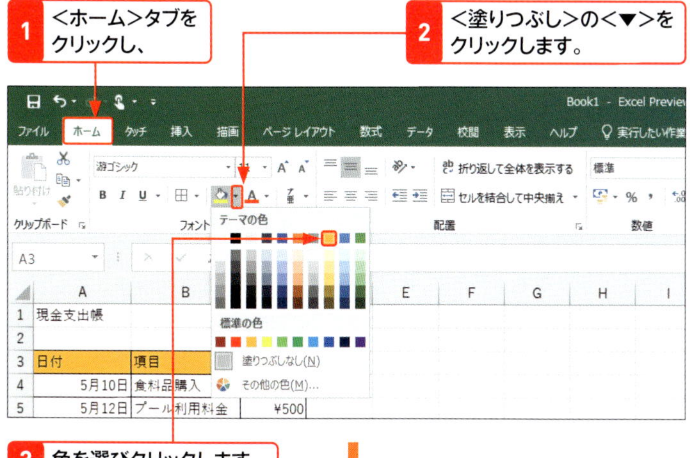

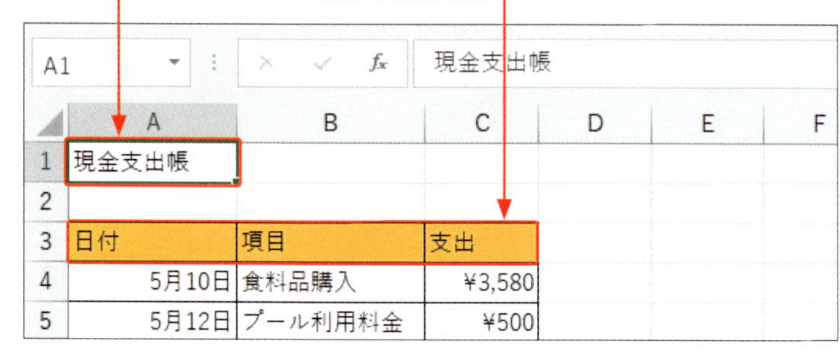

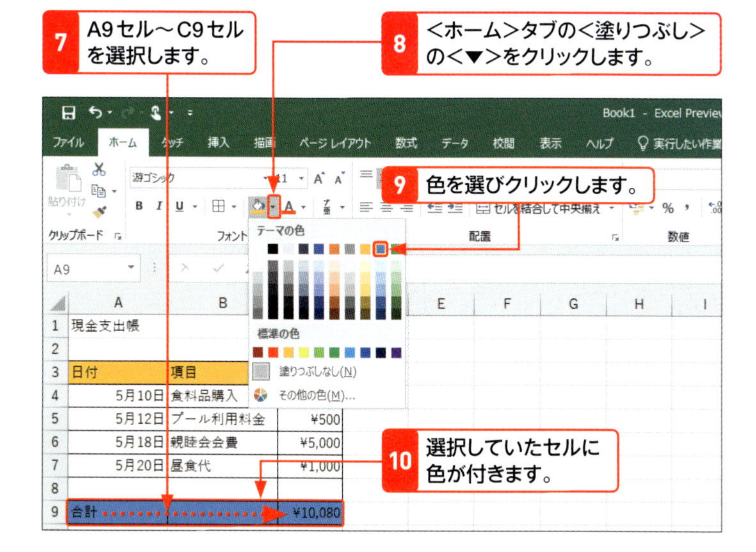

ヒント 文字の色を選択する

文字の色を変更したい場合は、セルを選択したあとに、＜フォントの色＞の▼をクリックして色を選択します。

ヒント 文字のフォントや大きさを変更する

文字の形を変更するには、対象のセル範囲を選択したあと、＜ホーム＞タブの＜フォント＞の▼をクリックしてフォントを選択します。大きさを変更するには、＜ホーム＞タブの＜フォントサイズ＞の▼をクリックして大きさを選択します。

ステップアップ セルのスタイルを指定する

セルの背景の色や文字の色を変更するときは、＜ホーム＞タブのセルのスタイルから選択することもできます。スタイルの一覧からスタイルを選択すると、セルの色や文字の色などをまとめて変更できます。

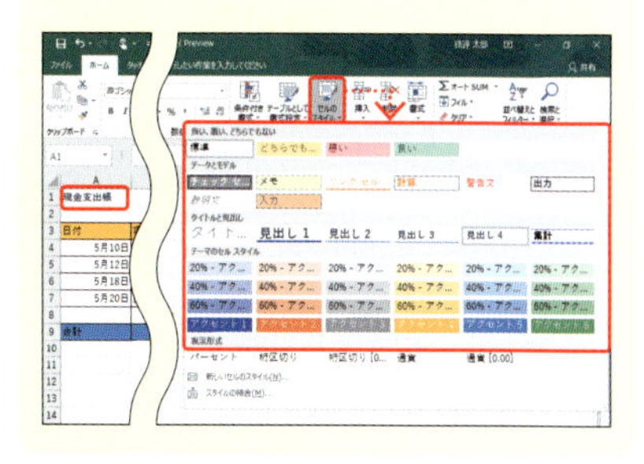

Section 73

支出帳を印刷しよう

覚えておきたいキーワード
- <ファイル>タブ
- 印刷設定
- 印刷

作成した支出帳を印刷してみましょう。「Excel」では、標準の表示方法で作業している場合、「Word」のような用紙の区切り線が表示されないため、印刷時のイメージがわかりづらいものです。印刷前には、印刷イメージを確認する画面で印刷時の設定を確認しましょう。

1 印刷イメージを確認する

メモ プリンターを接続しておく

計算表を印刷する前に、パソコンとプリンターを接続してプリンターの電源をオンにします。印刷イメージを確認してから印刷を実行します。

1 <ファイル>タブをクリックします。

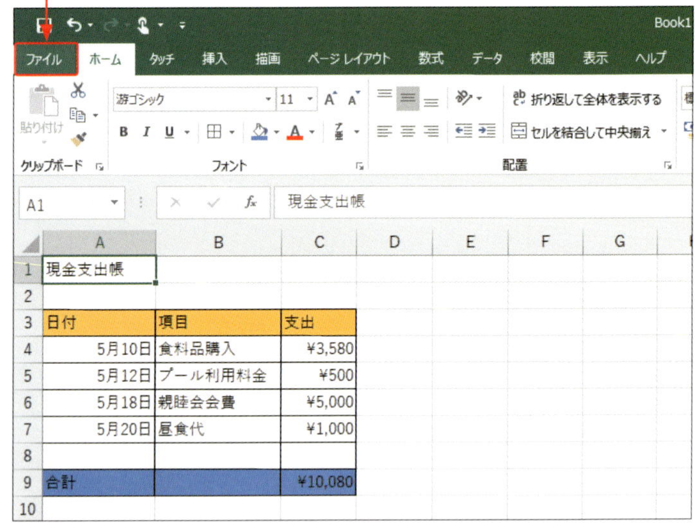

	A	B	C
1	現金支出帳		
2			
3	日付	項目	支出
4	5月10日	食料品購入	¥3,580
5	5月12日	プール利用料金	¥500
6	5月18日	親睦会会費	¥5,000
7	5月20日	昼食代	¥1,000
8			
9	合計		¥10,080
10			

2 <印刷>をクリックします。

2 印刷する

1 印刷イメージを確認します。

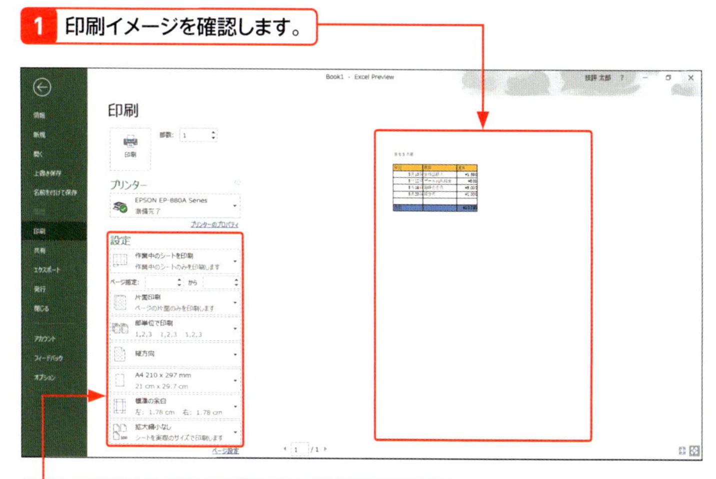

2 必要に応じて用紙の向きなどを変更します。

3 <標準の余白>をクリックします。

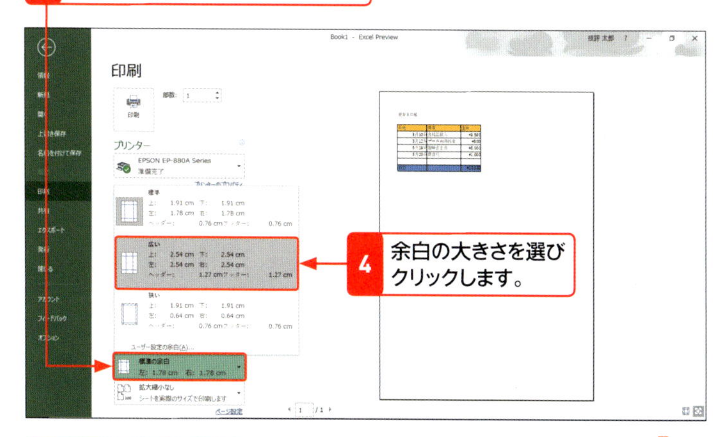

4 余白の大きさを選びクリックします。

5 接続しているプリンターが表示されていることを確認します。

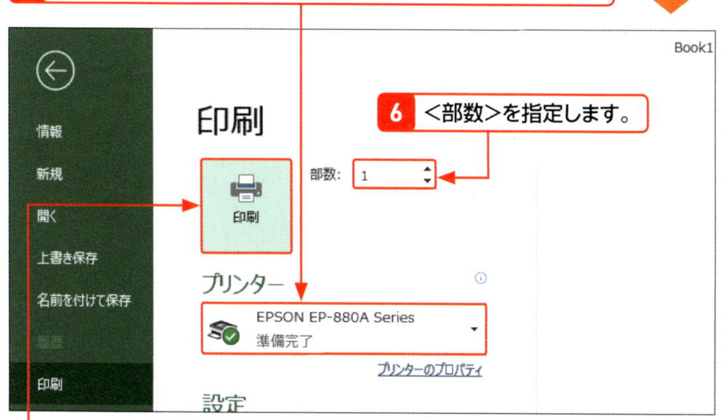

6 <部数>を指定します。

7 <印刷>をクリックすると印刷が実行されます。

ヒント 表の横幅を用紙の幅に合わせる

表の横幅が用紙の幅から少しはみ出してしまう場合は、表の幅を用紙の幅に自動的に調整する方法を使用すると便利です。それには、印刷イメージを表示する画面で<拡大縮小なし>をクリックし、<すべての列を1ページに印刷>をクリックします。そうすると、表の幅が1ページ内に収まります。

ヒント <ページ設定>画面を表示する

印刷の画面の<ページ設定>をクリックすると、<ページ設定>画面が表示されます。<ページ設定>画面では、印刷時のさまざまな設定をまとめて行えます。たとえば、<ヘッダー/フッター>タブではヘッダーやフッターを指定できます。

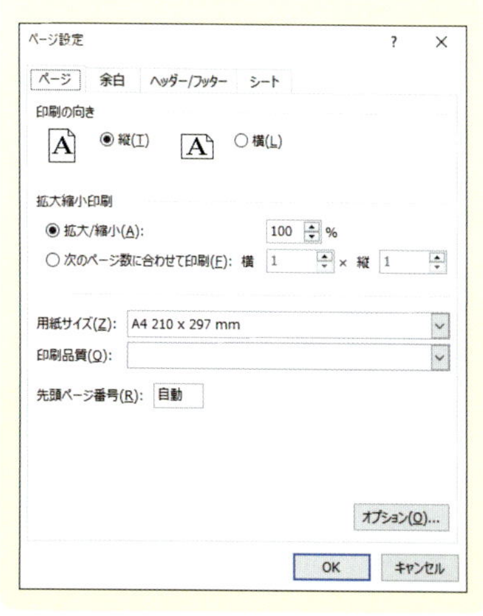

Section 74 支出帳を保存しよう

覚えておきたいキーワード
- 保存
- 上書き保存
- ファイル

作成した「現金支出帳」を保存します。ファイルを保存するときは、ファイルの保存先とファイル名を指定します。ここでは、<ドキュメント>フォルダーに「現金支出帳」という名前でファイルを保存します。保存やファイルを開く操作は、「Excel」も「Word」も同じ方法で行えます。

1 ファイルを保存する

ファイルを上書き保存する

一度保存したファイルを編集したあとに、更新して保存するときもクイックアクセスツールバーの<上書き保存>をクリックします。そうすると、画面は変わりませんが、上書き保存されます。

「Excel」を終了する

「Excel」を終了するには、ウィンドウの右上の<閉じる>をクリックします(P.59参照)。

保存したファイルを開く

保存したファイルを開くには、<ファイル>タブの<開く>をクリックします。<このPC>をクリックして<参照>をクリックすると、ファイルを開く画面が表示されます。ファイルの保存先を指定してファイルをクリックして<開く>をクリックします。

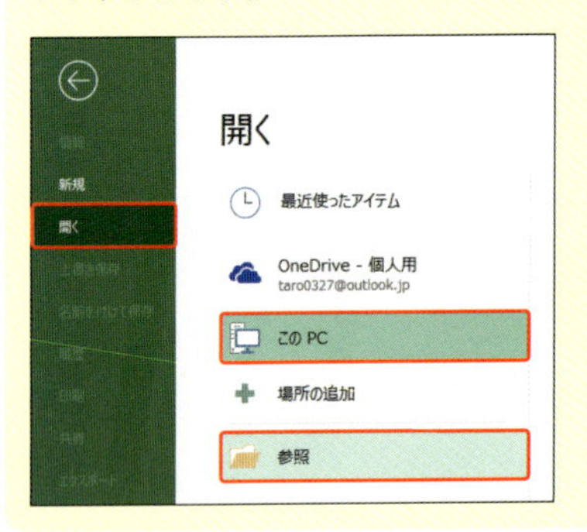

1 クイックアクセスツールバーの<上書き保存>をクリックします。

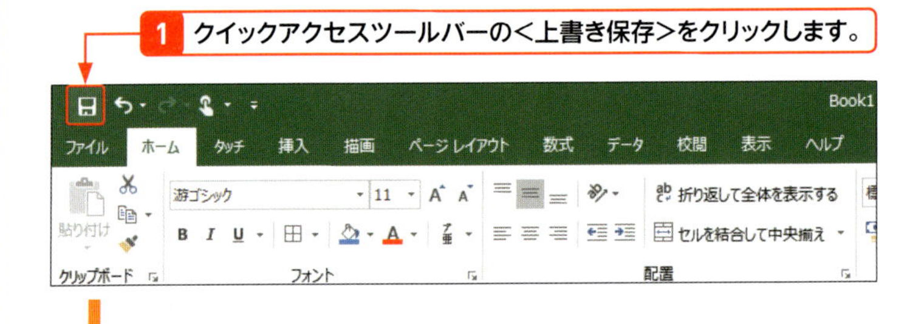

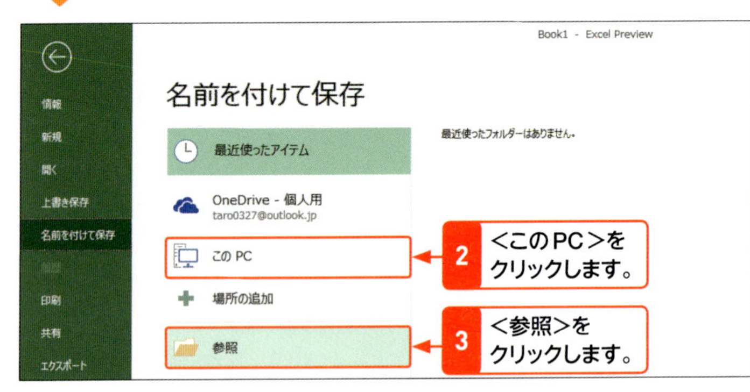

2 <このPC>をクリックします。

3 <参照>をクリックします。

4 このあとは、Sec.18を参考に、ファイルの保存先とファイル名を指定して保存します。

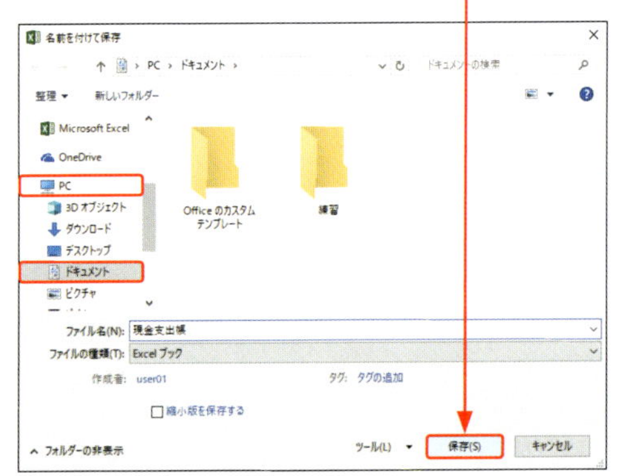

Chapter 08

第8章

ノートパソコンの「困った」を解決しよう

Section 75

外出先でインターネットを使いたい

覚えておきたいキーワード
- インターネット
- Wi-Fi
- 通知領域

カフェやレストラン・ホテルなどでは、無線でインターネットに接続するためのWi-Fiの環境が整っていて無料で利用できることも多くあります。接続方法は、接続先によって異なりますが、ここでは、一例として、カフェで提供されている無料のWi-Fiサービスに接続する方法を紹介します。

1 外出先でWi-Fiに接続するには

方法	内容
Wi-Fiスポットに接続する	カフェやスーパーなどのお店、ホテル、駅や空港、各種の公共施設などが提供しているWi-Fiスポットに接続する方法です。無料で使用できるものも多くあります。 また、Wi-Fiスポットには、電話会社やプロバイダーが提供しているものもあります。自分が契約している電話会社やプロバイダーが提供しているWi-Fiスポットは、無料または低価格で使用できる場合もあります。
モバイルルーターを使う	Wi-Fiでインターネットに接続するためのモバイルルーターという通信機器を利用する方法です。一般的には、通信業者と契約をして利用します。
スマートフォンを使う	テザリング機能が付いたスマートフォンを使用している場合、スマートフォン経由でWi-Fiネットワークを利用できます。テザリング機能を利用するには、スマートフォンの利用料金以外に追加料金が発生したり、通信量によって追加料金が発生したりする場合もありますので、必ず事前に利用料金を確認しましょう。

ヒント 事前に確認しよう

Wi-Fiスポットに接続する場合などは、事前にインターネットを経由してメールアドレスなどの登録が必要な場合もあります。スマホなどの機器を持ち歩いていない場合は、自宅で登録を済ませておくとよいでしょう。なお、接続の有無や接続方法などはWi-Fiサービスによって異なりますので、Wi-Fiサービスを提供している場所のホームページなどで確認してください。Wi-Fiサービスを利用できる店舗などを検索したりもできます。

例：スターバックスコーヒーのWi-Fiサービスに関するホームページ

例：マクドナルドのWi-Fiサービスに関するホームページ

2 Wi-Fiに接続する

1 通知領域のネットワークのアイコンをクリックします。

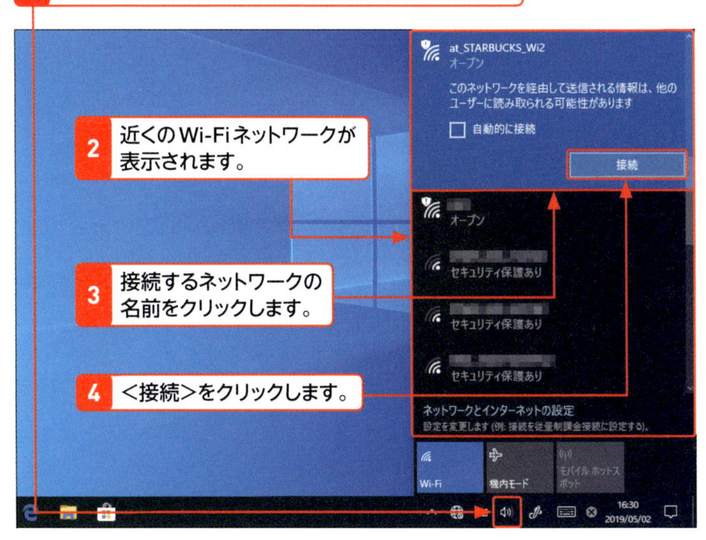

2 近くのWi-Fiネットワークが表示されます。

3 接続するネットワークの名前をクリックします。

4 <接続>をクリックします。

5 ブラウザーが起動してログイン画面が表示されたら、<インターネットに接続>をクリックします。

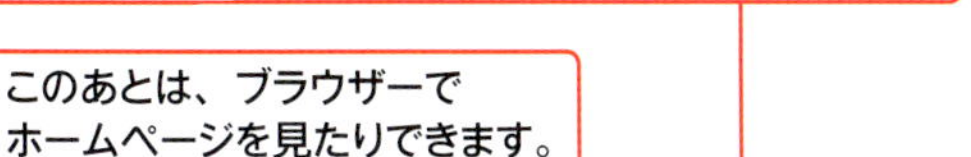

6 <同意する>をクリックすると、Wi-Fiに接続できます。

7 このあとは、ブラウザーでホームページを見たりできます。

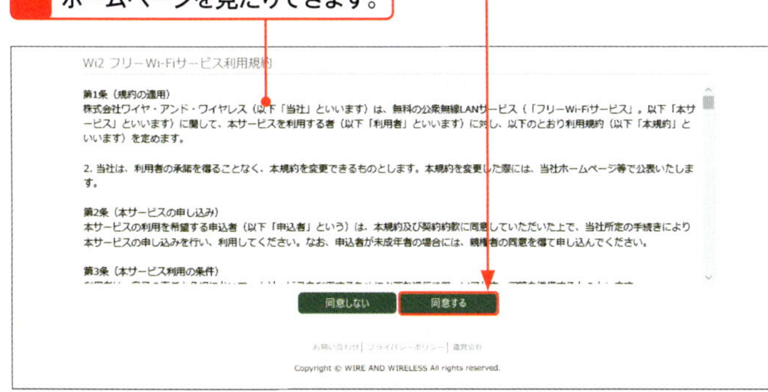

ヒント 接続先によって異なる

Wi-Fiに接続する方法は、接続先によって異なります。ここでは、例としてスターバックスコーヒーのある店舗でWi-Fiに接続する例を紹介しています。カフェやホテルなどで接続する場合は、接続方法が書かれた資料が用意されていることもありますので、問い合わせてみましょう。手順4のあと、パスワードを入力する画面が表示された場合は、Sec.08を参照してください。また、Wi-Fiがオフになっている場合、P.33のヒントを参照してください。

ステップアップ Wi-Fiに接続できない場合

多くのノートパソコンは、Wi-Fiに接続するための機能に対応していますのでかんたんにWi-Fiに接続できます。Wi-Fiに接続する機能のないパソコンでWi-Fiのネットワークを利用したい場合は、Wi-Fiに接続するための無線LANアダプタなどの機器を使用する必要があります。

ヒント Wi-Fiの接続を切断する

Wi-Fiの接続を切断するには、タスクバーのネットワークのアイコンをクリックし、接続しているネットワークの項目をクリック、<切断>をクリックします。

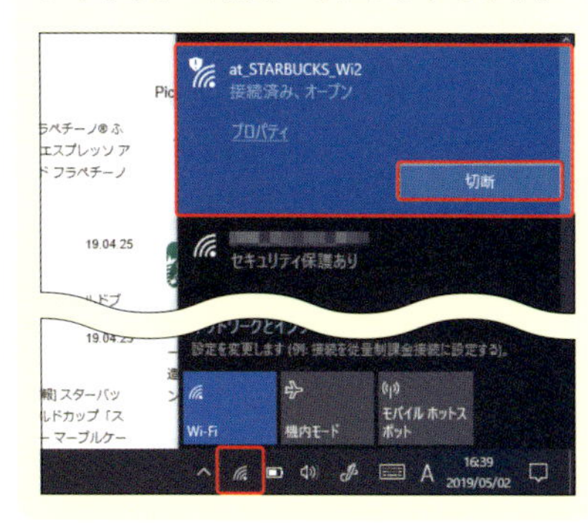

Section 76

スリープするまでの時間を設定したい

覚えておきたいキーワード
- 設定
- スリープ
- 電源オプション

ノートパソコンを外出先で利用するときは、バッテリーが無駄に減ってしまうことがないように、一定時間ノートパソコンを使用しなかったときに自動的に省電力モードのスリープモードになるように設定しておきましょう。どのタイミングでスリープモードにするか指定しましょう。

1 設定画面を表示する

メモ バッテリー節約機能を使用する

バッテリー節約機能とは、バッテリーでノートパソコンを操作しているとき、無駄にバッテリーが減ってしまうのを防ぐために、消費電量を抑えてバッテリーの残量を節約するための機能です。バッテリーの残量が少なくなったときに、画面の明るさを下げるなどの設定ができます。既定では、バッテリーの残量が20%を下回ったときにオンになります。また、バッテリーを節約する方法には、さまざまなものがあります。<バッテリーを節約するためのヒント>をクリックすると、詳細情報が表示されます。

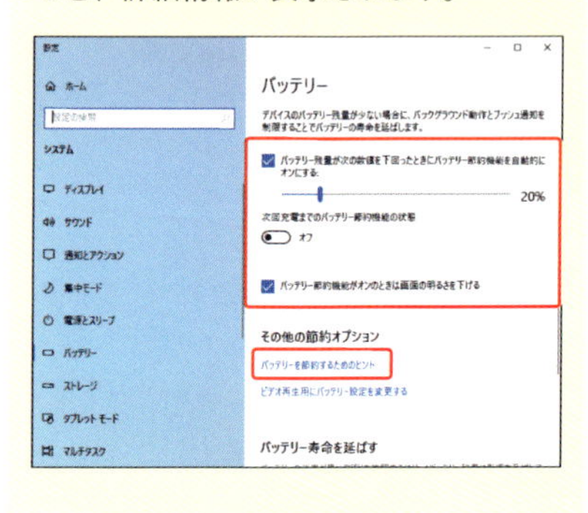

1 タスクバーの通知領域のバッテリーのアイコンをクリックします。

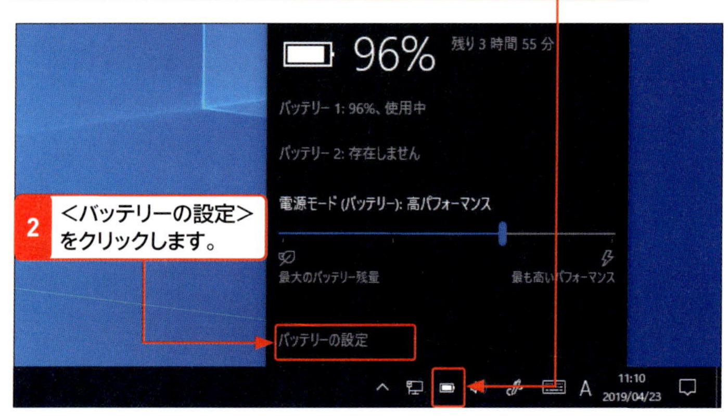

2 <バッテリーの設定>をクリックします。

3 設定画面が表示され、バッテリーの情報が表示されます。

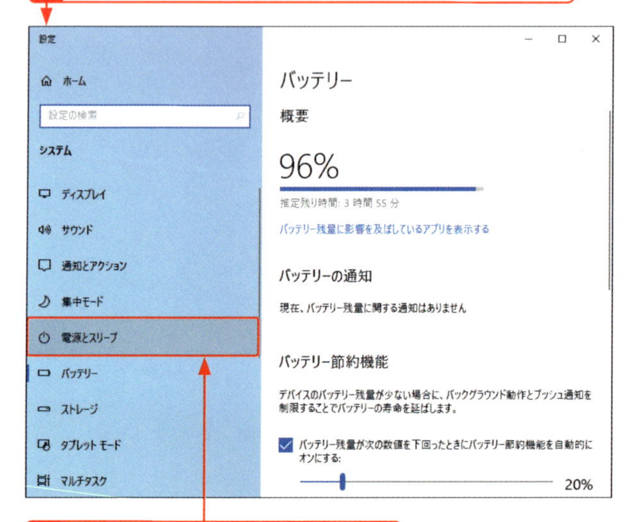

4 <電源とスリープ>をクリックします。

2 スリープの設定や電源ボタンの動作を確認する

1 画面をスクロールします。

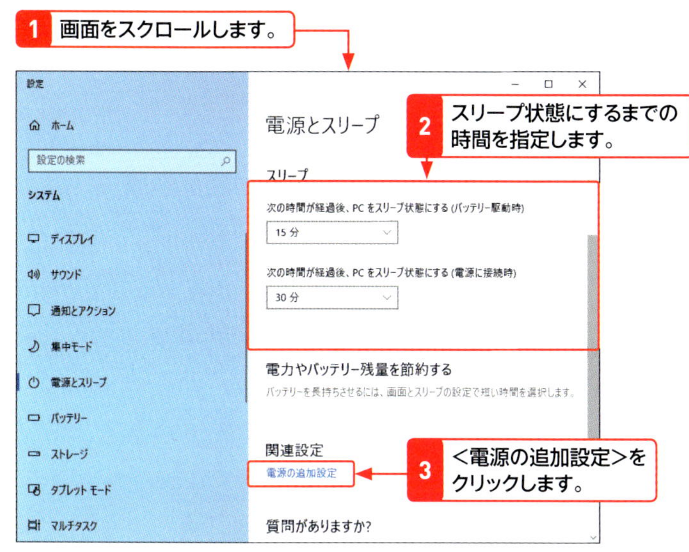

2 スリープ状態にするまでの時間を指定します。

3 ＜電源の追加設定＞をクリックします。

4 ＜電源ボタンの動作の選択＞をクリックします。

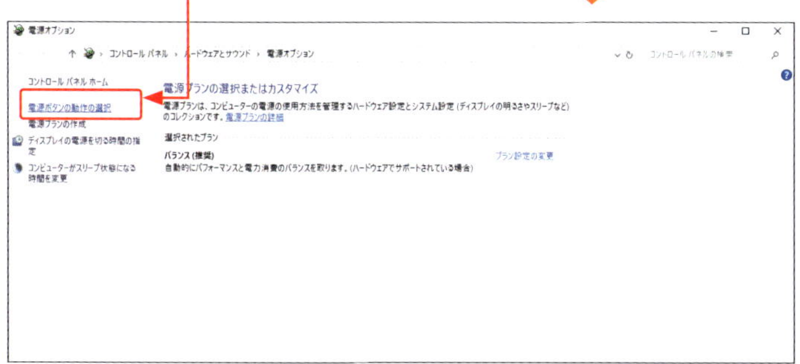

5 電源ボタンを押したときの動作を確認します。

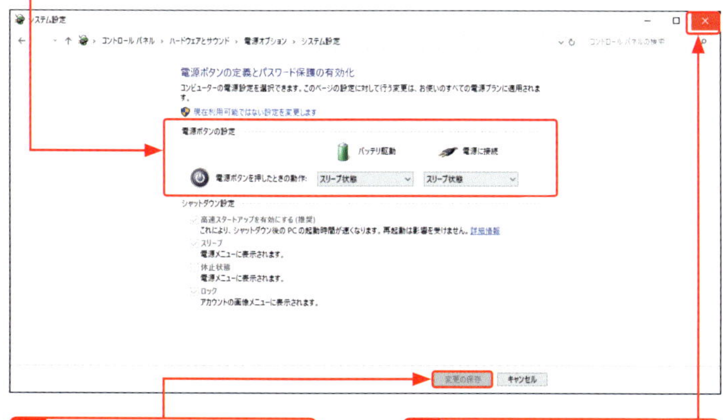

6 必要に応じて設定の変更を保存します。

7 ＜閉じる＞をクリックします。

8 ＜設定＞画面も閉じておきましょう。

メモ スリープまでの時間を指定する

＜設定＞画面では、バッテリーでノートパソコンを使用しているときと、電源に接続しているときの、スリープまでの時間を指定します。それぞれ、ノートパソコンを一定時間使用しないときに自動的にスリープモードに切り替えるまでの時間を指定します。

ステップアップ ディスプレイの電源を切る時間も指定できる

ノートパソコンを一定時間使用しないときに、ディスプレイの電源を自動的に切るように設定できます。その場合、＜電源とスリープ＞の＜画面＞の項目で時間を指定します。

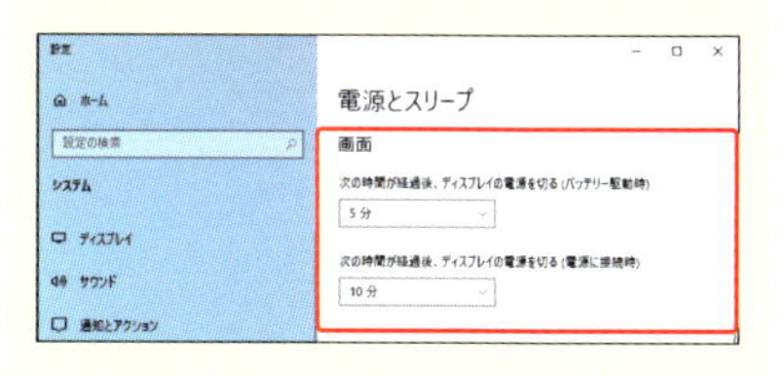

メモ 電源ボタンでスリープモードに切り替える

ノートパソコンでは、電源ボタンを押したり、本体のカバーを閉じたときに自動的にスリープモードにしたりできます。現在の設定を確認しておきましょう。

ヒント アクションセンターから表示する

通知領域の＜アクションセンター＞のアイコンをクリックして、＜すべての設定＞をクリックしても、＜設定＞画面を表示できます。＜システム＞をクリックし、左側のメニューから＜電源とスリープ＞をクリックすると、スリープまでの時間の設定画面が表示されます。

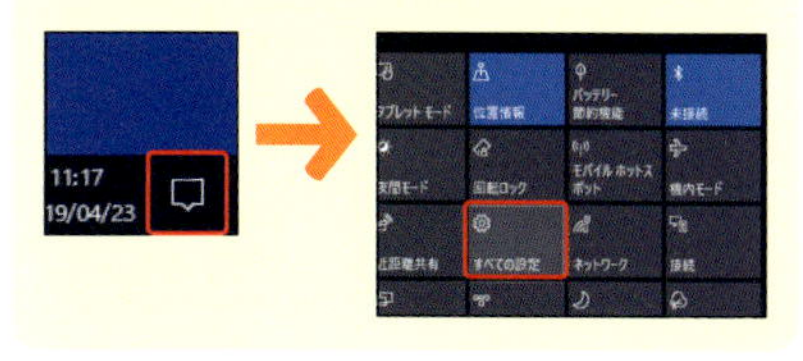

Section 77 音量や画面の明るさを調整したい

覚えておきたいキーワード
設定
明るさ
音量

画面を極端に明るくしたり、音量を大きくしたりすると、バッテリーの残量が無駄に減ってしまいます。画面の明るさや音量を、適度に調整する設定方法を知っておきましょう。ここでは、音量は通知領域で指定します。明るさは、<設定>画面で調整します。

1 音量を調整する

ヒント 音を消すには

音を消すには、音量を設定する画面でスピーカーのアイコンをクリックします。

ヒント スピーカーの情報などを確認する

通知領域のスピーカーのアイコンを右クリックすると、ショートカットメニューが表示されます。ショートカットメニューからサウンドに関する設定を確認する画面などを表示できます。

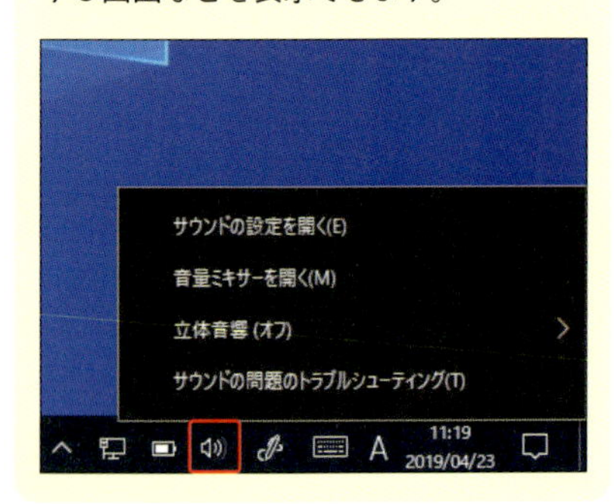

1 通知領域のスピーカーのアイコンをクリックします。

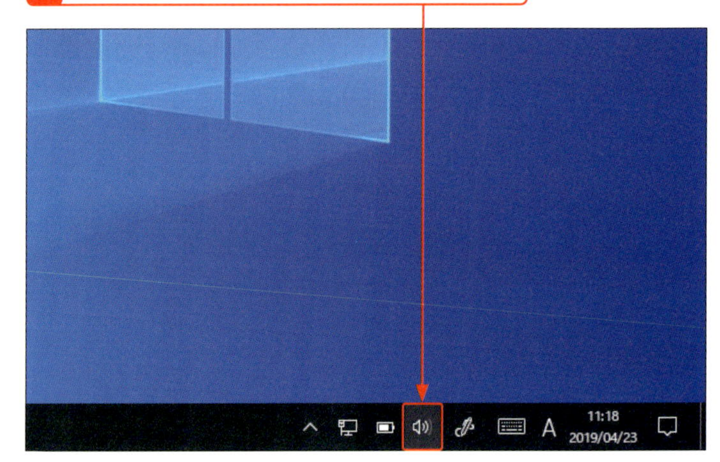

2 つまみをドラッグして音量を調整します。

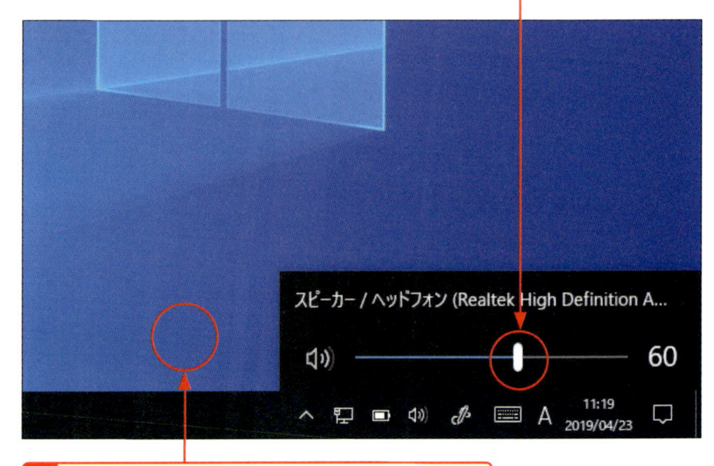

3 デスクトップの何もないところをクリックします。

2 明るさを調整する

1 タスクバーのバッテリーのアイコンをクリックします。

2 <バッテリーの設定>をクリックします。

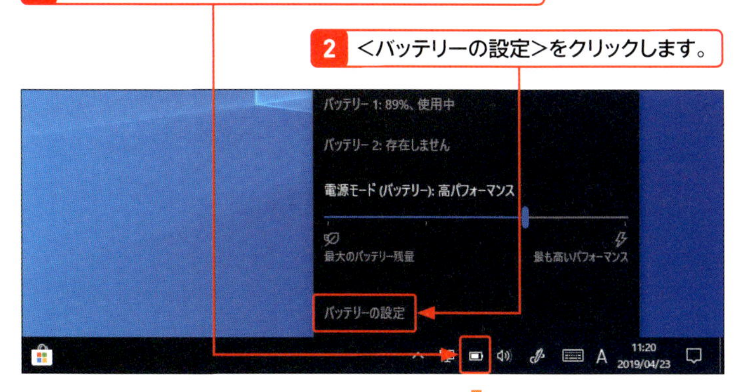

3 <ディスプレイ>をクリックします。

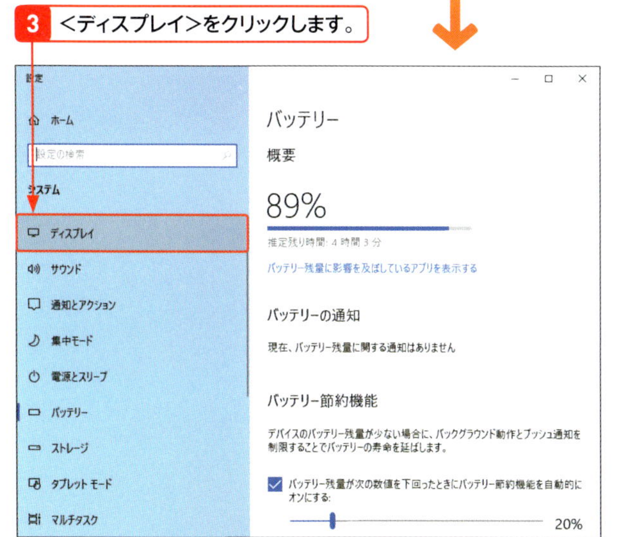

4 ここをドラッグして明るさを調整します。

5 <閉じる>をクリックします。

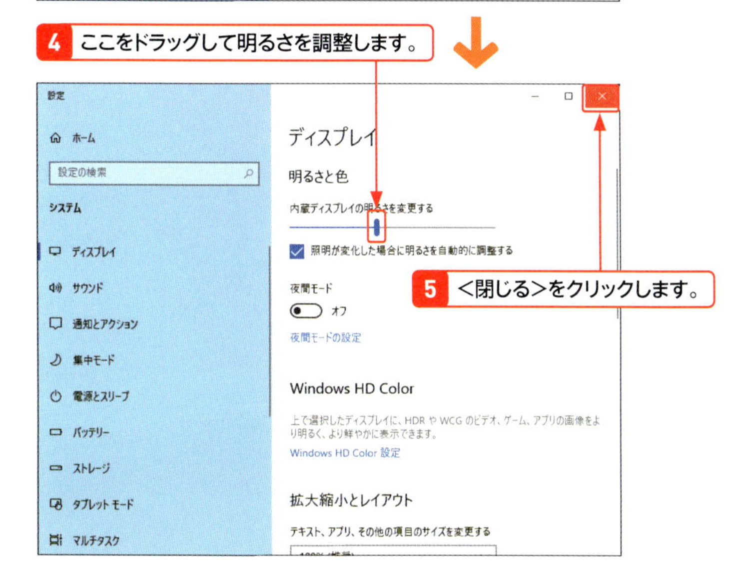

ヒント キーボードで音量や明るさを変更する

キーボードに音量や明るさを変更するキーがある場合は、キーボードから明るさや音量を変更できます。キーボードのマークを見てみましょう。Fn を押しながら明るさや音量を調整する場合もあります。Fn については、P.43を参照してください。

ステップアップ 電源モードを指定する

タスクバーの充電のアイコンをクリックすると、電源モードを指定できます。電源に接続していない場合、電源モードを指定することで、画面の明るさなどを低くしたりしてバッテリーの節約ができます。

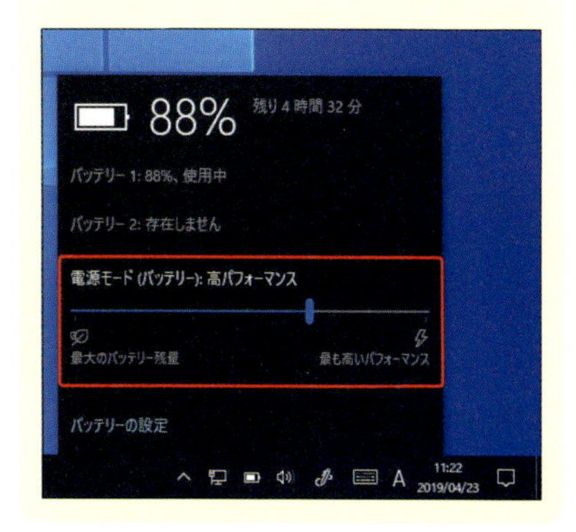

Section 78

意図した数字やアルファベットが入力されない

覚えておきたいキーワード
- NumLockキー
- CapsLockキー
- Fnキー

アルファベットを入力したいのに数字が入力されてしまう場合や、数字が入力できない場合は、ナムロックの状態を切り替えます。また、アルファベットの小文字を入力したいのに大文字が入力される場合は、キャップスロックの状態を切り替えます。

1 ナムロックの状態を切り替える

1 数字のキーを押しても数字が入力できない場合、Num Lockを押します。

2 数字が入力できるようになります。

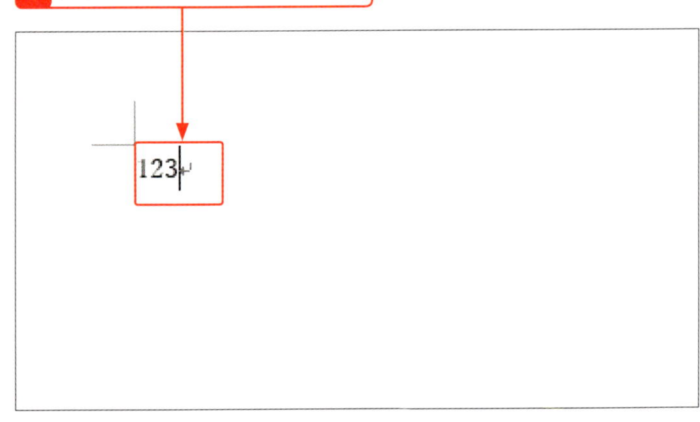

メモ ナムロックの状態を切り替える

アルファベットを入力したいのに数字が入力されてしまう場合や、数字が入力できない場合は、Num Lockを押してナムロックの状態を切り替えます。または、Fnを押しながらNum Lockを押します。Fnについては、P.43を参照してください。

2 キャップスロックの状態を切り替える

1 日本語入力モードがオフのときにアルファベットのキーを押すと、大文字が表示された場合、

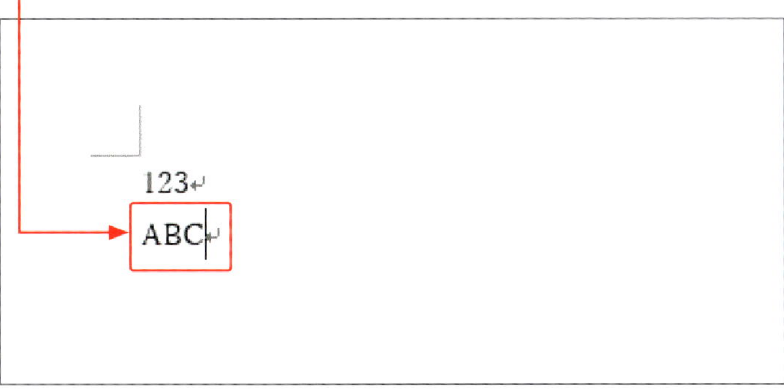

2 Shift + Caps Lock を押します。

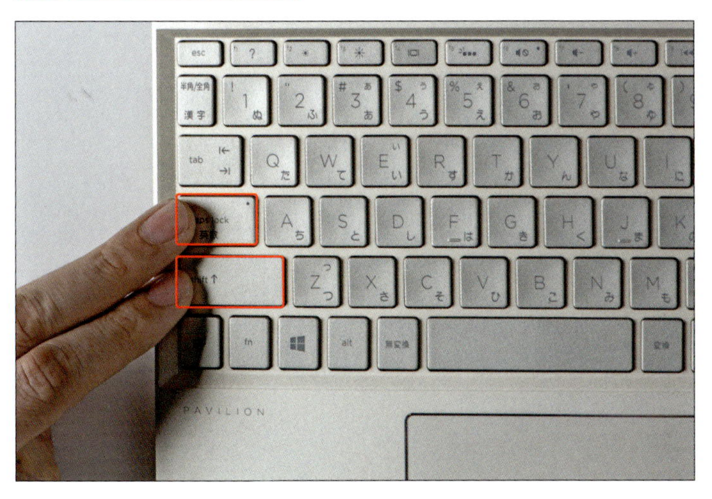

3 小文字が入力できるようになります。

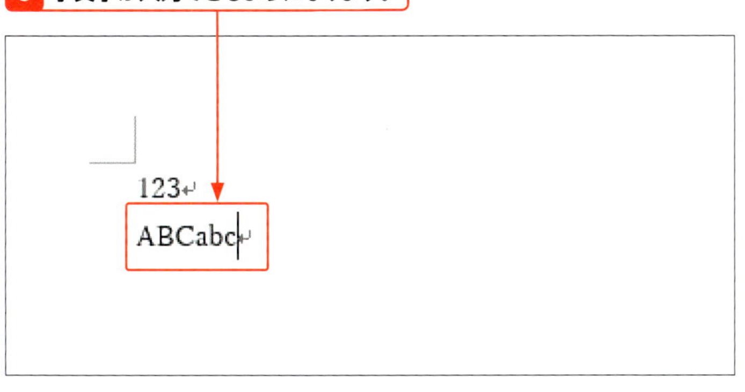

メモ キャップスロックの状態を切り替える

日本語入力モードがオフのとき、通常の状態ではアルファベットのキーを押すとアルファベットの小文字が入力されます。しかし、キャップスロックがオンになっていると、アルファベットの大文字が入力されます。アルファベットの小文字を入力するには、Shift + Caps Lock を押してキャップスロックの状態を切り替えます。

ヒント Shift を押しながら押すと

日本語入力モードがオフのとき、キャップスロックがオフの状態でも Shift を押しながらアルファベットのキーを押すとアルファベットの大文字を入力できます。逆にキャップスロックがオンの状態でも、Shift を押しながらアルファベットのキーを押すとアルファベットの小文字を入力できます。

ヒント 本体のランプで確認する

ノートパソコンによっては、ナムロックやキャップスロックの状態が本体前面などにあるランプに表示されます。オンのときは、ランプが点灯しますので、オンとオフの状態がすぐにわかります。

Section 79

よく使うアプリをすぐに起動したい

覚えておきたいキーワード
スタートメニュー
タスクバー
ピン留め

頻繁に使用するアプリを起動するとき、毎回、スタートメニューでアプリの一覧からアプリの項目を探すのは面倒です。スタートメニューのタイルやタスクバーからかんたんに起動できるようにしておくと便利です。アプリをスタートメニューやタスクバーにピン留めします。

1 スタート画面にピン留めする

メモ スタートメニューにピン留めする

アプリをスタートメニューにピン留めすると、次回以降は、スタートメニューを表示すると表示されるタイルをクリックするだけでアプリが起動できるようになります。アプリの一覧からアプリの項目を探す手間が省けて便利です。

ヒント タイルを削除する

スタートメニューに追加したタイルを削除するには、削除するアプリのタイルを右クリックします。表示されるメニューの<スタート画面からピン留めを外す>をクリックします。スタートメニューからタイルを削除しても、アプリの一覧からアプリを起動できます（Sec.09参照）。

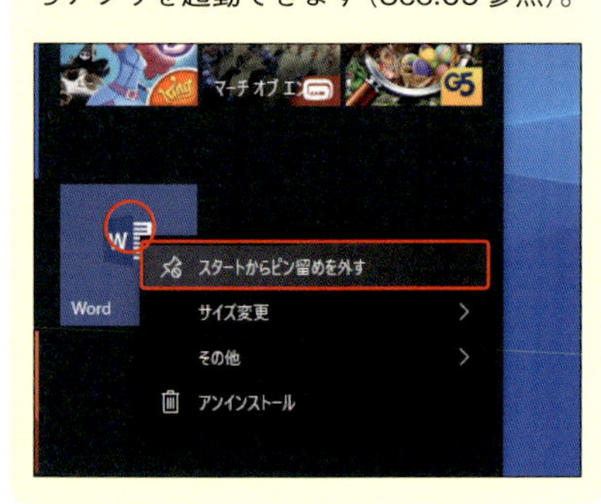

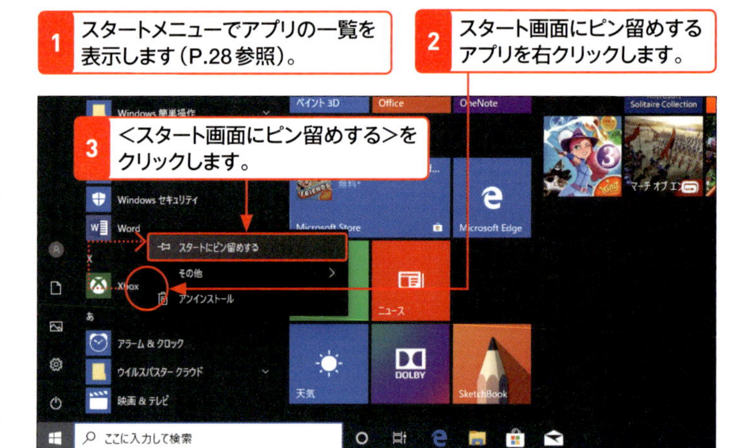

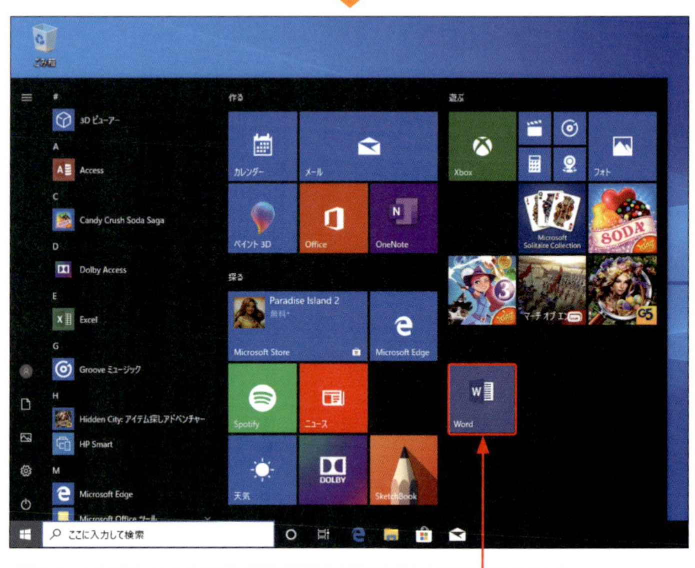

4 スタートメニューにアプリを起動するタイルが表示されます。

2 タスクバーにピン留めする

1 スタートメニューでアプリの一覧を表示します（P.28参照）。

2 タスクバーにピン留めするアプリを右クリックします。

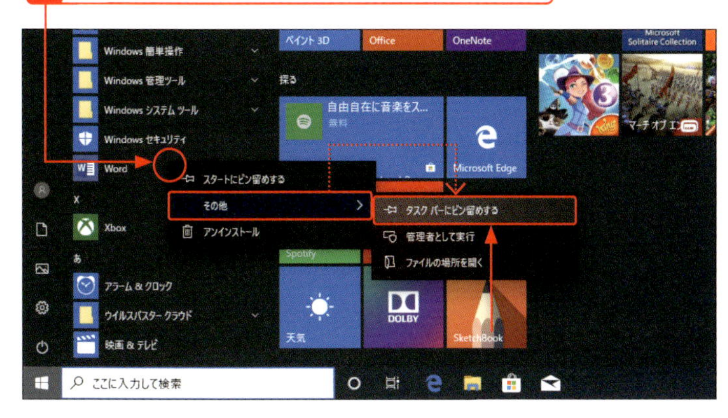

3 ＜その他＞→＜タスクバーにピン留めする＞をクリックします。

4 タスクバーにアプリを起動するアイコンが表示されます。

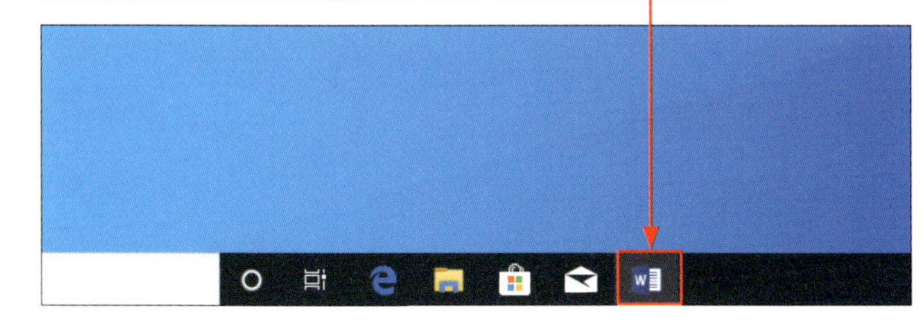

メモ タスクバーにピン留めする

アプリをタスクバーにピン留めすると、次回以降は、タスクバーに表示されているアプリのプログラムアイコンをクリックするだけでアプリが起動できるようになります。

ヒント アイコンを削除する

タスクバーに追加したアイコンを削除するには、削除したアプリのアイコンを右クリックします。表示されるメニューの＜タスクバーからピン留めを外す＞をクリックします。タスクバーからアイコンを削除しても、アプリの一覧からアプリを起動できます（Sec.09参照）。

ステップアップ 「Word」や「Excel」のファイルをピン留めする

「Word」や「Excel」をタスクバーにピン留めしていると、「Word」や「Excel」でよく使うファイルをかんたんに起動できます。それには、「Word」や「Excel」のプログラムアイコンを右クリックします。最近使用したファイルの一覧が表示されたら、起動したいファイルにポインターを合わせて＜一覧にピン留めする＞をクリックします。そのあとに「Word」や「Excel」のアイコンを右クリックすると、ファイル名が表示され、クリックすると指定したファイルが開きます。

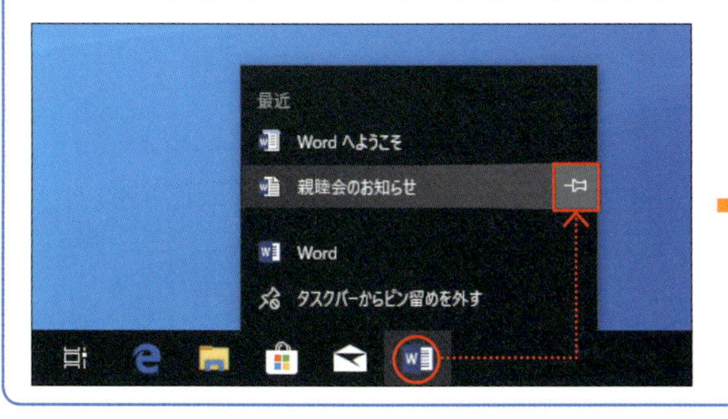

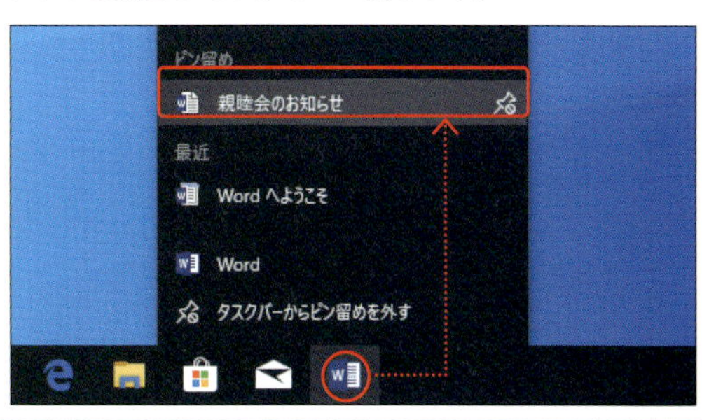

Section 80

保存したファイルが見つからない

覚えておきたいキーワード
- ファイル検索
- <検索>ボックス
- タスクバー

パソコンで作成したファイルをどこに保存したかわからなくなってしまった場合は、ファイル名を指定してファイルを検索してみましょう。正しいファイル名がわからなくても、ファイル名の一部で検索できる場合もあります。ここでは、P.160で保存したファイルを検索します。

1 ファイルを検索する

キーワード <検索>ボックス

タスクバーの<検索>ボックスを使用すると、パソコンに保存したファイルやアプリ、インターネット上の情報を検索したりできます。

ヒント アプリを起動する

<検索>ボックスを使用してアプリを起動することもできます。たとえば、<検索>ボックスにアプリの名前を入力し、表示されるアプリの項目をクリックすると、アプリが起動します。あまり使用しないアプリなどは、スタートメニューで見つけづらいこともあるでしょう。その場合は、ここから起動すると便利です。

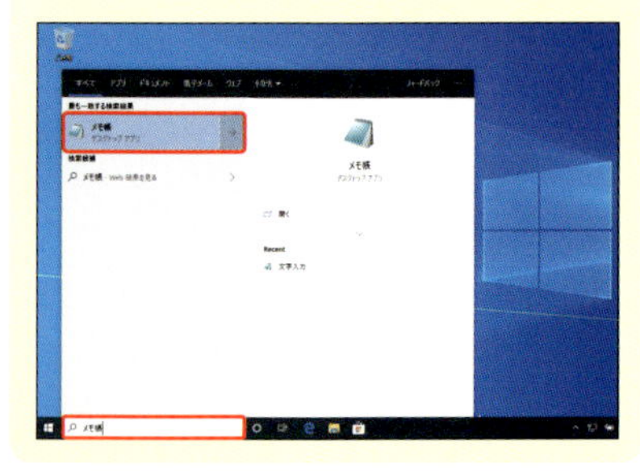

1 <タスクバー>の<検索>ボックスをクリックします。

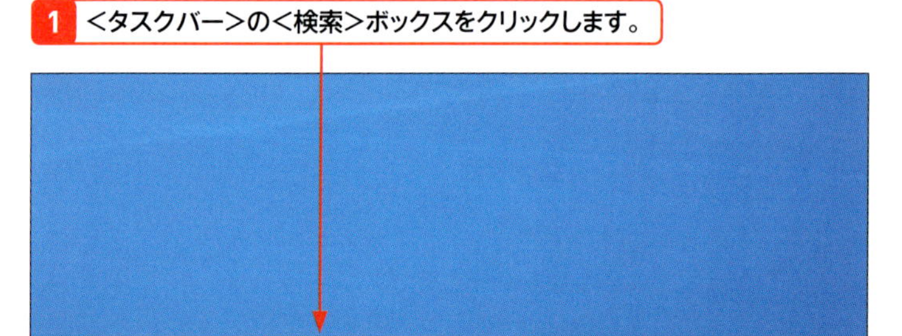

2 カーソルが表示されたらファイル名を入力します。

2 ファイルを開く

1 ファイルの検索結果が表示されます。

2 ファイル名をクリックします。

3 ファイルを作成したアプリが起動してファイルが開きます。

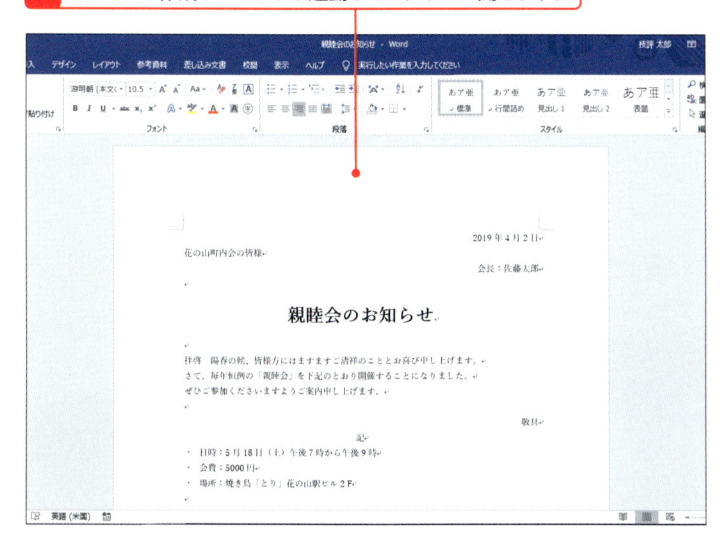

ヒント <検索>ボックスが表示されていない場合

<検索>ボックスが表示されていない場合は、タスクバーを右クリックします。表示されるショートカットメニューの<検索(または<Cortana>)>→<検索ボックスを表示>をクリックします。

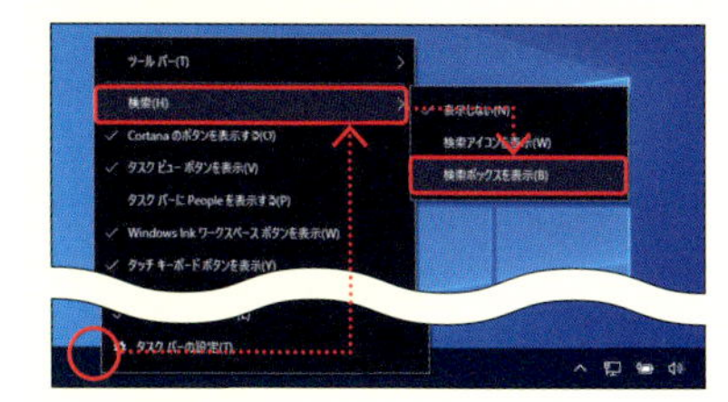

ステップアップ Cortana

Windows 10で、音声でパソコンを操作するには、Cortanaというアシスタント役を介して行います。検索ボックス横のアイコンをクリックして「明日の気温は?」「今何時?」とか話しかけると答えてくれます。また、設定のアイコンをクリックすると、Cortanaに関する設定を行えます。

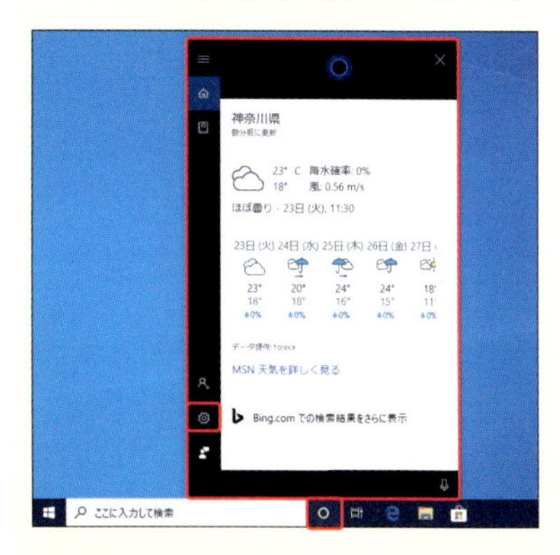

ヒント インターネットの情報を検索する

<検索>ボックスを使用すると、インターネットの情報を検索することもできます。インターネットで検索したいキーワードを入力し、検索候補の中から、の項目をクリックすると、エッジが起動して検索結果が表示されます。

Section 81 履歴からファイルをすばやく表示したい

覚えておきたいキーワード
☑ タスクバー
☑ タスクビュー
☑ 検索

過去に使用したファイルをすばやく開くには、タスクビューを利用すると便利です。タスクビューには、過去に使用したファイルや過去に見たホームページなどが時系列に整理されて表示されます。見たいファイルやホームページをクリックすると、ファイルやホームページが開きます。

1 タスクの一覧を表示する

メモ タスクビュー

タスクバーの＜タスクビュー＞をクリックすると、過去に使用したファイルや過去に見たインターネットのホームページといった、タスクの一覧が表示されます。タスク一覧からファイルやホームページを再表示できます。

1 タスクバーの＜タスクビュー＞をクリックします。

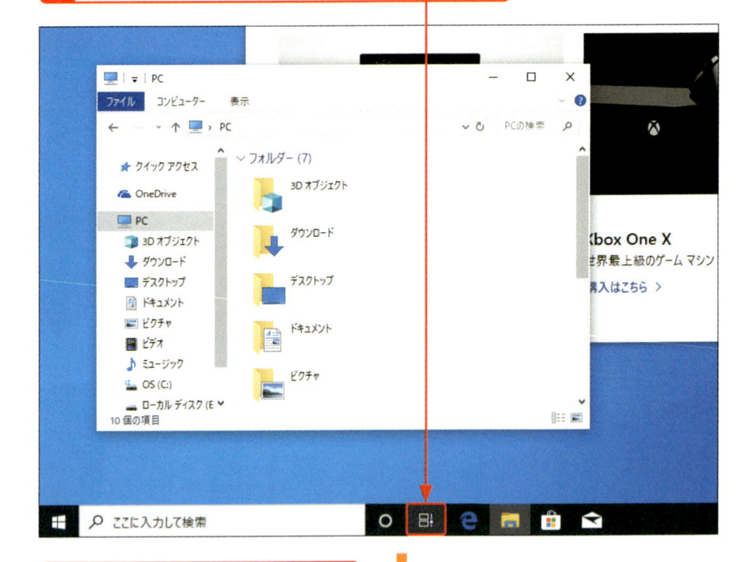

2 タスクの一覧が表示されます。

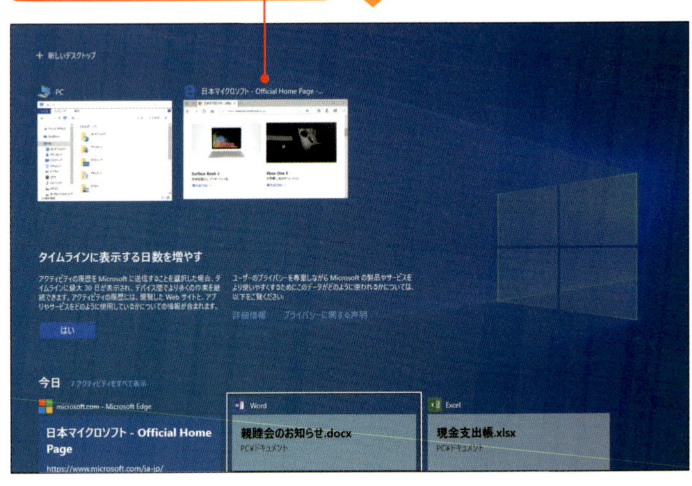

ヒント 元の表示に戻す

タスクビューの画面を表示したあと、元のデスクトップ画面に戻りたい場合は、タスクビューの一覧の何も表示されていないところをクリックします。または、Esc を押します。

2 ファイルを表示する

1 過去に使用したファイルなどの一覧が表示されます。

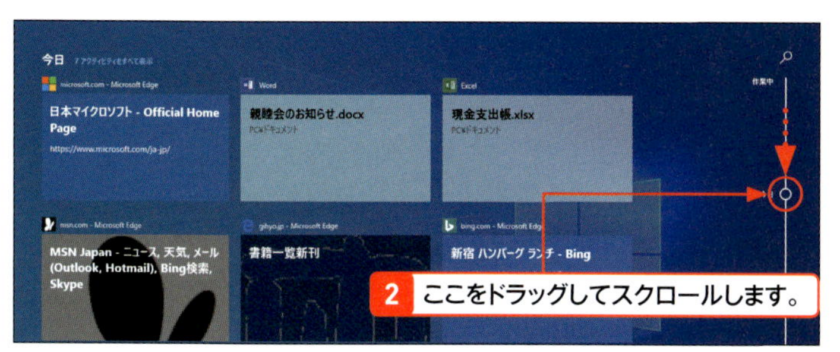

2 ここをドラッグしてスクロールします。

3 表示するファイルをクリックします。

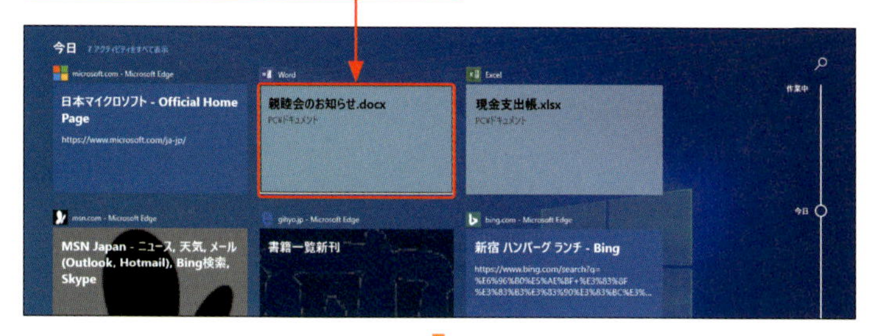

4 ファイルが表示されました。

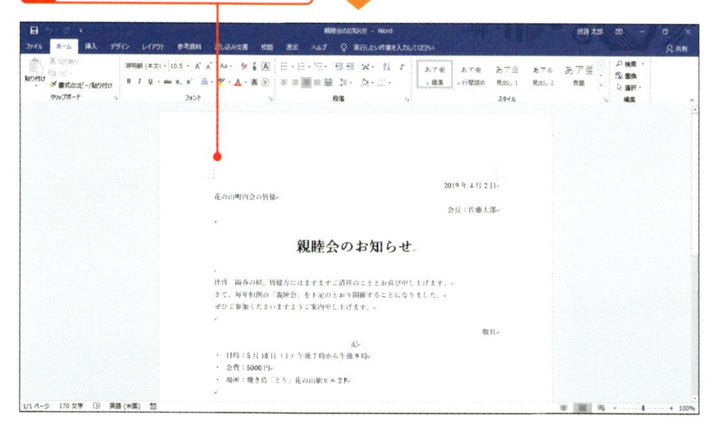

メモ 昨日や一昨日使ったファイルを見る

タスクビューの画面には、現在使用しているファイルが表示されます。画面右の<○>を下方向にドラッグすると、過去にさかのぼって使用したファイルが表示されます。

ヒント 「Word」や「Excel」の履歴を見る

「Word」や「Excel」を起動しているとき、過去に開いたファイルを開くには、<ファイル>タブをクリックして<開く>をクリックします。<最近使ったアイテム>に過去に使用したファイルの一覧が表示されますので、開くファイルをクリックします。

メモ ファイルを検索する

タスクビューの画面で🔍をクリックすると、<活動を検索>の検索ボックスが表示されます。ファイル名の一部など検索キーワードを入力すると、キーワードに一致するタスクを検索できます。検索結果をクリックすると、ファイルやホームページが表示されます。

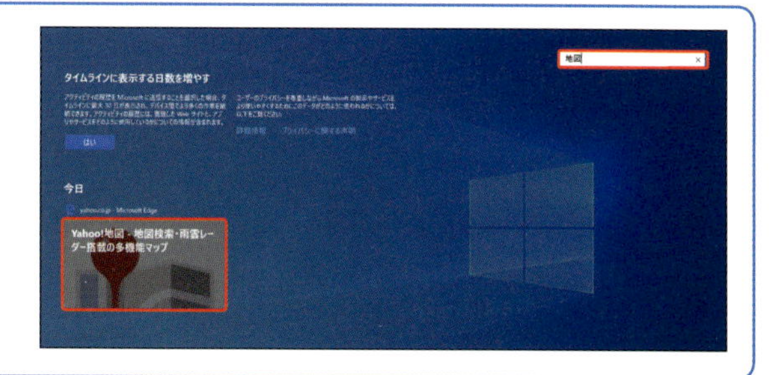

Section 82 パソコンやアプリが動かなくなった

覚えておきたいキーワード
- 電源ボタン
- ロック画面
- タスクマネージャー

パソコンの操作がまったくできなくなったり、特定のアプリが動かなくなったりした場合は、パソコンを強制終了したり、強制的にアプリを終了したりして対処する方法があります。ただし、この方法で終了した場合、保存していないデータは消えてしまうことが多いので注意します。

1 パソコンを強制終了する

メモ 強制的に電源を切る

多くのパソコンでは、電源ボタンを長押しすると強制的にパソコンが終了します。この方法は、Sec.07の方法でパソコンを終了できないときに使用します。終了できない場合は、パソコンに接続しているケーブルなどを外してもう一度電源ボタンを長押しします。

1 電源ボタンを5秒くらい押し続けます。

2 電源が切れたら、改めて電源ボタンを押して電源をオンにします。

3 ロック画面が表示されたら、いずれかのキーを押してパソコンを起動します。

2 アプリを強制終了する

1 タスクバーの何もないところを右クリックして、

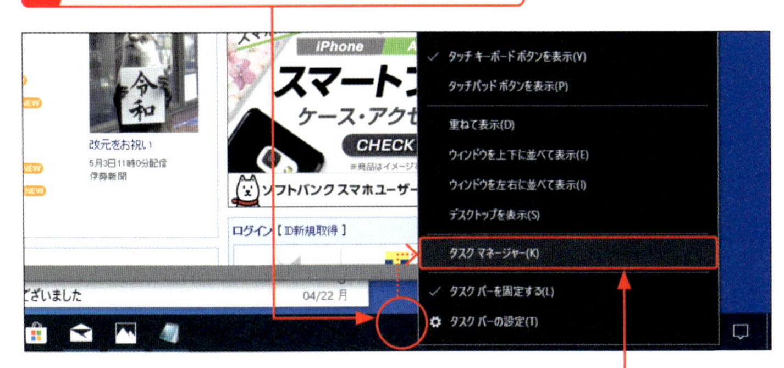

2 <タスクマネージャー>をクリックします。

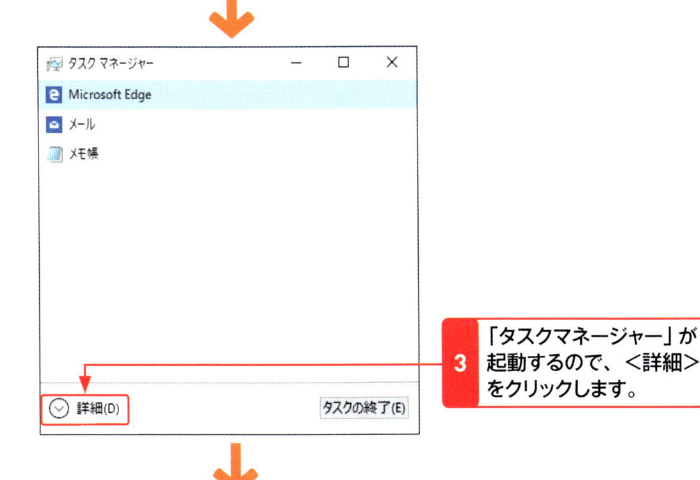

3 「タスクマネージャー」が起動するので、<詳細>をクリックします。

4 <プロセス>タブで応答のないアプリをクリックして、

5 <タスクの終了>をクリックします。

メモ　タスクマネージャーで強制終了する

特定のアプリだけが操作できなくなった場合は、少し時間をおいて回復するのを待ちましょう。それでも回復しない場合は、「タスクマネージャー」を使って強制的に終了します。ただし、アプリを強制終了すると、保存していないデータが消えてしまうことがあるので注意します。

ヒント　キーボードでタスクマネージャーを起動する

「タスクマネージャー」は、キーボード操作で起動することもできます。Ctrl と Alt を同時に押しながら Delete を押すと青い画面が表示されるので、<タスクマネージャー>をクリックします。

Section 83 ハードディスクの空き容量を確認したい

覚えておきたいキーワード
- ☑ ハードディスク
- ☑ 空き容量
- ☑ ディスククリーンアップ

パソコンの中には、データを保存するハードディスクドライブ（ハードディスク、HDD）があります。この空き容量が少ないとパソコンの動作が遅くなったりすることがあります。余計なファイルを削除したり、自分で作成したファイルをほかの場所に移動したりすると、空き容量を増やせます。

1 空き容量を確認する

1 タスクバーの「エクスプローラー」をクリックします。

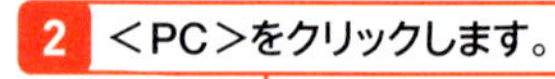

2 ＜PC＞をクリックします。

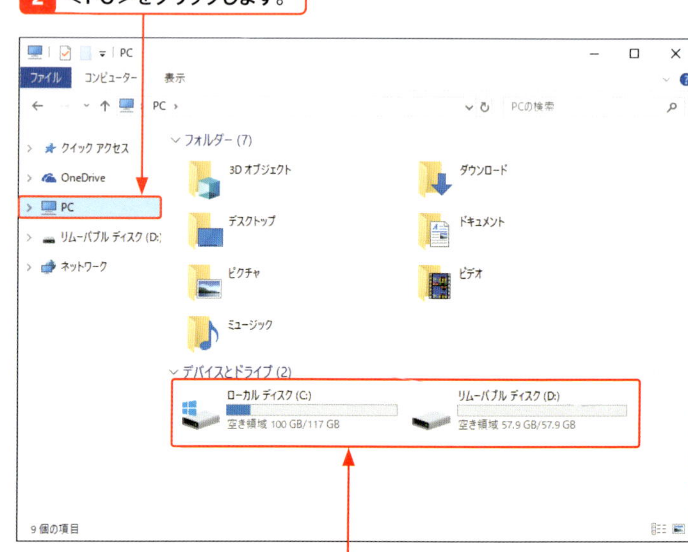

3 ハードディスクの空き容量が表示されます。

メモ 複数ある場合もある

パソコンによっては、ハードディスクの中身が複数にわかれているものや、ハードディスクが複数搭載されているものもあります。Windows 10がインストールされているハードディスクには、Windowsのマークが表示されます。

ヒント 表示されない場合

ハードディスクのアイコンが表示されない場合は、をクリックします。

2 詳細を確認する

1 ハードディスクのアイコンを右クリックします。

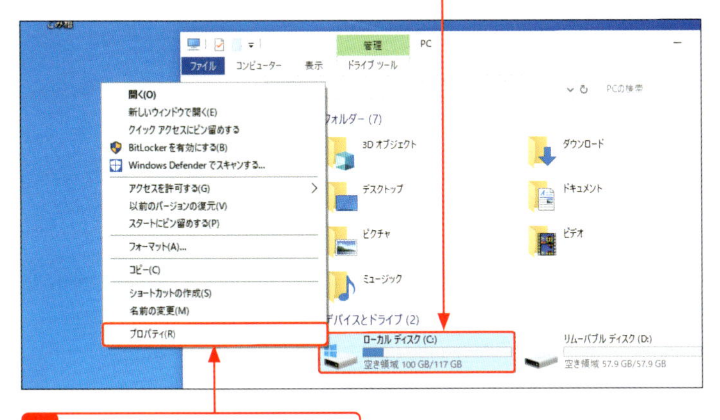

2 ＜プロパティ＞をクリックします。

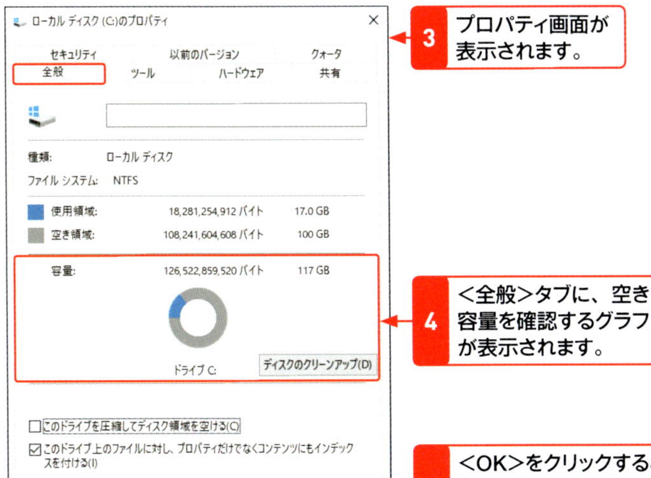

3 プロパティ画面が表示されます。

4 ＜全般＞タブに、空き容量を確認するグラフが表示されます。

5 ＜OK＞をクリックすると、プロパティ画面が閉じます。

6 ＜閉じる＞をクリックします。

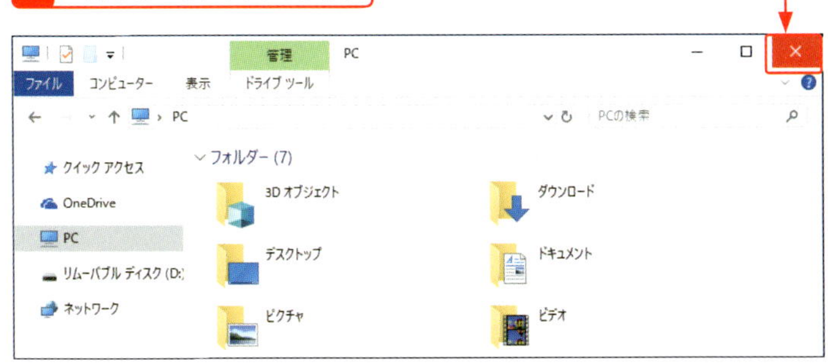

ヒント 余計なファイルを消す

プロパティ画面の＜全般＞タブで＜ディスクのクリーンアップ＞をクリックすると、ごみ箱に入っているファイルなど、削除候補のファイルを選択してまとめて削除することができます。削除するファイルを選択して＜OK＞をクリックして＜ファイルの削除＞をクリックすると、ファイルが削除されます。この操作によって、ハードディスクの空き容量を増やせる場合があります。

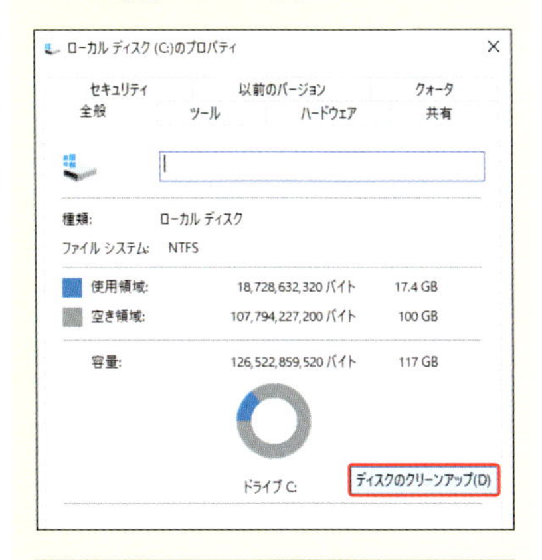

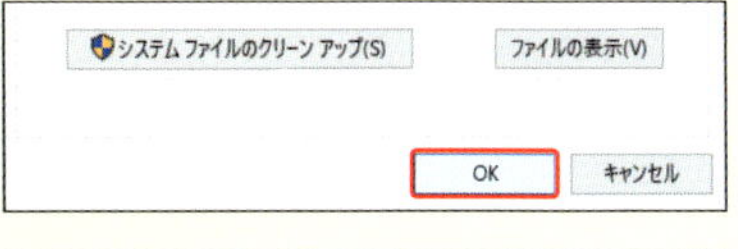

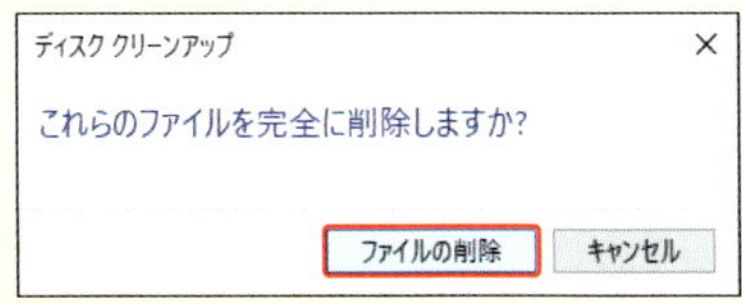

ヒント 外付けハードディスク

パソコンに外付けハードディスクを接続すると、ファイルを保存する場所を増やすことができます。外付けハードディスクを選択するときは、容量や大きさ、パソコンとの接続方法などを確認しましょう。USB接続で利用できるコンパクトサイズのものなども多くありますので手軽に利用できます。

Section 84

ファイルをUSBメモリー／SDカードに保存したい

覚えておきたいキーワード
- ☑ USBメモリー
- ☑ SDカード
- ☑ 保存

パソコンに保存したファイルを外出先のパソコンなどで利用するには、いくつかの方法があります。インターネット経由ではなく、ファイルを実際に持ち歩く場合は、USBメモリーやSDカードにコピーして利用する方法があります。パソコンにUSBやSDカードなどを接続してコピーします。

1 USBメモリーにファイルを保存する

キーワード USBメモリー

USBメモリーとは、データを保存する機器です。パソコンのUSBの接続口に差し込んで利用します。数センチくらいの大きさなので、ファイルの持ち運びに手軽に利用できます。USBメモリーの容量は、USBメモリーによって異なります。

1 USBメモリーをパソコンに接続します。

2 タスクバーの「エクスプローラー」をクリックして「エクスプローラー」を起動します（P.60参照）。

5 USBに保存したいファイルを右クリックします。

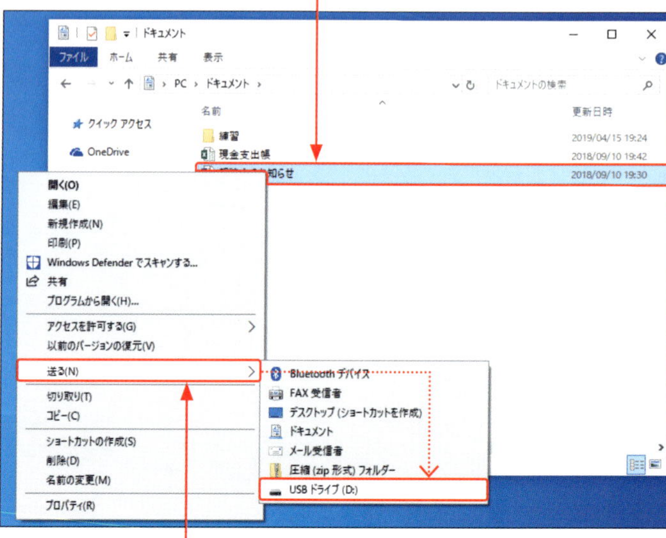

6 <送る>→<USBドライブ>をクリックします。

ヒント USBメモリーのセキュリティ機能

USBメモリーの中には、独自のセキュリティ機能が付いているものも多くあります。その場合、USBメモリーを利用するときに、パスワードの入力などが必要になることもあります。その使用方法は、USBメモリーの操作説明書をご確認ください。

2 USBメモリーを取り外す

1 USBメモリーをクリックしてファイルが保存されていることを確認します。

2 <閉じる>をクリックします。

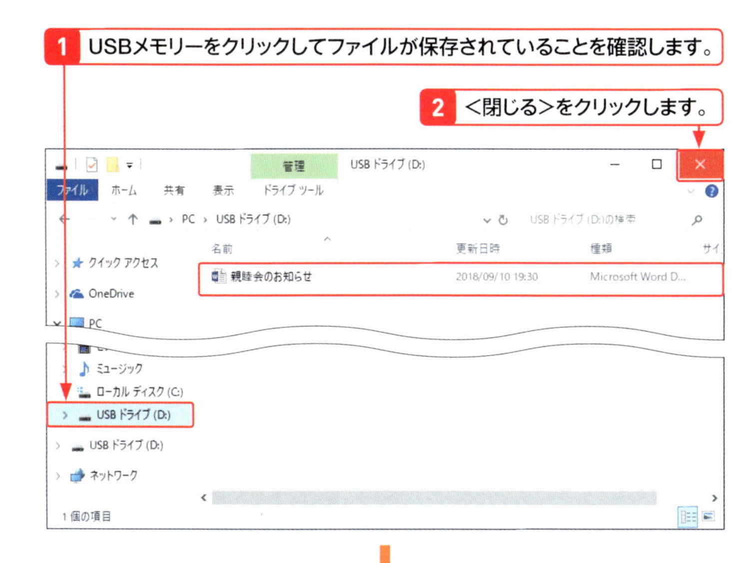

3 タスクバーの<隠れているインジケーターを表示します>をクリックします。

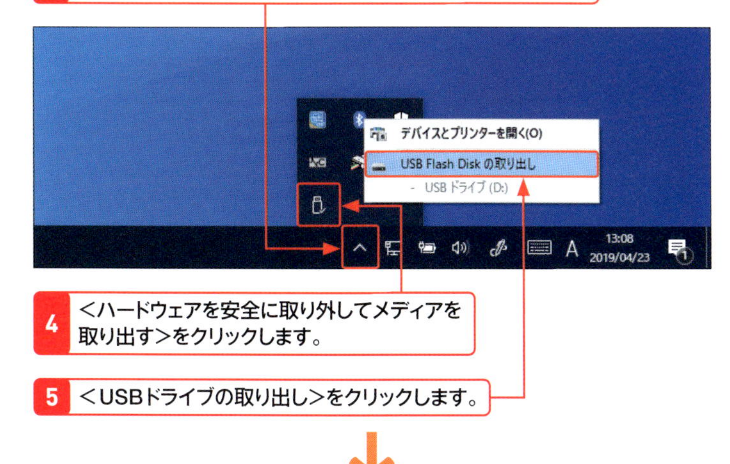

4 <ハードウェアを安全に取り外してメディアを取り出す>をクリックします。

5 <USBドライブの取り出し>をクリックします。

6 メッセージを確認します。

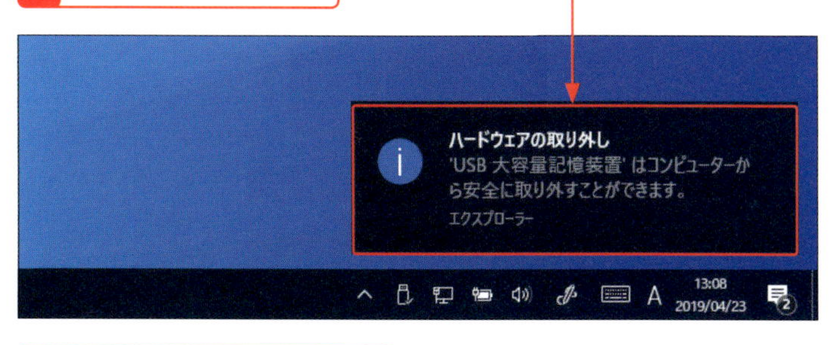

7 USBメモリーを取り外します。

メモ ファイルをコピーする

ファイルをコピーするには、コピーするファイルを右クリックし、<送る>をポイントしてコピーするUSBの項目をクリックします。または、USBメモリーの中身が表示されているウィンドウにファイルをドラッグします。

ヒント 安全に取り外す

パソコンに接続したUSBメモリーをいきなり抜いてしまうと、データが破損してしまうこともありますので注意が必要です。USBメモリーをパソコンから取り外すときは、USBメモリーの取り出しを指定しましょう。安全に取り外せる状態になったら、メッセージが表示されます。

ヒント 接続したときの動作を指定する

USBを接続すると、次のようなメッセージが表示される場合があります。このとき、メッセージをクリックすると、USBを接続したときに常に行う動作を選択できます。

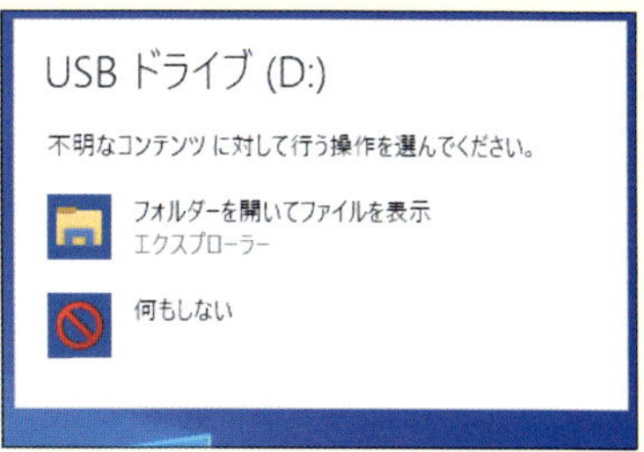

3 SDカードにファイルを保存する

キーワード SDカード

SDカードには、さまざまな種類があります。まず、大きさの違いとして、SDカードサイズやmicroSDカードサイズなどがあります。パソコンでは、主にSDカードサイズが使用されます。また、SDカードの容量の違いとしては、以下のように3つの規格があります。自分のノートパソコンがどの規格のSDカードをサポートしているかを確認して使用しましょう。

規格	容量
SDカード	2GBまで
SDHCカード	4GB～32GB
SDXCカード	64GB～

1 SDカードをパソコンに接続します。

2 タスクバーの「エクスプローラー」をクリックして「エクスプローラー」を起動します。

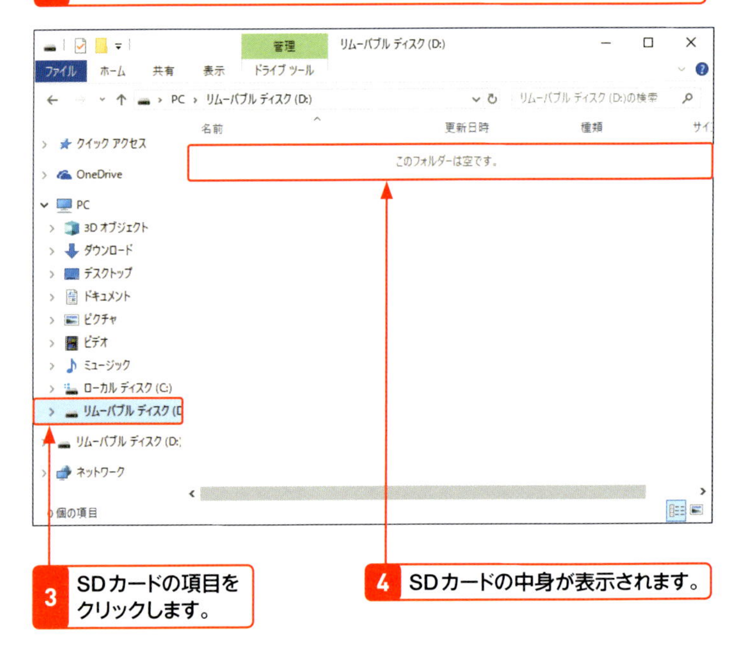

3 SDカードの項目をクリックします。

4 SDカードの中身が表示されます。

5 SDカードに保存したいファイルを右クリックします。

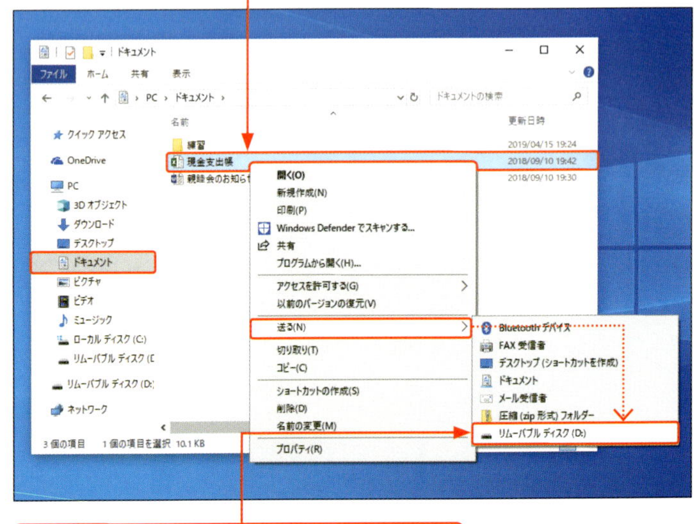

6 <送る>→SDカードの項目をクリックします。

ヒント カードリーダー

パソコンにSDカードの接続口が付いていない場合、SDカードを利用するには、SDカードリーダーを使用する方法があります。USBなどで接続して利用できます。

4 SDカードを取り外す

1 SDカードの項目をクリックしてファイルが保存されていることを確認します。

2 <閉じる>をクリックします。

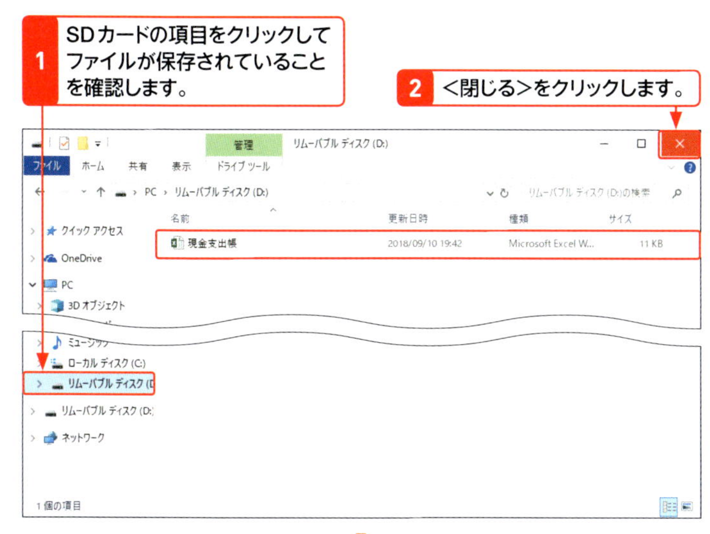

3 タスクバーの<隠れているインジケーターを表示します>をクリックします。

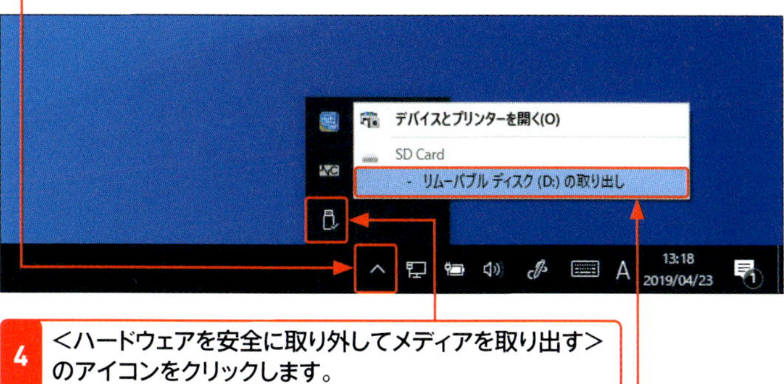

4 <ハードウェアを安全に取り外してメディアを取り出す>のアイコンをクリックします。

5 <SDカードの取り出し>をクリックします。

6 メッセージを確認します。

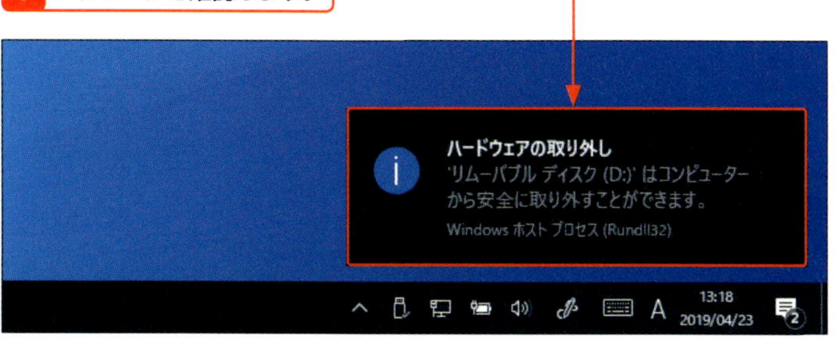

7 SDカードを取り外します。

ヒント 安全に取り外す

SDカードをパソコンから取り外すときは、SDカードの取り出しを指定しましょう。安全に取り外せる状態になったら、メッセージが表示されます。

ヒント 接続したときの動作を指定する

SDカードを接続すると、次のようなメッセージが表示される場合があります。このとき、メッセージをクリックすると、SDカードを接続したときに常に行う動作を選択できます。

ヒント CDやDVDに保存する

ファイルをCDやDVDに保存する方法は、Sec.52を参照してください。

Section 85

ウイルス対策をしたい

覚えておきたいキーワード
- ウイルス対策
- Windows セキュリティ
- 設定

Windows 10には、パソコンに悪い影響を及ぼすパソコンウイルスなどからパソコンを守るさまざまな機能があります。Windows 10を起動すると、通常はそれらの機能が自動的に有効になります。それらの機能がオンになっているか確認する方法を紹介します。<設定>画面で操作します。

1 設定画面を表示する

メモ 設定画面を表示する

設定画面を表示する方法は複数あります。ここではスタートメニューから設定画面を表示しています。通知領域の<アクションセンター>から表示することもできます(P.21参照)。

1 <スタート>ボタンをクリックします。

2 <設定>をクリックします。

3 <更新とセキュリティ>をクリックします。

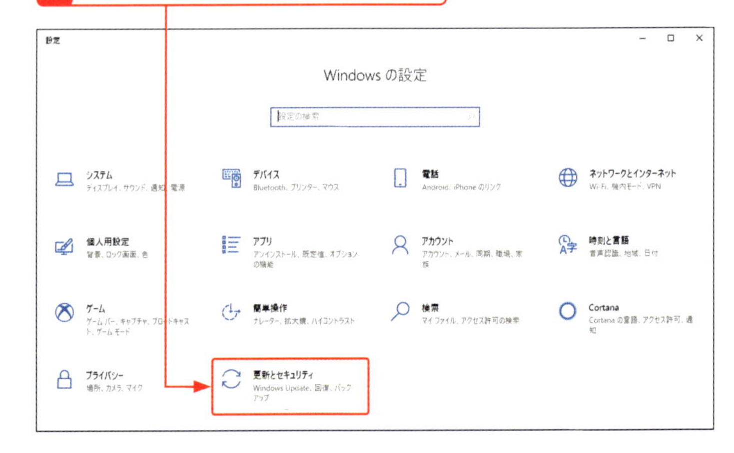

2 Windowsセキュリティを開く

1 ＜Windowsセキュリティ＞をクリックします。

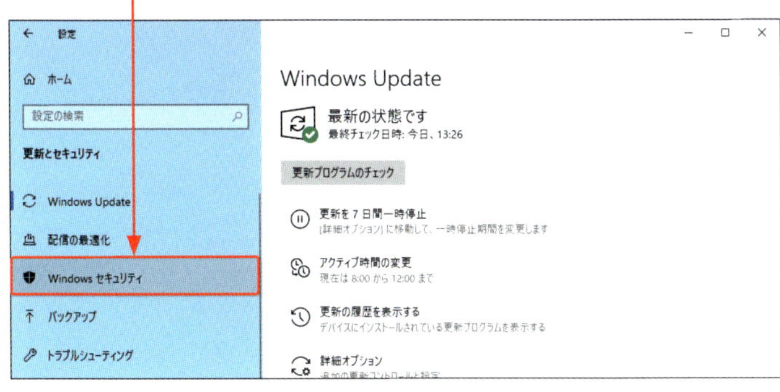

2 保護機能の種類や設定を確認します。

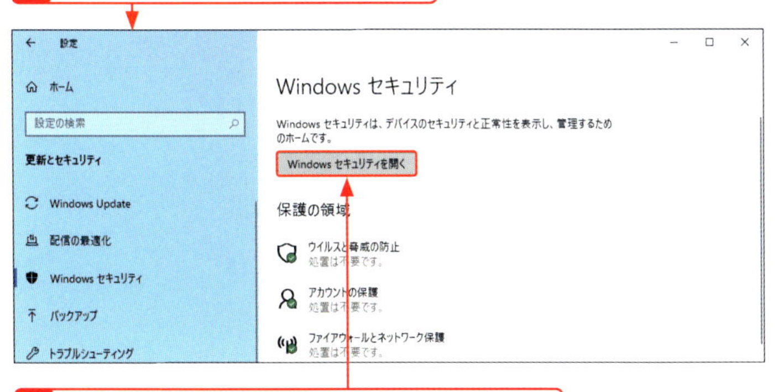

3 ＜Windowsセキュリティを開く＞をクリックします。

4 ＜ウイルスと脅威の防止＞をクリックします。

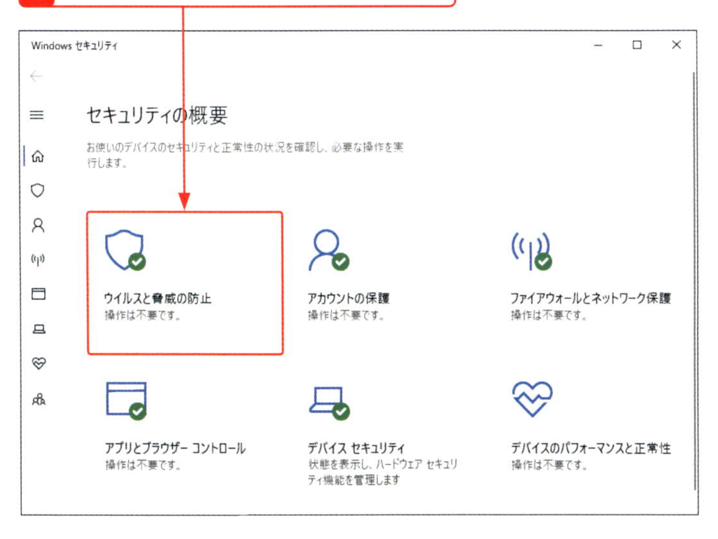

メモ 市販のウイルス対策アプリを使用する

Windows 10対応の市販のウイルス対策アプリを利用すると、より強固なセキュリティ対策ができます。ノートパソコンによっては、あらかじめウイルス対策アプリが入っている場合もあります。

ヒント 機能がオフになっている場合

市販のウイルス対策アプリを利用してパソコンを保護している場合、Windowsの保護機能との機能競合によりトラブルが発生するのを防ぐために、市販のウイルス対策アプリによってWindows 10の保護機能がオフになっている場合があります。その場合は、使用しているウイルス対策アプリでセキュリティ機能が働いているかを確認しましょう。ノートパソコンによっては、ウイルス対策アプリのお試し版などがあらかじめ入っているものもあります。

3 パソコンをチェックする

キーワード Windows セキュリティ

Windows セキュリティとは、パソコンに悪い影響を及ぼす悪意のあるパソコンウイルスなどからパソコンを守るための機能です。ウイルスなどに感染しているかなどをかんたんに調べられます。チェック方法は、手順1の画面で＜スキャンのオプション＞をクリックすると指定できます。

ヒント チェックができない場合

市販のウイルス対策アプリを利用している場合は、パソコンをチェックする画面は表示されません。必要に応じてウイルス対策アプリの方でウイルスチェックなどを実行しましょう。

ヒント Windows 10の更新プログラムをチェックする

Windows 10では、さまざまな機能を改良したり問題を修正したりする更新プログラムが、インターネット経由でインストールされるしくみになっています。通常は、自動で行われる設定になっていますが、それらの設定を確認しておきましょう。＜設定＞画面の＜更新とセキュリティ＞→＜Windows Update＞をクリックします。更新プログラムを手動でチェックするには、＜更新プログラムのチェック＞をクリックします。＜詳細オプション＞をクリックすると、更新プログラムのインストール方法などを指定できます。

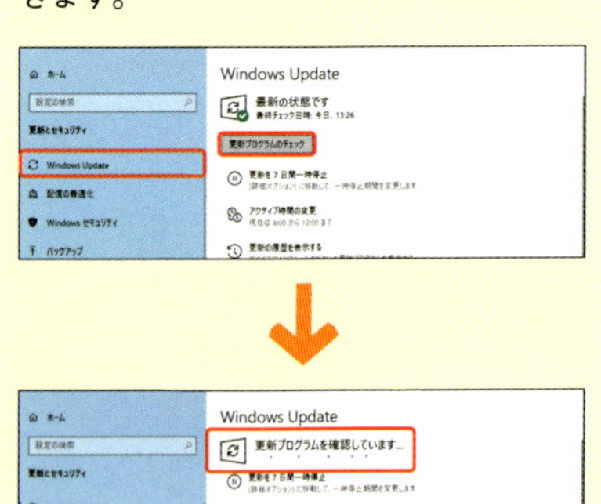

1 ＜クイックスキャン＞をクリックします。

2 パソコンのスキャンがはじまります。

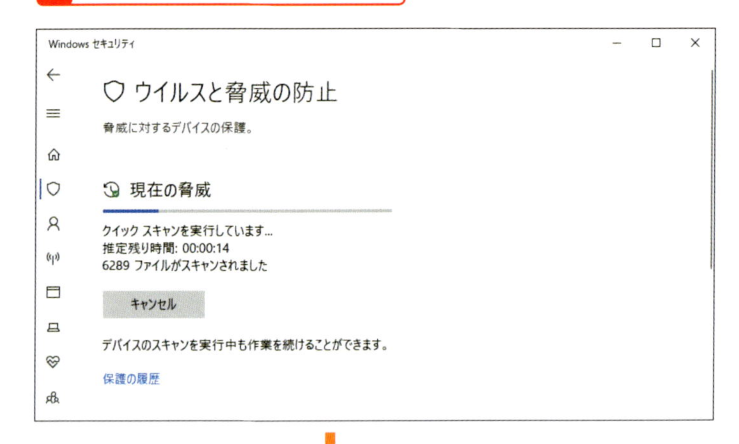

3 結果が表示されます。

4 ＜閉じる＞をクリックします。

Appendix

付　録

初期設定や
アカウントの設定をしよう

Appendix 01

Microsoft アカウントを取得しよう

覚えておきたいキーワード
- Microsoft アカウント
- ユーザー名
- パスワード

Microsoft アカウントを利用すると、「ストア」アプリからさまざまなアプリを利用したり、OneDrive というインターネット上の保存スペースを利用したりできます。Microsoft アカウントは無料で取得できます。ここでは、新しいメールアドレスを取得して Microsoft アカウントを作成する方法を紹介します。

1 アカウントを新規に登録する

1 P.68の方法でエッジを起動して<https://signup.live.com>のホームページを開きます。

2 <新しいメールアドレスを取得>をクリックします。

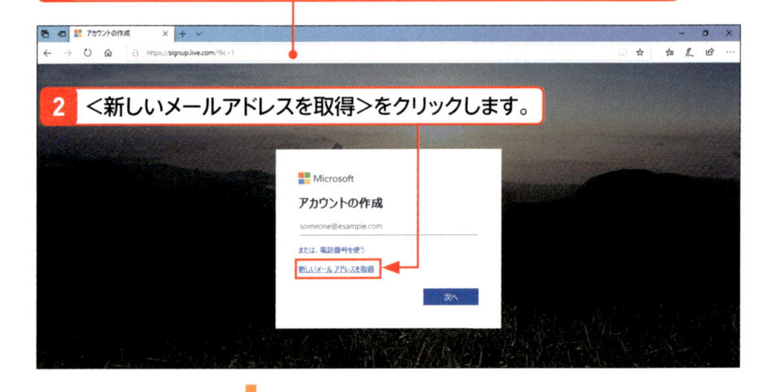

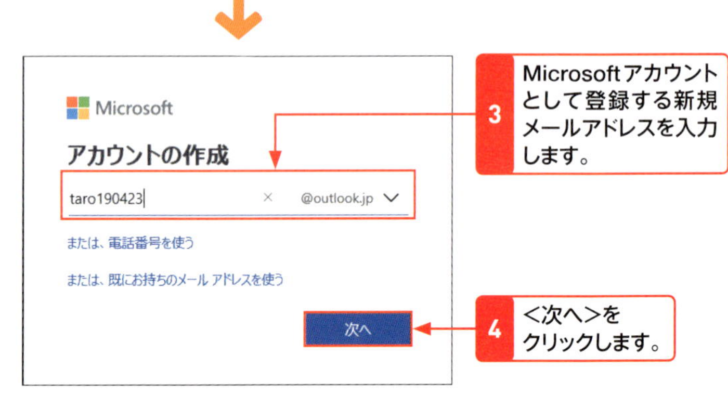

3 Microsoft アカウントとして登録する新規メールアドレスを入力します。

4 <次へ>をクリックします。

メモ 初期設定で取得している場合

Microsoft アカウントは、パソコンの初期設定時にも取得できます。初期設定時に Microsoft アカウントを取得している場合、新たに Microsoft アカウントを取得する必要はありません。

キーワード Microsoft アカウント

Microsoft アカウントを登録すると、Microsoft 社がインターネット上で提供するさまざまなサービスを利用できます。たとえば、「OneDrive」というインターネット上のファイル保存スペースを利用できます。Microsoft アカウントは、無料で取得できます。また、Windows 10 のパソコンを使用するときに、Microsoft アカウントでサインインすることもできます。

メモ 新しいメールアドレス

Microsoft アカウントを取得するときは、自分が持っているメールアドレスでアカウント登録をするか、新しいメールアドレスを取得してアカウントを作成するかを選択できます。ここでは、<新しいメールアドレスを作成>をクリックして新しいメールアドレスを取得しています。新しいメールアドレスを入力したときは、忘れないようにメモしておきましょう。「@」以降の文字もメモしておきます。

ヒント サインイン

サインインとは、パソコンを使用したりインターネット上のサービスを利用したりするときに、使用者を識別して利用できる状態にすることです。ユーザー名やパスワードなどの情報を入力してサインインの操作をします。

2 氏名などを入力する

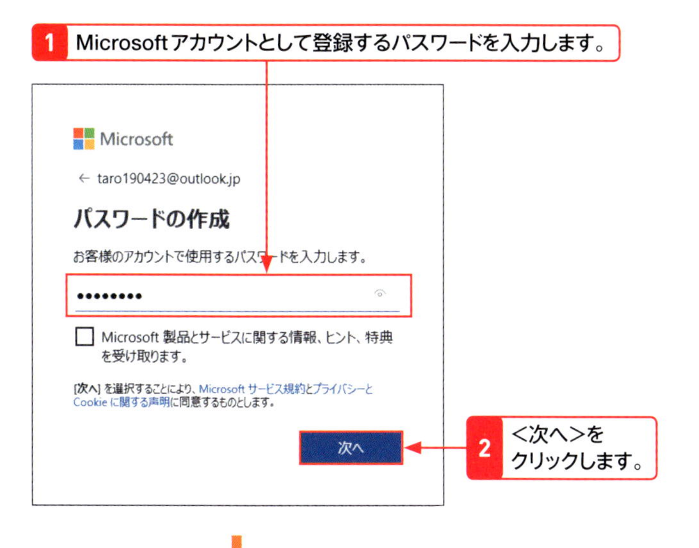

3 <姓><名>を入力する画面が表示されます。

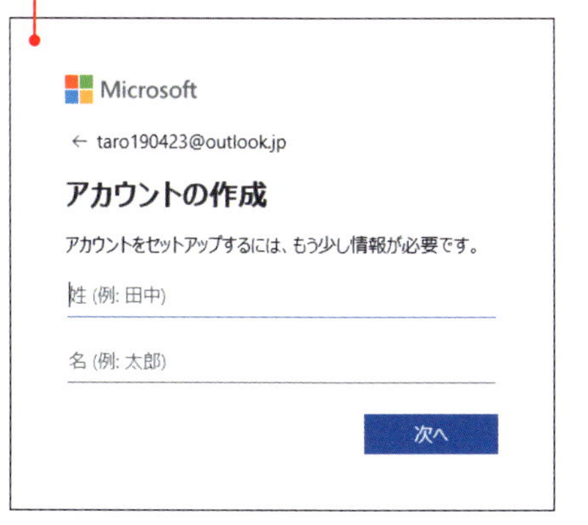

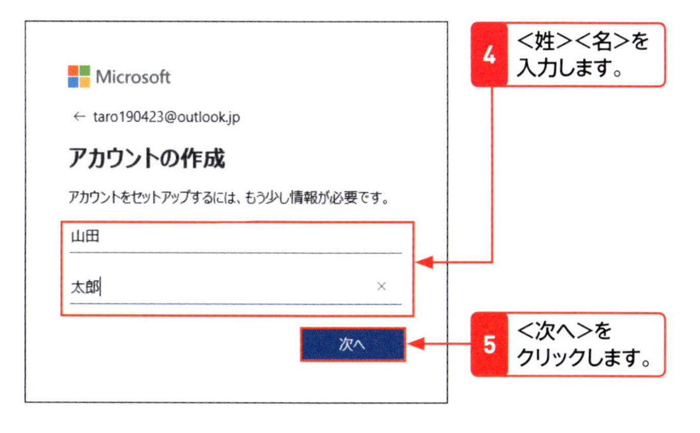

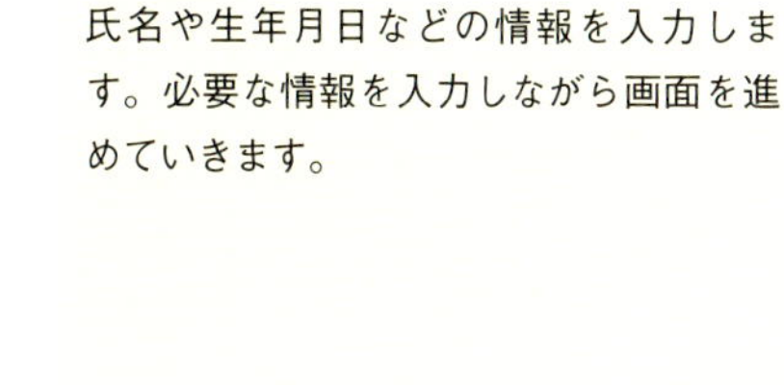

メモ アカウントの登録

Microsoftアカウントの登録をするには、氏名や生年月日などの情報を入力します。必要な情報を入力しながら画面を進めていきます。

メモ パスワードを入力する

Microsoftアカウントとして登録する任意のパスワードを入力します。パスワードは8文字以上で指定します。大文字と小文字を区別しますので、大文字小文字の違いも正しく入力しましょう。また、パスワードを忘れてしまうことがないようにメモしておきましょう。

3 生年月日などを入力する

ヒント ＜国／地域＞を選択する

＜国／地域＞に＜日本＞が表示されていることを確認します。ほかの国を選択してしまった場合は、＜▼＞をクリックして選択し直します。

メモ 生年月日などを指定する

生年月日や性別などの情報を登録します。生年月日は、＜年＞＜月＞＜日＞ごとにそれぞれ指定します。＜年＞＜月＞＜日＞欄をクリックして選択します。

メモ 画面に表示されている文字を入力する

不正アクセスではないことを示すために、画像の文字を読み取って入力します。文字が読みづらい場合は、＜新規＞をクリックすると違う文字が表示されますので、その文字を入力します。

Microsoft
← taro190423@outlook.jp
詳細の追加
アカウントをセットアップするには、もう少し情報が必要です。
国/地域
日本
生年月日
年 月 日
次へ

1 ＜国／地域＞の情報を確認します。

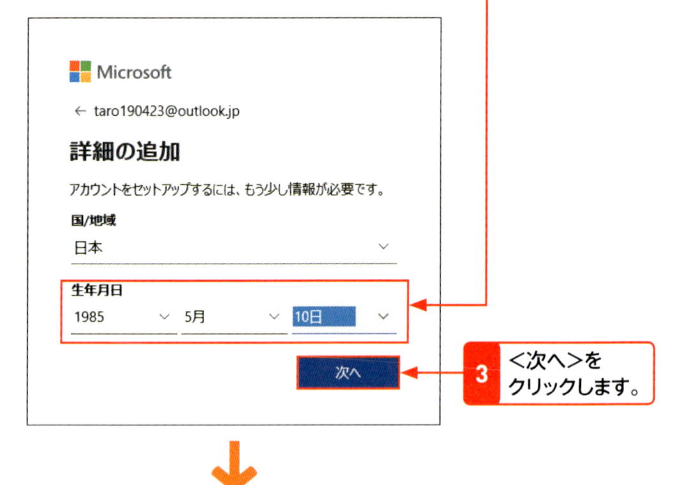

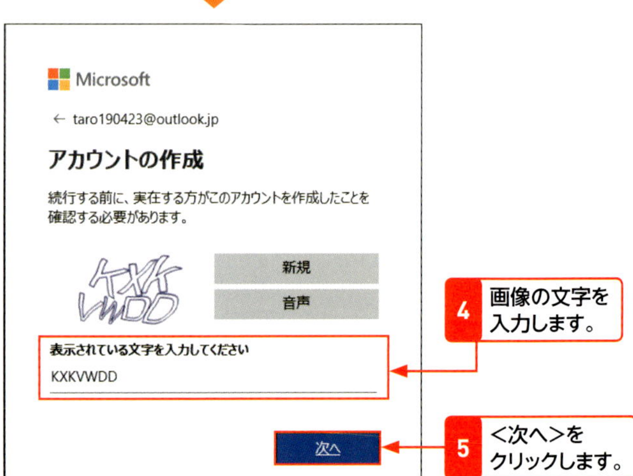

4 登録を完了する

1 Microsoftアカウントの管理画面が表示されます。

2 パスワードを保存するかを問うメッセージが表示されたら、ここでは<保存しない>をクリックします。

3 ユーザーのアイコンをクリックします。

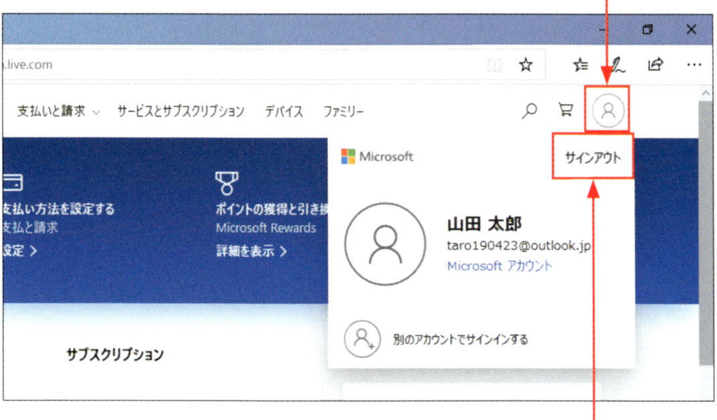

4 <サインアウト>をクリックします。

5 <閉じる>をクリックします。

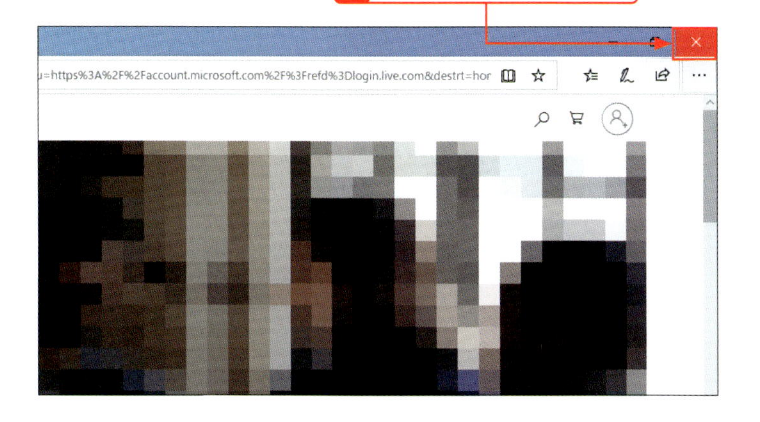

メモ 電話番号の入力画面が表示されたら

Microsoftアカウントの管理画面が表示されずに、セキュリティ情報として電話番号を入力する画面が表示された場合は、メッセージを受信できるスマートフォンなどの電話番号を入力して、<コード送信>をクリックします。指定した電話番号宛に届いたメッセージを表示し、記載されているコードを入力して作業を進めます。

メモ Microsoftアカウントでサインインする

パソコンにMicrosoftアカウントでサインインする方法は、P.212で紹介しています。

Appendix 02 Microsoftアカウントに切り替えよう

覚えておきたいキーワード
- サインイン
- ローカルアカウント
- Microsoftアカウント

Windows 10のパソコンを使用するには、ローカルアカウントかMicrosoftアカウントでサインインします。ローカルアカウントでもほとんどの機能を利用できますが、Microsoftアカウントを利用するとより多くの機能を利用できます。ここでは、Microsoftアカウントでサインインする方法を紹介します。

1 設定を確認する

1 <スタート>ボタンをクリックします。

2 アカウントをクリックし、

3 <アカウント設定の変更>をクリックします。

4 <設定>画面が開きます。

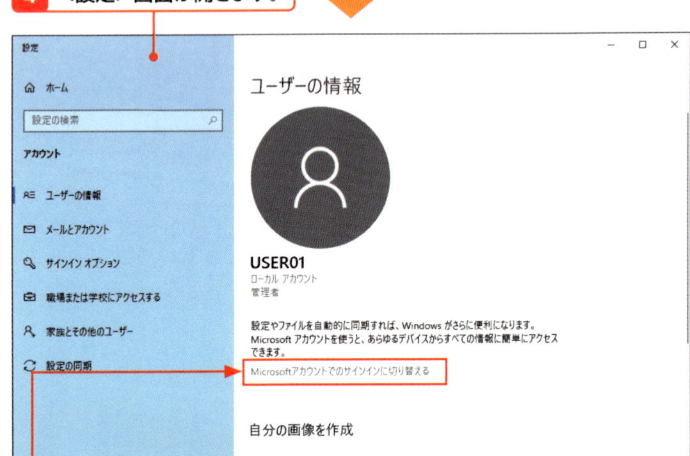

5 <Microsoftアカウントでのサインインに切り替える>と表示されている場合、クリックします。

メモ Microsoftアカウントでサインインする

Microsoftアカウントでサインインすると、「メール」アプリでMicrosoftアカウントとして登録しているメールの設定が自動的に行われたり、「ストア」アプリでアプリをかんたんにダウンロードして追加できたりします。Windows 10の操作によっては、Microsoftアカウントが必要な場合があります。

ヒント <ローカルアカウントでのサインインに切り替える>の場合

<設定>画面に<ローカルアカウントでのサインインに切り替える>と表示されている場合、すでにMicrosoftアカウントでサインインしている状態です。その場合、設定を変更する必要はありません。<閉じる>をクリックして終了します。

2 Microsoftアカウントを入力する

1 設定画面が表示されます。

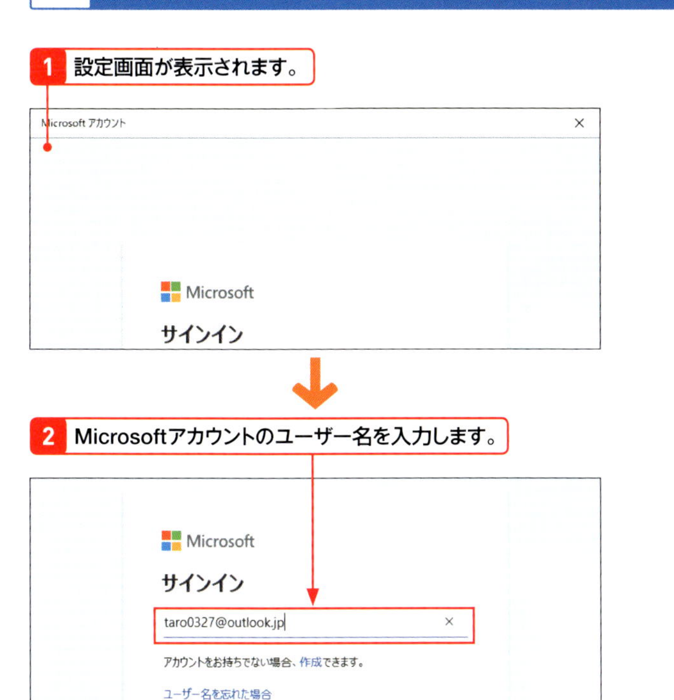

2 Microsoftアカウントのユーザー名を入力します。

3 ＜次へ＞をクリックします。

4 Microsoftアカウントのパスワードを入力します。

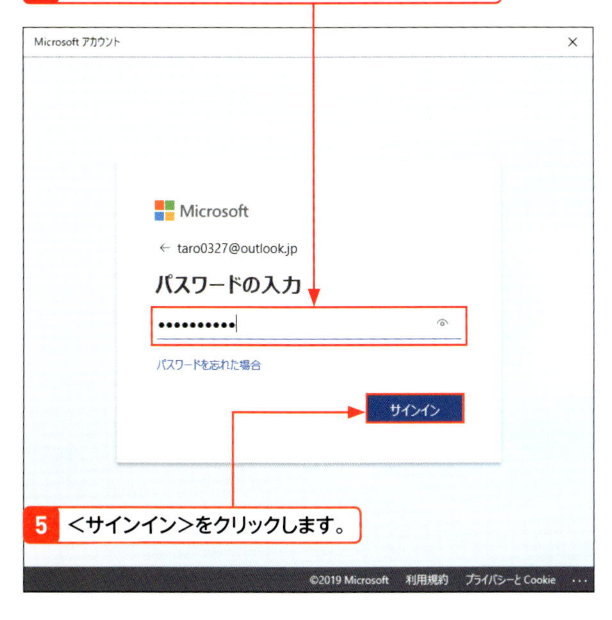

5 ＜サインイン＞をクリックします。

メモ メールアドレスとパスワードを入力する

Microsoftアカウントとして登録したメールアドレスとパスワードを入力します。Microsoftアカウントの取得方法については、P.208で紹介しています。

ヒント Microsoftアカウントを登録していない場合

Microsoftアカウントを登録していない場合、P.208の方法で作成できます。また、ここで表示される画面の＜作成＞をクリックしてMicrosoftアカウントを取得する画面を開くこともできます。

ヒント Microsoftアカウントをメモしておく

Microsoftアカウントを忘れないように、ユーザー名とパスワードは、必ずどこかにメモしておきましょう。なお、Microsoftアカウントでパソコンにサインインする設定にしているとき、パスワードを忘れてパソコンを起動できなくなってしまった場合は、P.215のヒントの方法でパスワードを再設定します。

3 現在のパスワードを入力する

メモ　パスワードを入力する

Microsoft アカウントでサインインできるようにするには、設定画面で現在のパスワードを入力します。現在パスワードを設定していない場合は、空欄のまま＜次へ＞をクリックします。

ヒント　パスワードを追加・変更する

アカウントのパスワードを変更したり、新しく設定したりするには、P.212の方法で＜アカウント＞の設定画面を開き、＜サインインオプション＞をクリックします。＜パスワード＞欄の＜変更＞または＜追加＞をクリックします。そのあとは、画面の指示に従ってパスワードを設定します。

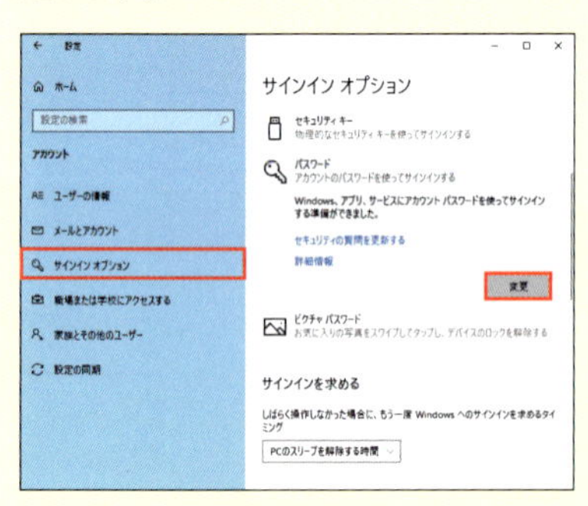

キーワード　PIN

PINとは、暗証番号でパソコンにサインインするときに使用します。ここでは、PINの登録を省略しています。あとで指定したい場合は、＜設定＞画面の＜アカウント＞の＜サインインオプション＞の＜PIN＞から指定できます。

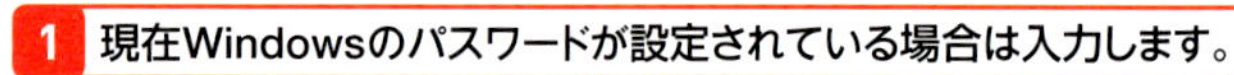

1 現在Windowsのパスワードが設定されている場合は入力します。

いる場合はそれを使用します。
最後にもう一度、現在の Windows パスワードが必要になります。
次へ

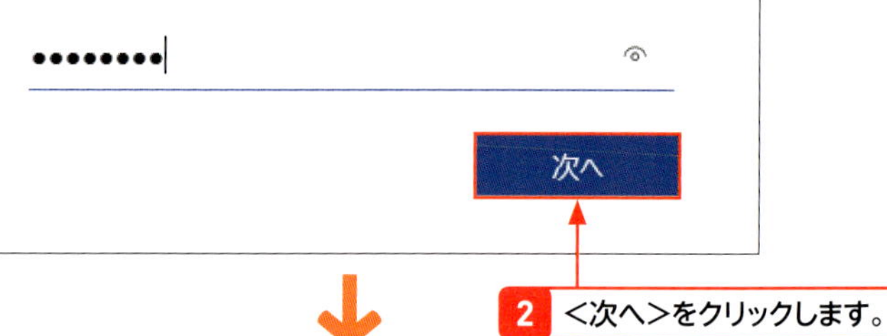

2 ＜次へ＞をクリックします。

3 PINの作成画面が表示されます。＜次へ＞をクリックします。

4 設定を完了する

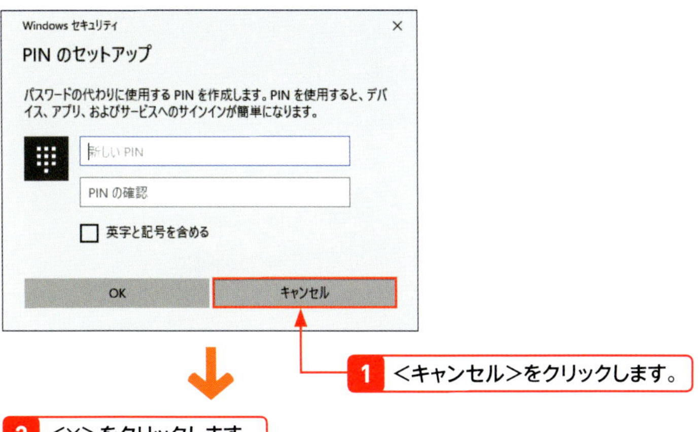

1 <キャンセル>をクリックします。

2 <×>をクリックします。

3 <設定>画面に戻ります。

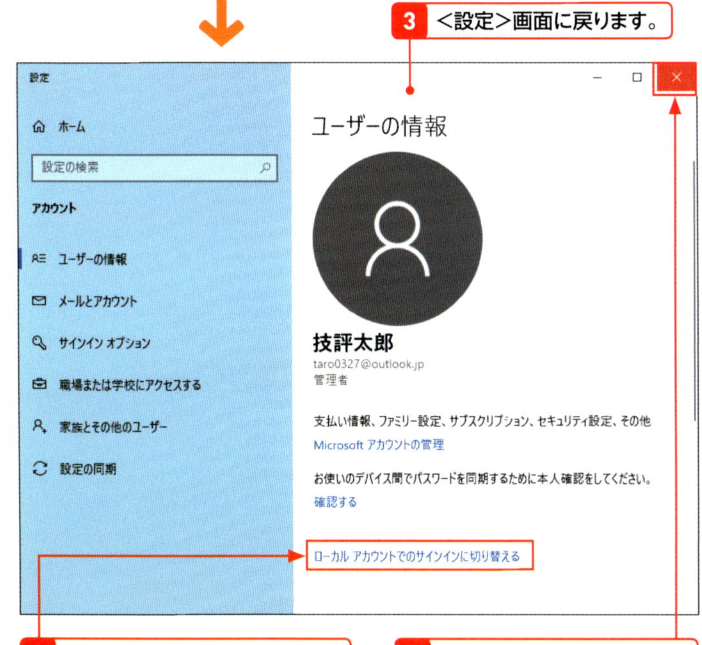

4 <ローカルアカウントでのサインインに切り替える>と選択されていることを確認します。

5 <閉じる>をクリックします。

ヒント 設定を確認する

Microsoftアカウントの設定を確認するには、<Microsoftアカウントの管理>をクリックします。すると、「Microsoft Edge」が起動してMicrosoftアカウントの管理画面が表示されます。

メモ 次回パソコンを起動するときは

次回以降パソコンを起動するときは、Microsoftアカウントでサインインします。Microsoftアカウントのパスワードを入力してサインインします。

ヒント パスワードを忘れた場合

Microsoftアカウントのパスワードを忘れてしまった場合、<https://account.live.com/password/reset>のページを開き、画面の指示に従ってパスワードをリセットします。また、Microsoftアカウントのパスワードを忘れてパソコンを起動できないときは、ロック画面で<パスワードを忘れた場合>をクリックして画面の指示に従ってパスワードを再設定します。

Appendix 03 「メール」アプリにプロバイダーのメールを設定しよう

覚えておきたいキーワード
- アカウント
- プロバイダー
- メールアドレス

プロバイダーから提供されているメールアドレスを使用して「メール」アプリでメールのやり取りをするには、「メール」アプリにアカウントを追加する必要があります。プロバイダーから配布されたメールアドレスやパスワードなどがかかれた資料を手元に用意して設定しましょう。

1 アカウントを追加する準備をする

ヒント Microsoftアカウントのメールを使う

Microsoftアカウントでパソコンにサインインしている場合、「メール」アプリには、Microsoftアカウントのメールをやり取りするアカウントが自動的に追加される場合があります。追加されない場合は、次に表示する画面で<Outlook.com>をクリックしてアカウントを追加できます。

1 「メール」アプリを起動します（P.96参照）。

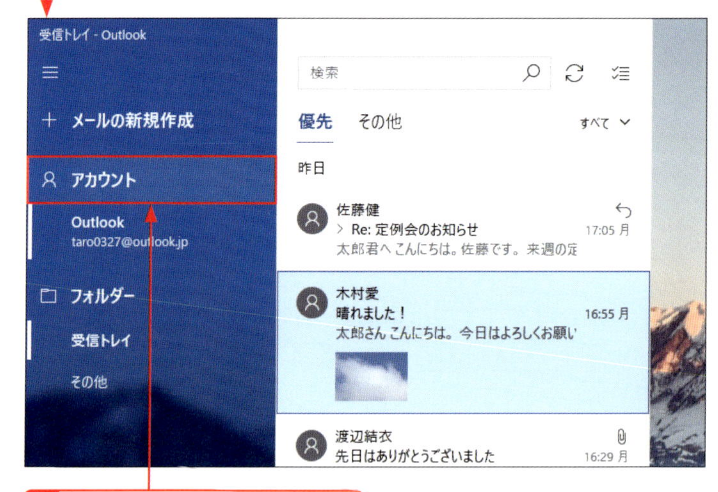

2 <アカウント>をクリックします。

3 <アカウントの追加>をクリックします。

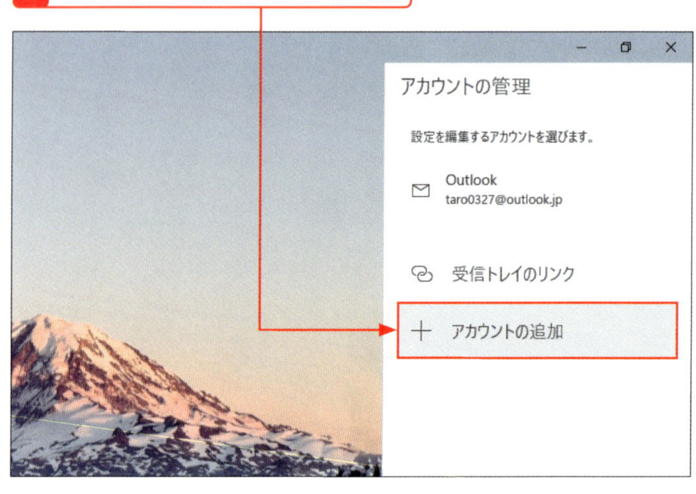

ヒント 「メール」アプリを初めて使う

「メール」アプリを初めて使うときは、<メールへようこそ！>の画面が表示されます（P.96参照）。その場合、<アカウントの追加>をクリックしてメールのアカウントを追加します。

2 アカウントを追加する

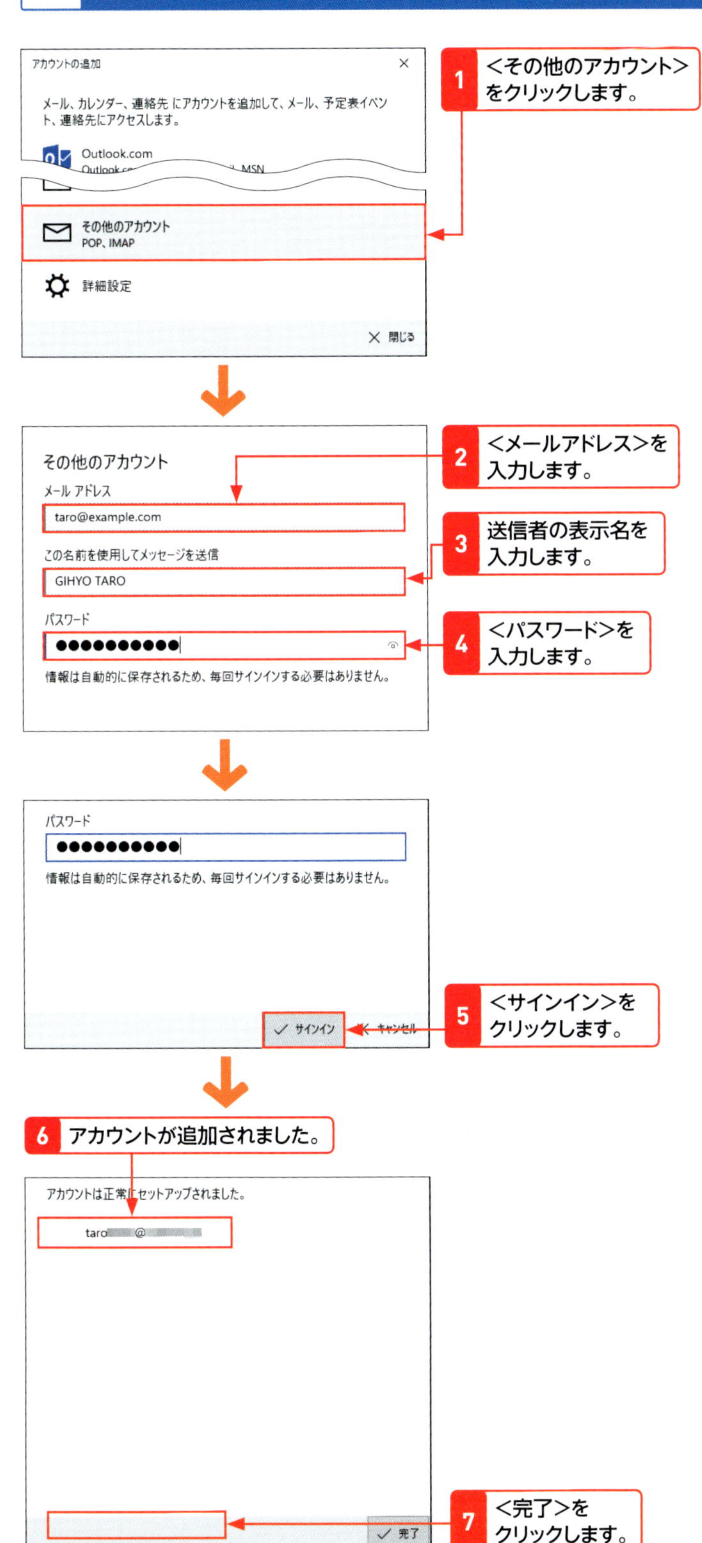

メモ アカウントを追加する

メールアドレスやパスワードは、プロバイダーから配布された資料を確認して入力します。

ヒント アカウントが追加できない場合

「そのアカウントの情報は見つかりませんでした。メールアドレスが正しいかどうか確認してからやり直してください。」とメッセージが表示された場合は、次のページを参考に設定を行います。

3 詳細の設定をする

メモ 詳細の設定を行う

前のページで紹介した内容でアカウントを追加できない場合は、詳細の設定が必要です。<受信メールサーバー>や<アカウントの種類>の情報は、プロバイダーから配布された資料を確認して入力してください。

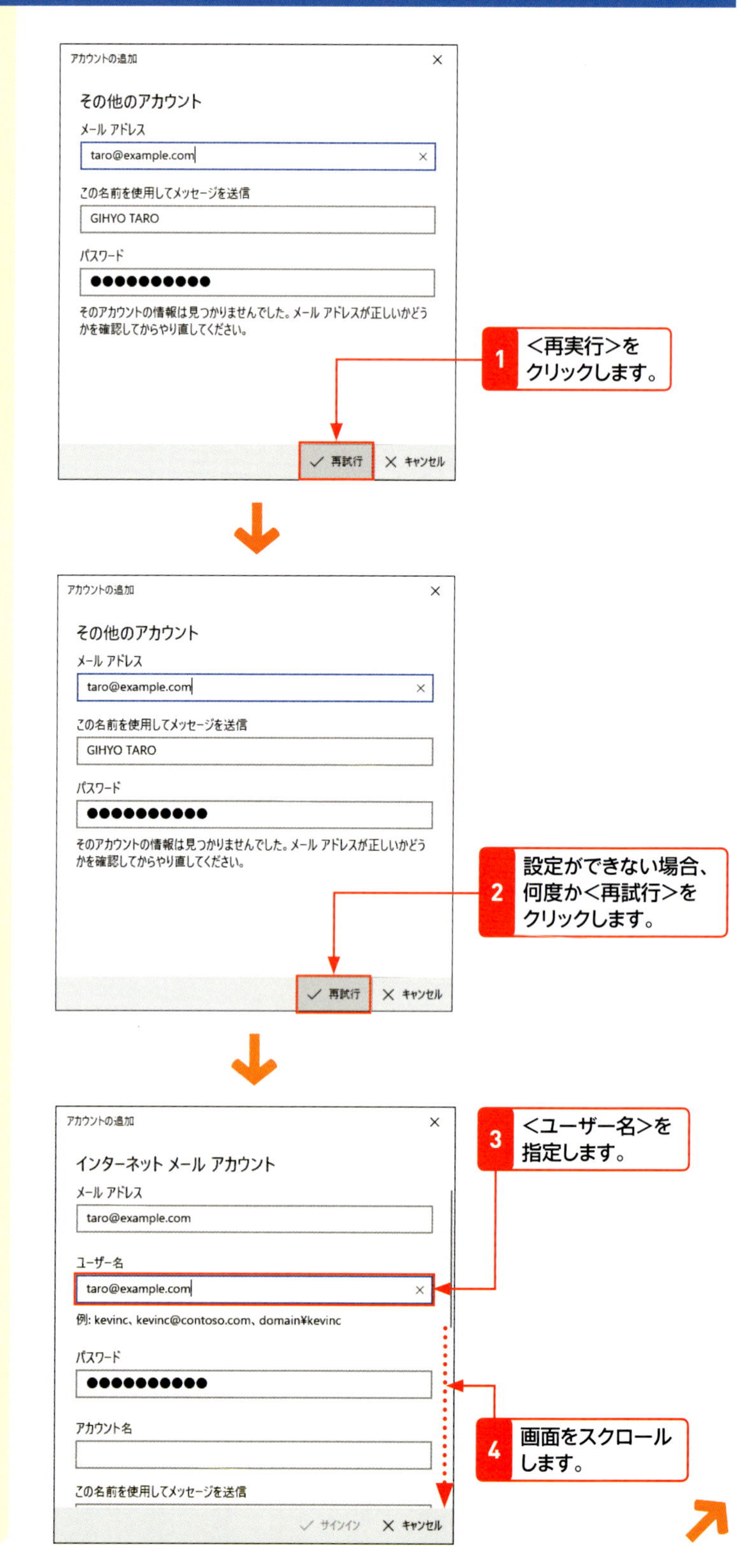

ヒント 詳細の設定画面を表示する

詳細情報を指定してアカウントを追加する画面を開くには、P.217の<アカウントの追加>画面で画面をスクロールすると表示される<詳細設定>をクリックする方法もあります。

4 設定を完了する

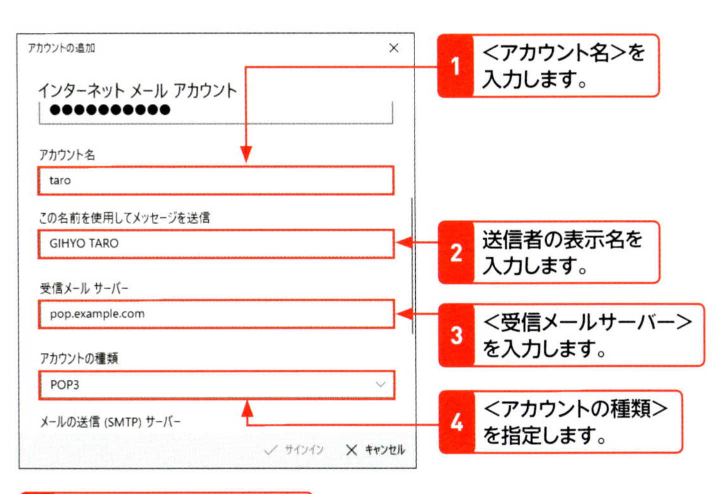

5 画面をスクロールします。

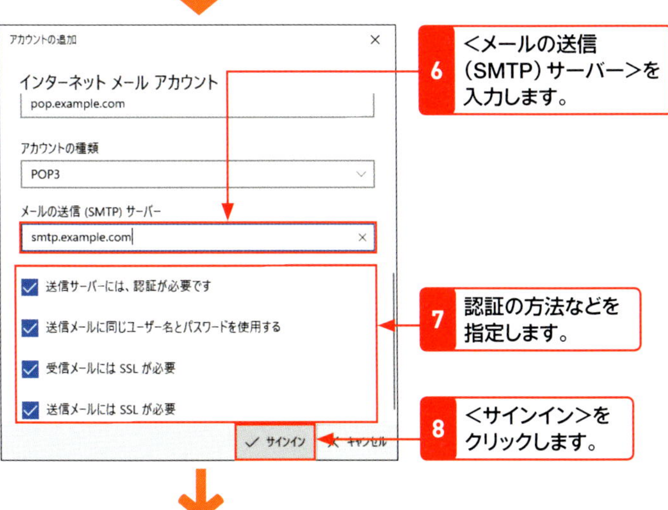

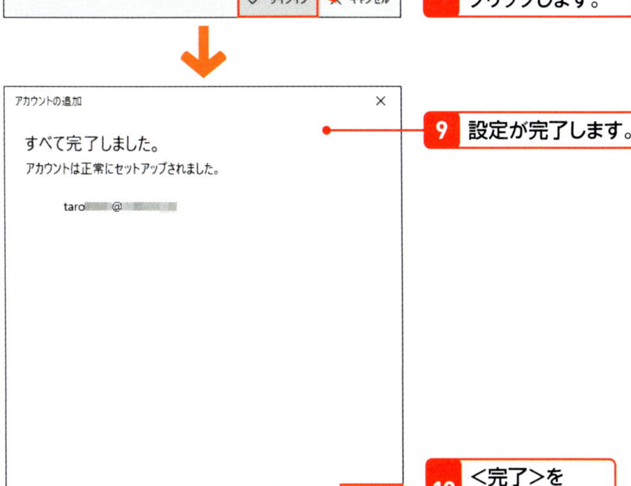

ヒント プロバイダーの資料を見て設定する

プロバイダーから配布された資料を見ながら＜ユーザー名＞や＜メールの送信(SMTP) サーバー＞、認証の方法などの情報を指定します。

ヒント プロバイダーのWebページを見る

プロバイダーから配布された資料を見ても＜ユーザー名＞や認証の方法などの情報がわからない場合は、プロバイダーのホームページを見てみましょう。プロバイダーによっては、プロバイダーのメールアカウントをWindows 10の「メール」アプリに追加する方法が詳しく書かれています。

ヒント 設定できない場合

プロバイダーによっては、Windows 10の「メール」アプリを使用してメールをやり取りすることができない場合があります。設定がうまくできない場合は、プロバイダーにWindows 10の「メール」アプリでメールのアカウントを追加する方法についてお問い合わせください。

ヒント 「Outlook」を使用する方法もある

ノートパソコンに「Microsoft Office」というアプリが入っている場合は、メールや予定管理などができる「Outlook」というアプリを使用できます。「Outlook」は、Windows 10の「メール」アプリよりも詳細の設定が可能です。Windows 10のメールアプリが利用できない場合でも、「Outlook」を利用できる場合は、「Outlook」アプリでメールのアカウントを追加できるか、プロバイダーに確認してみましょう。

Appendix 04

ファイルをダウンロードしよう

覚えておきたいキーワード
- ダウンロード
- 圧縮ファイル
- 展開

インターネットにあるファイルを自分のパソコンにコピーすることを、ファイルをダウンロードするといいます。ここでは、技術評論社のホームページからこの書籍で使用しているサンプルファイルをダウンロードする方法を紹介します。ここでは、技術評論社のホームページを表示して操作します。

1 ダウンロードする

1 アドレスバーに「https://gihyo.jp/book/2019/978-4-297-10432-0/support」と入力して、技術評論社のサポートページを表示します。

2 画面をスクロールして＜ダウンロード＞をクリックします。

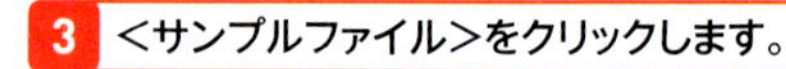

3 ＜サンプルファイル＞をクリックします。

4 ＜保存＞をクリックします。

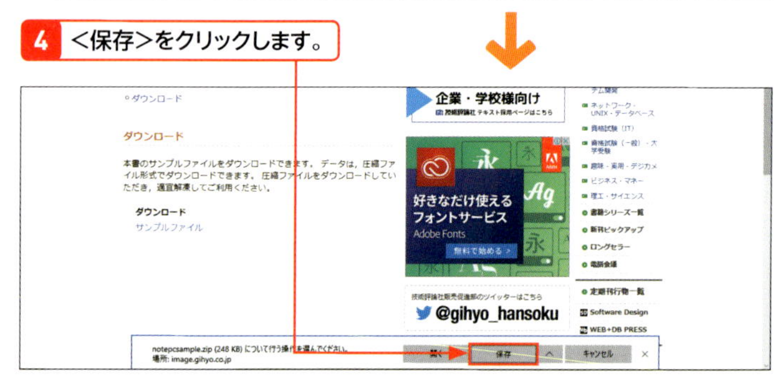

ヒント ファイルをダウンロードする

技術評論社のサポートページにあるファイルをクリックしてファイルをダウンロードします。ファイル名をクリックすると自動的にダウンロードが開始されます。

ヒント 怪しいホームページからはダウンロードしない

インターネット上には、ファイルをダウンロードできるホームページが多くあります。たとえば、さまざまな商品の操作マニュアルや周辺機器を動かすためのプログラムファイルなどがあります。ただし、インターネット上に公開されているファイルの中には、パソコンウイルスなどを含むファイルなどもあります。そのため、信頼できる企業などが公開しているファイル以外は、むやみにファイルをダウンロードして利用しないように注意しましょう。

2 ファイルを展開する

1 ダウンロードが完了するとメッセージが表示されます。

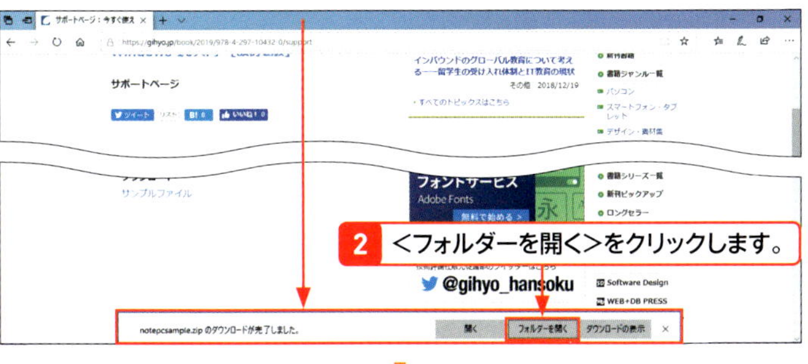

2 <フォルダーを開く>をクリックします。

3 ダウンロードしたファイルが表示されたら、ファイルをクリックします。

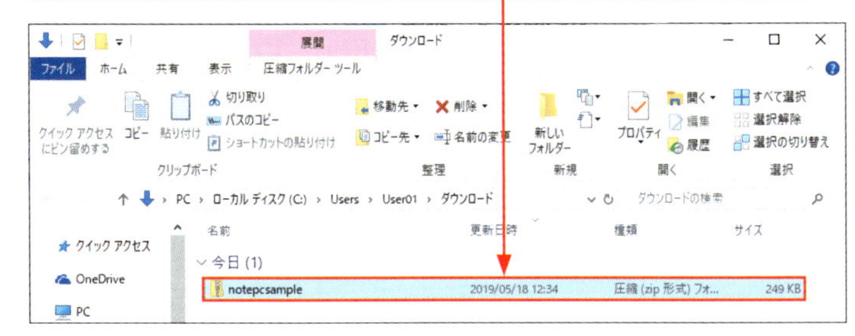

4 <展開>をクリックして、

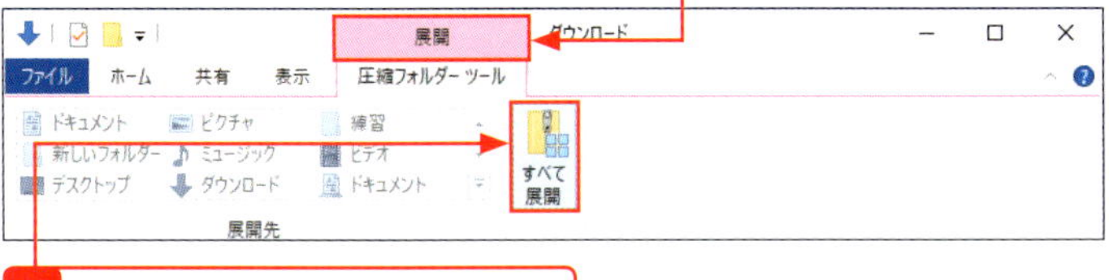

5 <すべて展開>をクリックします。

6 <参照>をクリックして展開先を指定します。

7 <展開>をクリックすると、展開されたファイルが表示されます。

メモ ファイルを展開する

ダウンロード用のファイルは、ファイルを圧縮してファイルサイズを小さくしているものが多くあります。圧縮ファイルは展開して利用します。以下のようなZIP形式の圧縮ファイルは、右クリックして<すべて展開>をクリックして展開することもできます。

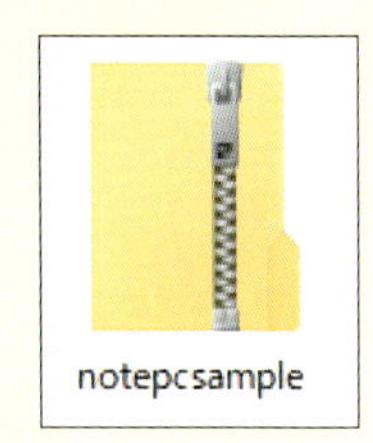

ステップアップ 保存先を指定する

ファイルをダウンロードすると、多くの場合<ダウンロード>フォルダーにファイルが保存されます。指定した場所に保存するには、ダウンロードするファイル名を右クリックして❶、<対象をファイルに保存>をクリックします❷。続いて表示される画面で保存先を指定してダウンロードします。

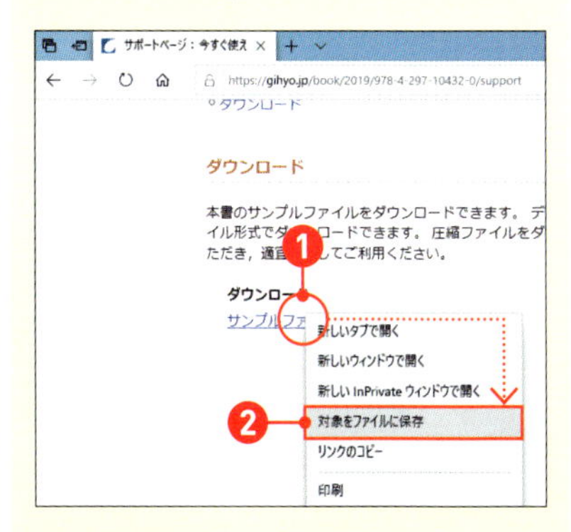

ヒント ファイルを表示する

展開されたファイルを表示するには、ファイルが入っているフォルダーをダブルクリックします(P.65参照)。そうすると、フォルダーの中身が表示されます。

索引

Index

英字

ア行

カ行

サ行

タ行

ナ～ハ行

マ～ラ行

お問い合わせについて

本書に関するご質問については、本書に記載されている内容に関するもののみとさせていただきます。本書の内容と関係のないご質問につきましては、一切お答えできませんので、あらかじめご了承ください。また、電話でのご質問は受け付けておりませんので、必ずFAXか書面にて下記までお送りください。
なお、ご質問の際には、必ず以下の項目を明記していただきますようお願いいたします。

1 お名前
2 返信先の住所またはFAX番号
3 書名(今すぐ使えるかんたん ノートパソコン Windows 10入門[改訂2版])
4 本書の該当ページ
5 ご使用のOSとソフトウェアのバージョン
6 ご質問内容

なお、お送りいただいたご質問には、できる限り迅速にお答えできるよう努力いたしておりますが、場合によってはお答えするまでに時間がかかることがあります。また、回答の期日をご指定なさっても、ご希望にお応えできるとは限りません。あらかじめご了承くださいますよう、お願いいたします。

問い合わせ先

〒162-0846
東京都新宿区市谷左内町21-13
株式会社技術評論社 雑誌編集部
「今すぐ使えるかんたん ノートパソコン Windows 10入門[改訂2版]」
質問係
FAX番号 03-3513-6167
https://book.gihyo.jp/116

■お問い合わせの例

FAX

1 お名前
技術 太郎

2 返信先の住所またはFAX番号
03-XXXX-XXXX

3 書名
今すぐ使えるかんたん
ノートパソコン Windows 10入門
[改訂2版]

4 本書の該当ページ
66ページ

5 ご使用のOSとソフトウェアのバージョン
Windows 10 Home

6 ご質問内容
手順1の操作をしても、手順2の画面が表示されない

※ご質問の際に記載いただきました個人情報は、回答後速やかに破棄させていただきます。

今すぐ使えるかんたん
ノートパソコン Windows 10入門[改訂2版]

2016年10月25日 初 版 第1刷発行
2019年 7月 6日 第2版 第1刷発行

著 者●門脇 香奈子
発行者●片岡 巌
発行所●株式会社 技術評論社
東京都新宿区市谷左内町21-13
電話 03-3513-6150 販売促進部
03-3513-6160 書籍編集部
カバーデザイン●田邉 恵里香
本文デザイン●リンクアップ
イラスト●株式会社アット イラスト工房
撮影●蝦名 悟
DTP●技術評論社 制作業務部
編集●青木 宏治
製本/印刷●大日本印刷株式会社

定価はカバーに表示してあります。

ISBN978-4-297-10432-0 C3055
Printed in Japan